Professionelles Guerilla-Marketing

Katharina Hutter • Stefan Hoffmann

Professionelles Guerilla-Marketing

Grundlagen – Instrumente – Controlling

Springer Gabler

Katharina Hutter
Lehrstuhl für Marketing
Technische Universität Dresden
Dresden
Deutschland

Stefan Hoffmann
Institut für Betriebswirtschaftslehre
Christian-Albrechts-Universität zu Kiel
Kiel
Deutschland

ISBN 978-3-658-02267-9
ISBN 978-3-658-02268-6 (eBook)
DOI 10.1007/978-3-658-02268-6

Die Deutsche Nationalbibliothek verzeichnet diese Publikation in der Deutschen Nationalbibliografie; detaillierte bibliografische Daten sind im Internet über http://dnb.d-nb.de abrufbar.

Springer Gabler

Lektorat: Angela Pfeiffer

Gedruckt auf säurefreiem und chlorfrei gebleichtem Papier

Springer Gabler ist eine Marke von Springer DE. Springer DE ist Teil der Fachverlagsgruppe Springer Science+Business Media
www.springer-gabler.de

Vorwort

Lieber auf neuen Wegen stolpern als in alten Bahnen auf der Stelle treten.

Mit diesem Ausspruch fordert Elisabeth Mann, die berühmte Tochter des noch berühmteren Thomas Mann, den Leser ihrer Autobiografie auf, neue Wege zu gehen, und inspiriert ihn, etwas zu wagen. Wir wagen es, uns mit diesem Buch auf neue Wege im Marketing zu begeben und konventionelle Bahnen zu verlassen. Dieses – ganz konventionelle – Vorwort soll den Leser darüber informieren, was er erwarten darf. Das hier vorgestellte Konzept des Guerilla-Marketing bündelt verschiedene Instrumente, die alle darauf abzielen, durch ungewöhnliche Aktionen mit einem geringen Mitteleinsatz eine große Wirkung zu erzeugen. Dabei sind diese Instrumente selbst keine radikalen Kommunikations-Innovationen. Vielmehr knüpfen sie an Bekanntes an und setzen es „lediglich" in einen anderen Rahmen, um uns zu überraschen. So lässt sich beispielsweise das Guerilla-Instrument Ambient-Marketing als unkonventionelle Variante der Außenwerbung begreifen, und das Ambush-Marketing baut auf dem Konzept des Sponsoring auf. Die Unternehmenspraxis setzt derartig kreative Marketing-Maßnahmen immer häufiger ein, um das knappe Gut Aufmerksamkeit des Konsumenten zu gewinnen und die Werbeeffizienz zu steigern. Noch beschäftigen sich nur sehr wenige Forscher mit dem etwas schillernden und oftmals als weniger seriös angesehenen Guerilla-Ansatz. Das Buch *„Professionelles Guerilla-Marketing"* zeigt erstmals systematisch auf, wie Unternehmen innovative Marketing-Konzepte in die Praxis umsetzen können. Das Buch schlägt eine Brücke zwischen den aktuell in der Praxis verbreiteten Ansätzen und dem neuesten wissenschaftlichen Erkenntnisstand. Damit soll es zur „Professionalisierung" des Guerilla-Marketing beitragen. Unsere Vision ist, dass sich nicht diejenigen Guerilla-Maßnahmen in der Praxis durchsetzen, die „nur" kreativ sind und/oder die von Agenturen am lautstärksten propagiert werden, sondern jene, die nachgewiesenermaßen am effektivsten sind.

In **Teil I** führen wir den Leser in den Guerilla-Ansatz ein. Wir verdeutlichen, weshalb Marketer diese innovative Konzeption nicht ignorieren sollten, wenn sie einen Ausweg aus dem immer aggressiver geführten „Battle for Attention" suchen. Wir erläutern den Guerilla-Begriff und veranschaulichen, wie Guerilla-Marketing entstand und wie es sich weiterentwickelte. Wir begreifen Guerilla-Marketing dabei nicht als eine Marketing-Technik, sondern eher als Philosophie und Leitgedanken sowie als Oberbegriff für verschiedenste innovative Instrumente (z. B. Buzz-Marketing, Ambient-Media). Wir illustrieren diese Instrumente und ordnen sie drei grundlegenden (Guerilla-)Effekten zu: Dem Lost-Cost-, dem Surprise- und dem Diffusionseffekt. Darauf aufbauend entwickeln wir das LSD-Modell des Guerilla-Marketing. Zudem wenden wir uns der strategischen Ausrichtung von Guerilla-Marketing zu, ohne ethische Bedenken und juristische Aspekte zu vernachlässigen. In einer Best-Practice-Studie zeigen wir, wie der Fußballclub BVB zum Champions-League-Finale 2013 in London mit Guerilla-Aktionen überraschte.

Teil II widmet sich ausführlich ausgewählten und besonders wichtigen Instrumenten des Guerilla-Marketing: Ambient-Marketing, Ambush-Marketing und Buzz-Marketing. Wir werfen zudem ein Schlaglicht auf Pop-up-Stores und den Carrotmob. Damit betrachten wir zwei vielversprechende innovative Ansätze im Handel, über die bislang kaum Erkenntnisse vorliegen. Alle fünf Instrumente werden anhand theoretischer Überlegungen diskutiert. Ihre Wirksamkeit und Einsatzpotenziale zeigen wir anhand empirischer Studien auf. Auf dieser Grundlage leiten wir jeweils konkrete Handlungsempfehlungen für den Unternehmensalltag ab.

In **Teil III** wenden wir uns der Effektivität und Effizienz von Guerilla-Kampagnen zu. Wir beantworten die Frage, wie sich der Erfolg innovativer Guerilla-Kampagnen quantifizieren und bewerten lässt. Aus Sicht des Marketing-Controlling erläutern wir verschiedene Methoden zur Effizienzmessung anhand konkreter Beispiele. Wir beleuchten abschließend, wie Vertreter aus Unternehmen und Agenturen derzeit die Nützlichkeit des Guerilla-Ansatzes einschätzen.

Jedes Kapitel ist übersichtlich strukturiert. Zahlreiche aussagekräftige Grafiken, Tabellen und Hervorhebungen gewährleisten einen schnellen Überblick. Für den **Quickleser** sind die wichtigsten Aspekte in Checkboxen und Merksätzen hervorgehoben. Für den **Intensivstudierer** nimmt die Tiefe der Betrachtung von Anwendungsbeispielen und konzeptionellen Grundlagen über theoretische Erklärungsansätze und empirische Befunde bis zu Anwendungsempfehlungen innerhalb der Kapitel sukzessive zu. Am Ende jedes Kapitels fassen wir die wichtigsten Punkte noch einmal zusammen. Wir stellen Fragen zur Selbstreflexion und zum Weiterdenken und wir halten Platz für Notizen bereit. Für Interessierte geben wir Hinweise auf geeignete weiterführende Literatur.

Dieses Buch wendet sich in erster Linie an Vertreter aus der Marketing-Praxis (z. B. Marketing-Manager von Unternehmen, Agenturen), die sich mit dem Thema Guerilla-Marketing vertraut machen möchten, die Guerilla-Maßnahmen bereits einsetzen oder beabsichtigen, dies zu tun. Für **Praktiker** – mit einem geringen Zeitbudget – bietet dieses Buch eine wissenschaftlich fundierte Argumentationshilfe beispielsweise gegenüber Kunden, Auftraggebern oder Vorgesetzten. Das vermittelte Wissen und die zahlreichen Beispiele können leicht übertragen werden, um eigene innovative Marketing-Kampagnen zu kreieren.

Dieses Buch richtet sich auch an **Studierende** an Universitäten, Fachhochschulen und Berufsakademien, welche insbesondere die Studiengänge Marketing, Kommunikationswissenschaften und/oder Medienwissenschaften vertiefen. Wer sich im Hinblick auf eine Abschlussarbeit oder ein späteres Betätigungsfeld mit dem Thema Guerilla-Marketing beschäftigen möchte, findet hier ein fundiertes Überblickswerk mit zahlreichen Verweisen zu wissenschaftlichen Studien. Studierende erhalten einen anwendungsbezogenen Einblick in den aktuellen Forschungsstand auf diesem Gebiet und lernen, wie sich aus Studienergebnissen konkrete Maßnahmen ableiten lassen. Nicht zuletzt bietet dieses Buch ein gut strukturiertes Lehrbuch für **Dozenten**, die das Thema Guerilla-Marketing innerhalb einer Veranstaltungsreihe einführen und zur Vertiefung ihren Zuhörern dieses Buch zur Verfügung stellen.

Da dieses Buch sich in jeglicher Hinsicht als „Mitmachwerk" versteht, möchten wir Sie zum einen ermutigen, uns Ihre Eindrücke zu schildern. **Schreiben Sie uns.** Zum anderen sollen Sie dieses Buch mit dem Stift in der Hand lesen, sich Notizen machen, eigene Ideen festhalten und gleich jetzt zu Beginn aufschreiben, was Sie sich von der Lektüre erwarten:

Was erwarten Sie von diesem Buch?

- ☐ Kreative Ideen und anwendungsorientierte Anregungen
- ☐ Wissen über aktuelle wissenschaftliche Erkenntnisse
- ☐ Kurzweilige Lektüre zum Zeitvertreib
- ☐ Einen Gorilla zu sehen
- ☐ Anderes: ______________________________

Viel Spaß beim Lesen und Überraschenlassen wünschen Ihnen

Dresden und Kiel
Januar 2014

Katharina Hutter
Stefan Hoffmann

Danksagung

Viele Menschen haben uns beim Schreiben dieses Buches tatkräftig unterstützt. An dieser Stelle möchten wir die Möglichkeit nutzen, ihnen noch einmal unseren herzlichsten Dank auszurichten. Ein besonderer Dank gilt Angela Pfeiffer vom *Springer Gabler*-Verlag, die bereits sehr früh an dieses Buch geglaubt und uns bei der Umsetzung sehr viel Autonomie gelassen hat.

Zu großem Dank verpflichtet sind wir außerdem dem Marketing-Manager von *Borussia Dortmund*, Dennis Thom, der uns in Guerillamanier mit den unkonventionellen *BVB*-Aktionen begeisterte und diese gemeinsam mit uns für den Leser zusammenfasste. Diese Best-Practice-Studie ist eine große Bereicherung für dieses Buch und wohl für Fußball- und Guerilla-Fans gleichermaßen interessant.

Wir sind sehr dankbar, dass wir erfolgreiche Guerilla-Maßnahmen in diesem Buch zeigen dürfen. Für die unkomplizierte Zusammenarbeit und die Bereitstellung des Bildmaterials bedanken wir uns ganz herzlich bei Thomas Stritz (*Kolle-Rebbe*), Carsten Buchert (*Felix Burda* Stiftung), Ronny Ullrich (*CROMATICS*), Emma McSweeney (*Electrolux*), Eva Schuricht und Anita Nijssen (*Tommy Hilfiger*), Andre Fertich (*MSL GROUP Germany*), Eyske Janßen (*Brand Communication MINI*) sowie Katrin Rose und Steffi Ziegler (*PulsisMedia*) und Kieron Dwyer.

Weiterhin möchten wir uns herzlich bei den zahlreichen Studenten und Doktoranden für ihre Mithilfe bedanken. Susanne Vogt, Christoph Weiß, Thomas Bemmann, Nicole Heide, Tony Pfeifruck, Linda Jurke, André Rinke, Denise Hentschke, Linda Dullin, Silke Pfaff, Mark Donath, Daniela Mattheis, die uns bei der Erhebung der Daten tatkräftig unter die Arme gegriffen haben. Sebastian Schulz und David Epding für ihre Unterstützung bei der Datenrecherche. Jacqueline Galow und Payam Akbar bei der so lebhaften Umsetzung der emotionalen Gesichtsausdrücke. Wir sind auch allen (anonymen) Teilnehmern an unseren Befragungen, Experimenten und Interviews sehr verbunden. Ohne ihre ausdauernde Mitwirkung wären die zahlreichen Studien und damit dieses Buch nicht zustande gekommen.

Ferner möchten wir uns bei unseren Kollegen an den Marketing-Lehrstühlen der Technischen Universität Dresden und der Christian-Albrechts-Universität zu Kiel für den stets produktiven wissenschaftlichen Austausch bedanken. Für seine Hinweise bei der statistischen Datenauswertung sind wir Thomas Niemand sehr zu Dank verpflichtet. Für die stilistischen und formalen Korrekturen im Manuskript bedanken wir uns bei Claudia Symmank, May-Britt Schumacher, Almut Hahn-Mieth, Florian Zeiser und Robert Mai.

Unser ausdrücklicher Dank für eine bedingungslose und unendliche Unterstützung sowie seinen festen Glauben an dieses Buch gilt Thorsten Klug. Ohne ihn wäre der intensive Recherche- und Schreibprozess nicht möglich gewesen.

Nicht zuletzt möchten wir uns bei Ihnen, lieber Leser, bedanken. Sie haben dieses Buch ergriffen, gelesen und sich inspirieren lassen. Sie tragen die Guerilla-Ideen damit in die Welt. Dafür herzlichen Dank. Unter den ersten 100 Guerillos, die uns ihr Feedback zum Buch an katharina.hutter@tu-dresden.de senden, verlosen wir als Dankeschön einen Plüschgorilla.

Studienverzeichnis

Das in diesem Buch präsentierte Wissen basiert unter anderem auf einer Vielzahl eigener empirischer Studien zu verschiedensten Aspekten des Guerilla-Marketing. Folgende Übersicht gibt einen Einblick, welche Untersuchung Grundlage der verschiedenen Kapitel ist. Mit Blick auf den anwendungsorientierten Leser beschreiben wir im vorliegenden Buch nur kurz die Fragestellung und die zentralen Erkenntnisse dieser Studien. Der wissenschaftlich interessierte Leser sei auf die Originalpublikationen verwiesen, die im jeweiligen Kapitel zitiert werden.

Studien im Überblick

- **Schuh-Studie** - Ambient-Marketing > Abschn. 6.3
- **Sushi-Studie** - Ambient-Marketing > Abschn. 6.4
- **Motivations-Studie** - Buzz-Marketing > Abschn. 7.3
- **Fußball-WM-Studie** - Ambush-Marketing > Abschn. 8.3
- **Experten-Studie** - Pop-up-/Guerilla-Store > Abschn. 9.3
- **Motiv-Studie** - Carrotmob > Abschn. 10.3
- **Guerilla-Effekt-Studie** - Guerilla-Marketing allgemein > Abschn. 12.2
- **Ambient-Emotion-Studie** - Ambient-Marketing > Abschn. 13.2
- **Ambient-Effizienz-Studie** - Ambient-Marketing > Abschn. 14.2
- **Unternehmens-Studie** - Guerilla-Marketing allgemein > Abschn. 15.2
- **Agentur-Studie** - Guerilla-Marketing > Abschn. 15.3

Inhaltsverzeichnis

Abbildungsverzeichnis

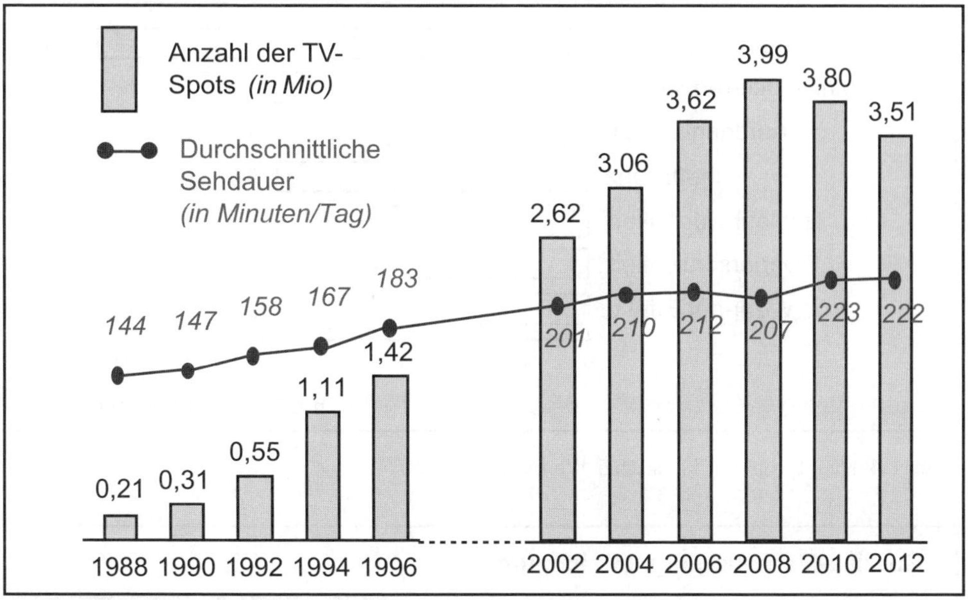

Abb. 1.3 Steigende Informationsflut im TV: Mehr Spots bei konstanter Sehdauer, Nielsen Media Research (2013a); AGF (2013)

Die Konsequenz daraus ist, dass die **Effizienz** klassischer Werbemaßnahmen immer mehr sinkt (Kim et al. 2001). Lange Zeit reagierten die meisten Unternehmen auf dieses Problem mit noch mehr Werbemaßnahmen. Folgen alle Anbieter diesem Vorgehen, verschärft dies jedoch die Problematik weiter. Abbildung 1.4 zeigt, dass Marketing-Verantwortliche einer Erhebung des Nürnberger Marktforschungsinstituts *GfK (*2011*)* zufolge insbesondere die zunehmende Menge an klassischer Werbung als problematisch ansehen. Sie wird zudem als weitestgehend gewöhnlich, normal und sogar störend empfunden und gilt mehr und mehr als ineffizient. Deshalb orientieren sich immer mehr Marketer an alternativen Methoden. Guerilla-Marketing gilt als unkonventionelles Konzept, das verheißt, die Aufmerksamkeit der Konsumenten zu erlangen, ohne dabei Reaktanz hervorzurufen.

Guerilla-Marketing ist aus einem weiteren Grund interessant. Angesichts sinkender Budgets müssen insbesondere kleine und mittelständische Unternehmen (KMU) ihre definierten Marketing-Ziele mit immer geringerem Werbebudget erreichen. Angesichts der Herausforderung, mit weniger Budget gleiche oder anspruchsvollere Ziele zu erreichen, gewinnt das Kriterium der Werbeeffizienz an Bedeutung (Zerr 2003). Mehr und mehr Unternehmen setzen deshalb auf Guerilla-Marketing, welches verspricht, mit geringem Mitteleinsatz eine große Wirkung zu erzielen (Levinson 2008). Nach Meinung von Marketing-Managern eignet sich Guerilla-Marketing insbesondere, um eine Botschaft zu verbreiten und das Image einer Marke zu schärfen (Abb. 1.5).

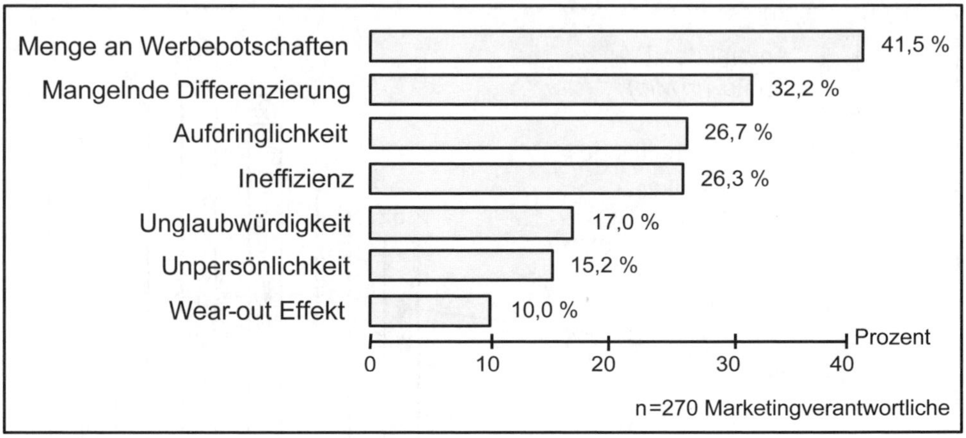

Abb. 1.4 Hauptprobleme klassischer Werbung, GfK (2011)

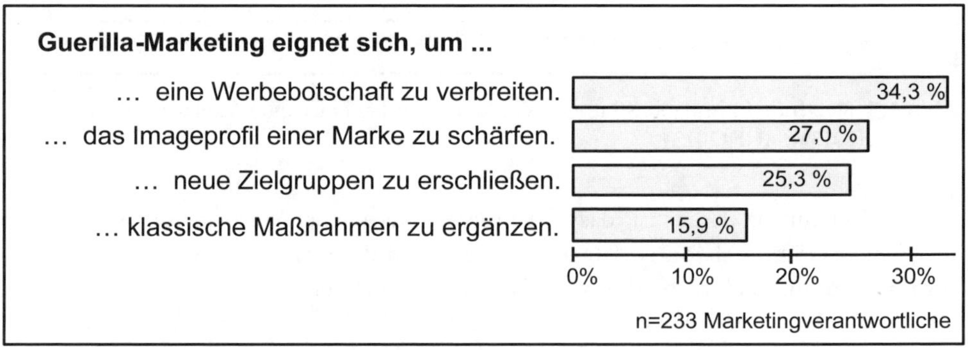

Abb. 1.5 Zweck von Guerilla-Maßnahmen, GfK (2009)

Dies zeigt sich auch daran, dass Marketer immer größere Teile ihres Marketing-Budgets in nicht-klassische Kommunikation investieren. Hierzu zählt auch das Guerilla-Konzept. Einer weiteren Studie des Marktforschungsinstituts *GfK* zufolge ergänzen bereits 47 % der befragten Unternehmen die klassischen durch alternative Kommunikationsformen bzw. planen, dies in naher Zukunft zu tun (GfK 2007). Etwa 80 bis 90 % der Budgetverantwortlichen rechnen mit einer steigenden oder stark steigenden Investitionsbereitschaft in alternative Werbeformen – sowohl im Gesamtmarkt als auch im eigenen Unternehmen (GfK 2009). Abbildung 1.6 verdeutlicht die **Verschiebung des Werbemarktes** von konventionellen zu unkonventionellen Kommunikationsformen.

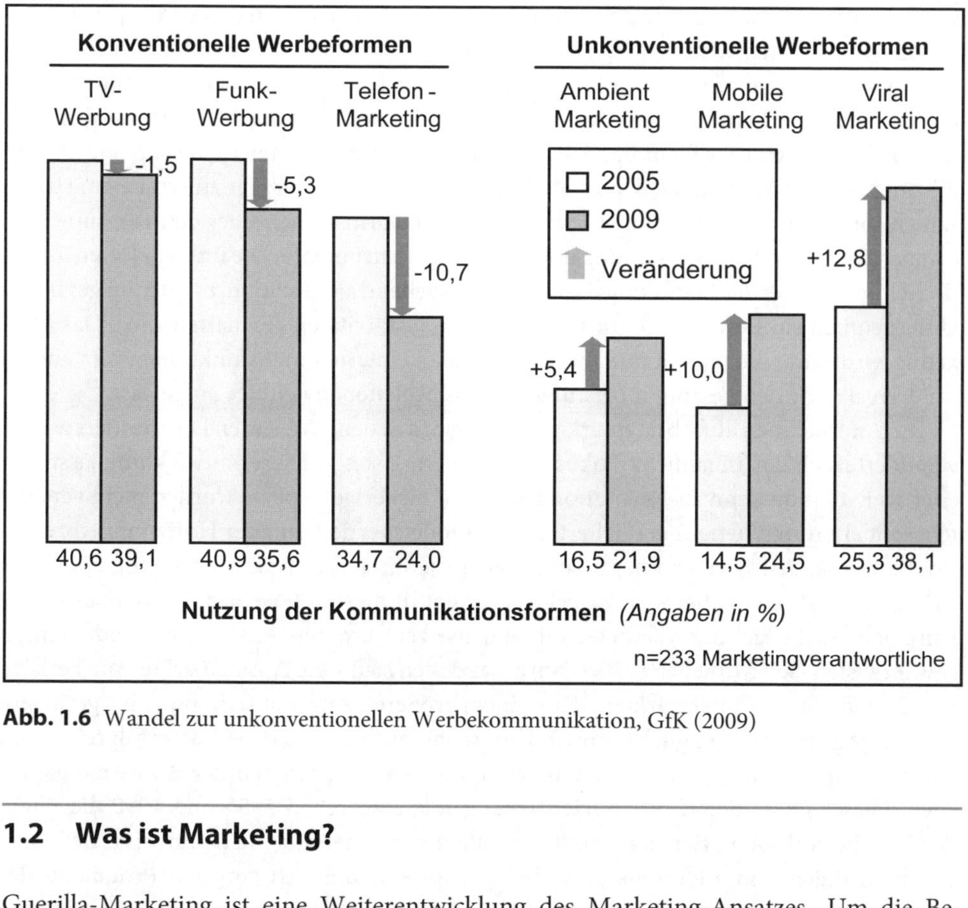

Abb. 1.6 Wandel zur unkonventionellen Werbekommunikation, GfK (2009)

1.2 Was ist Marketing?

Guerilla-Marketing ist eine Weiterentwicklung des Marketing-Ansatzes. Um die Besonderheiten des Guerilla-Ansatzes verstehen zu können, ist es daher unerlässlich, ein grundlegendes Verständnis des Marketing-Ansatzes zu entwickeln. Während Marketing im Volksmund häufig verkürzt mit (manipulativer) Werbung gleichgesetzt wird, ist das Marketing in der Unternehmenspraxis wie auch als akademische Disziplin ein sehr facettenreiches Tätigkeitsfeld, das sich im Laufe der letzten Jahrzehnte ständig weiterentwickelt hat. Die Anfänge sind vor ca. 100 Jahren in den USA zu suchen. Erst allmählich entwickelte sich in Deutschland der Marketing-Ansatz aus der vormaligen Unternehmensfunktion „Absatzwirtschaft", und erst Ende der 1960er Jahre entstanden hierzulande erste Marketing-Lehrstühle und Forschungsinstitute (Meffert et al. 2011).

Marketing wurde zunehmend als übergeordnetes Prinzip, Philosophie oder gar Maxime verstanden. Seit den 70er Jahren des letzten Jahrhunderts spricht man deshalb auch von marktorientierter Unternehmensführung. Nach der ersten umfassenden deutschsprachigen Definition des Marketing-Begriffs von Meffert (1977) ist unter Marketing die Planung, Koordination und Kontrolle aller marktorientierten Unternehmensaktivitäten zu verstehen, mit denen die Bedürfnisse der Kunden befriedigt und Unternehmensziele verwirklicht werden sollen. Die wachsende Bedeutung, welche das Marketing in den vergangenen Jahrzehnten in der Unternehmenspraxis eingenommen hat, kommt in der integrativen Definition von Homburg und Krohmer (2009) zum Ausdruck. So kann zwischen einer unternehmensinternen und einer unternehmensexternen Perspektive unterschieden werden. Aus **unternehmensexterner Sicht** beschäftigt sich das Marketing mit der Planung und Durchführung von Aktivitäten, die darauf abzielen, potenzielle Nachfrager zu erreichen. Hierzu zählen sowohl die systematische Gewinnung von Informationen über den Konsumenten als auch die konkrete Ausgestaltung der Marketing-Instrumente. Die **unternehmensinterne Sicht** betrachtet das Marketing darüber hinausgehend als Disziplin, mit der im gesamten Unternehmen ein Bewusstsein für marktbezogene Aktivitäten geschaffen wird. Das Marketing wird damit nicht mehr nur als eine von vielen Unternehmensfunktionen verstanden, sondern als eine den gesamten Leistungsprozess begleitende Leitidee aufgefasst.

Da Unternehmen auf Absatzmärkten ständig mit neuen Problemen konfrontiert waren, veränderte sich der inhaltliche Fokus des Marketing stetig. Diese Entwicklung lässt sich eher als Evolution denn als Revolution begreifen. Bisherige Aspekte wurden nicht verworfen, sondern durch neue angereichert, die Methoden vertieft und der Horizont verbreitert (Meffert et al. 2011). Sehr knapp zusammengefasst, lässt sich das Marketing bis in die 1970er Jahre als ein Mittel zum Zweck verstehen. In dieser **Phase der Verkaufsorientierung** galt es, die richtige Werbetechnik einzusetzen, um den Absatz von Produkten zu gewährleisten. Seit Mitte der 1970er Jahre wandelten sich viele Absatzmärkte von Verkäufermärkten hin zu Käufermärkten, d. h., einem größeren Angebot steht nun eine geringere Nachfrage gegenüber. Folglich konnten Unternehmen nur dann dauerhaft erfolgreich sein, wenn es ihnen gelang, Produkte anzubieten, die den Bedürfnissen der Kunden entsprachen. Dieser Phase der **Kundenorientierung** folgte zwischen 1980 und 1990 die Phase der **Wettbewerbsorientierung**. Produkte sollten nun einerseits die Bedürfnisse der Kunden befriedigen und anderseits auch einzigartig sein, um sich von den Produkten der Konkurrenz zu unterscheiden. Seit den 1990er Jahren rückte die **Beziehungsorientierung** innerhalb des Marketing immer mehr in den Mittelpunkt. Das vorrangige Ziel dabei ist, die Kunden langfristig an das Unternehmen zu binden (Gelbrich et al. 2008). Derzeit lässt sich unter anderem eine stärkere **Wertorientierung** feststellen. Immer mehr Marketer konzentrieren sich auf Kunden, die profitabel oder in anderer Weise für das Unternehmen wertvoll sind (z. B. als „Werbeträger“ über Mundpropaganda). Das Thema Effizienz gewinnt an Bedeutung. Neben dieser Entwicklung wurden die aus dem Konsumgüter-Marketing stammenden klassischen Prinzipien des Marketing auch auf andere Branchen übertragen, und es entwickelten sich unter anderem das Dienstleistungsmarketing, das Non-Profit-Marketing und das Industriegütermarketing. Nach der generischen Auffassung wird Marketing als allgemeines Konzept der Beeinflussung und als Sozialtechnik verstanden, die bei allen Arten von sozialen Austauschbeziehungen Anwendung finden kann (Meffert et al. 2011). Als Beispiele seien das Mitarbeiter- und Personal-Marketing, das Hochschul- und Alumni-Marketing und auch das politische Marketing genannt.

Die operativen Marketing-Maßnahmen werden auch als Marketing-Instrumente oder -Politiken bezeichnet. Ein weltweit besonders bekanntes Konzept ist dabei der sogenann-

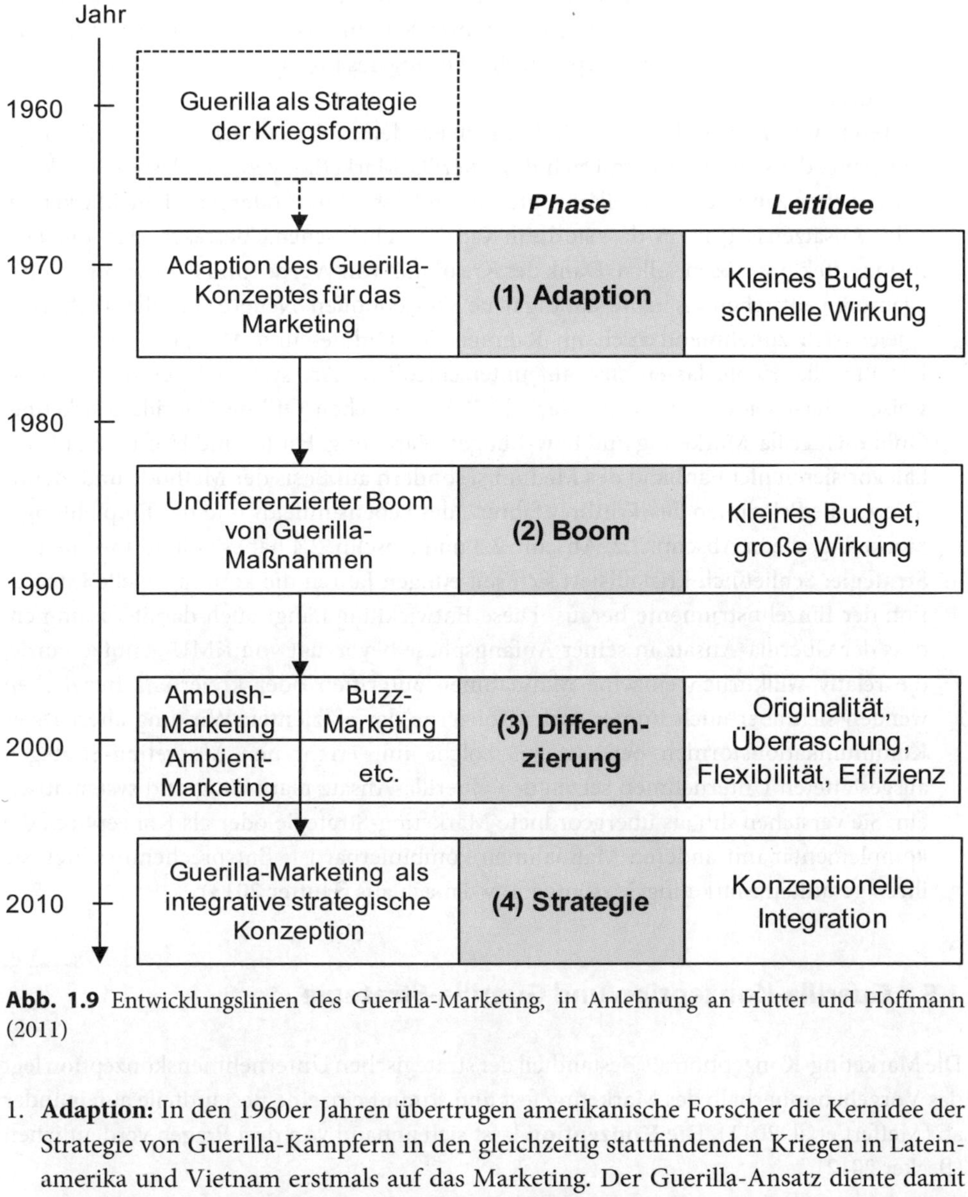

Abb. 1.9 Entwicklungslinien des Guerilla-Marketing, in Anlehnung an Hutter und Hoffmann (2011)

1. **Adaption:** In den 1960er Jahren übertrugen amerikanische Forscher die Kernidee der Strategie von Guerilla-Kämpfern in den gleichzeitig stattfindenden Kriegen in Lateinamerika und Vietnam erstmals auf das Marketing. Der Guerilla-Ansatz diente damit als gezielter Angriff finanzschwacher Unternehmen auf übermächtige Konkurrenten (Schulte und Pradel 2006). Er war einzig wettbewerbsorientiert und wurde überwiegend von kleinen und mittelständischen Unternehmen angewandt.
2. **Boom:** In den 1980er Jahren etablierten Levinson (1984) sowie Ries und Trout (1986) den Begriff Guerilla-Marketing. Insbesondere Jay Levinson veröffentlichte in den folgenden Jahrzehnten unter dem Titel Guerilla-Marketing zahlreiche managementorientierte Bücher, die einen Marketing-Ansatz propagierten, der mit kleinem Budget eine große Wirkung erzielen sollte. Zu dieser Zeit waren in den USA viele kapital-

schwache Unternehmen darauf angewiesen, mit vergleichsweise geringen Mitteln durch unkonventionelle Aktionen die Effizienz ihrer Kommunikationsmaßnahmen zu steigern. Das Guerilla-Konzept versprach eine Lösung des Effizienz-Dilemmas und galt als Wunderwaffe.

3. **Differenzierung:** Seit den 1990er Jahren entstanden zahlreiche sehr verschiedenartige Konzepte, die sich unter dem Dach des Guerilla-Marketing vereinen lassen. Marketer entwickelten zahlreiche Einzelkonzepte wie Ambush-, Buzz- oder Ambient-Marketing. Allen Ansätzen ist gemein, dass sie die in Kap. 3 beschriebenen Überraschungs- und Diffusionseffekte auslösen sollen. Dank der Kreativität von Werbe- und Kommunikationsagenturen entstehen bis heute ständig neue Konzeptionen. Neuere Guerilla-Techniken spielen sich zunehmend auch im Rahmen des Online- und Mobile-Marketing ab. Die Einzelkonzepte lassen sich auf unterschiedliche Art systematisieren. Beispielsweise unterscheiden Drees und Jäckel (2008) zwischen Offline-Guerilla-Marketing, Online-Guerilla-Marketing und Low-Budget-Marketing. Hutter und Hoffmann (2011) kategorisieren nicht anhand des Mediums, sondern auf Basis der Methode und identifizieren die Prinzipien des Trittbrettfahrer-, des Lebensumfeld- und des Empfehlungs-Marketing, die in Abschn. 2.2, Abschn. 2.3 und Abschn. 2.4 näher erläutert werden.
4. **Strategie:** Schließlich kristallisiert sich seit einigen Jahren die konzeptionelle Integration der Einzelinstrumente heraus. Diese Entwicklung hängt auch damit zusammen, dass der Guerilla-Ansatz in seiner Anfangsphase bevorzugt von KMU genutzt wurde, die relativ willkürlich einzelne Maßnahmen aufgriffen oder kreierten. Inzwischen wenden sich aber auch immer mehr Konzerne der effizienten Wirkung alternativer Kommunikationsformen bewusst zu. Solche mit erfahrenen Marketing-Strategen ausgestatteten Unternehmen setzen den Guerilla-Ansatz planmäßig und systematisch ein. Sie verstehen ihn als übergeordnete Marketing-Strategie oder als Konzeption, die komplementär mit anderen Maßnahmen kombinierbar ist. Entsprechend richten sie ihren gesamten Marketing-Mix integrativ danach aus (Hutter 2013).

1.5 Guerilla-Konzeption und Guerilla-Strategie

Die Marketing-Konzeption als Bestandteil der strategischen Unternehmenskonzeption legt das Vorgehen innerhalb des Marketing fest und stimmt einzelne Bestandteile aufeinander ab (Meffert et al. 2011). Die **Konzeption** lässt sich anhand von drei Fragen verdeutlichen (Becker 2012):

1. „Wohin soll es gehen?" (= Marketing-Ziele)
2. „Wie komme ich ans Ziel?" (= Marketing-Strategie) und
3. „Womit lässt sich das Ziel erreichen?" (= Marketing-Mix).

Abbildung 1.10 verdeutlicht die Elemente der Marketing-Konzeption, die sich auf die Guerilla-Marketing-Konzeption erweitern lassen. Die drei Teile dieses Buches widmen sich den drei Fragen der Guerilla-Konzeption. In der Analyse und strategischen Planungsphase gilt es, ausgehend von der aktuellen Situation die Ziele der Guerilla-Strategie festzulegen (= Teil I, Grundlagen des Guerilla-Marketing). Die Umsetzung der Strategie erfolgt mittels verschiedener Guerilla-Instrumente wie beispielsweise Ambient-, Ambush- oder Buzz-Marketing (= Teil II, Instrumente des Guerilla-Marketing), die anschließend auf ihre Wirksamkeit hin zu überprüfen sind (= Teil III, Controlling des Guerilla-Marketing).

Im Laufe der Evolution des Guerilla-Ansatzes haben sich verschiedenste strategische Grundorientierungen herausgebildet (Tropp 2011). Im Kern lassen sie sich auf vier **Grundtypen** zurückführen.

1. **David-gegen-Goliath-Strategie:** Wie bereits erläutert (Abschn. 1.3), empfehlen einige Autoren den Einsatz von Guerilla-Maßnahmen in erster Linie bei kapitalschwachen KMU und Selbstständigen. Diese sind oft gezwungen, mit minimalem Kosteneinsatz die Aufmerksamkeit der Konsumenten zu erlangen. Insbesondere der Gründervater Levinson (1984) propagierte zu Beginn der 1980er Jahre Guerilla-Marketing als Strategie für KMU. Demnach müssen Unternehmen, die über vergleichsweise geringe Ressourcen verfügen, ihre Energie auf Faktoren wie Zeit, Vorstellungskraft und Kundennähe anstelle von Finanzen richten, um mit individuellen und kreativen Maßnahmen gegen die Konkurrenz der Konzerne bestehen zu können (Levinson 2008). Einige Autoren (z. B. Ries und Trout 1986) bezeichnen Guerilla-Marketing in diesem Zusammenhang auch als Nischenstrategie, die insbesondere als konstruktive Strategie für ressourcenarme Unternehmen geeignet ist, die nicht in der Lage sind, mit dem Marktführer der Branche in einen intensiven Konkurrenzkampf zu treten.
2. **Angriffs-Strategie:** Insbesondere in der Anfangszeit galt es, mittels Guerilla-Marketing seinen Wettbewerber durch einen Angriff aus dem Hinterhalt zu schwächen (Abschn. 1.4). Kotler und Bliemel (2006) verstehen Guerilla-Marketing als destruktive Angriffsstrategie, welche das langfristige Verhalten gegenüber Mitbewerbern festlegt. Diese Sichtweise entspricht der wettbewerbsorientierten Strategie (vgl. Abb. 1.8), die Unternehmen einsetzen, um Marktanteile der Konkurrenten auf sich zu ziehen. Auch wenn man den Guerilla-Ansatz aus einer wettbewerbsorientierten Sicht betrachtet, muss die Anwendung des Ansatzes nicht auf kleine und mittelständische Unternehmen beschränkt bleiben. Auch große Konzerne können versuchen, sich mit geringem Aufwand einen nachhaltigen Vorteil gegenüber Wettbewerbern zu verschaffen. So nutzte der italienische Autobauer *Fiat* diese Strategie, um auf Kosten seines Konkurrenten *Volkswagen* für Gesprächsstoff zu sorgen. Ein knallroter *Fiat 500* parkte in Södertälje vor dem Haupteingang der schwedischen *VW*-Zentrale „zufällig" in dem Moment, als *Google* das Gebäude für den Geo-Dienst Street-View fotografierte (o. V. 2012).
3. **Kommunikations-Strategie:** Wie bereits gezeigt (Abschn. 1.2), sehen viele Forscher und Praktiker in dem Guerilla-Ansatz keine umfassende Marketing-Strategie, sondern vorrangig eine Kommunikationsstrategie. Bislang lassen sich auch die meisten Guerilla-Aktionen der Kommunikationspolitik zuordnen (Schulte und Pradel 2006). Demnach wird Guerilla-Marketing heute vorwiegend als innovative Kommunikationsstrategie genutzt.

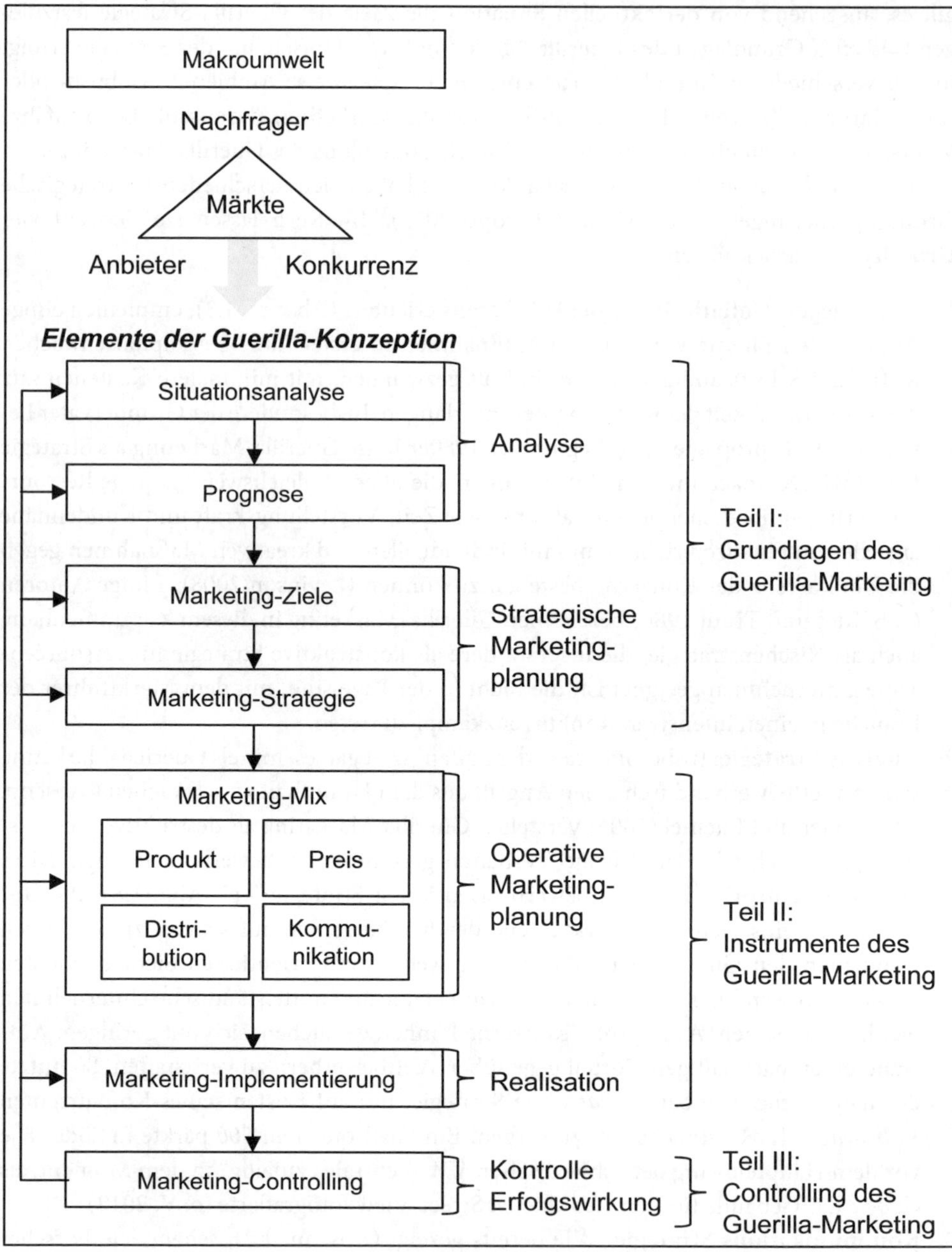

Abb. 1.10 Guerilla-Marketing-Konzeption, in Anlehnung an Meffert et al. (2011), S. 20

4. **Umfassende Marketing-Strategie:** Der Guerilla-Ansatz lässt sich jedoch auch als Leitgedanke für den gesamten Marketing-Auftritt eines Unternehmens verstehen. Diese Strategie ist dabei von jeder Unternehmensgröße anwendbar (Tropp 2011). Das heißt, es können auch große Konzerne unkonventionelle Marketing-Maßnahmen im gesam-

ten Marketing-Mix einsetzen, um die Effizienz der Maßnahmen zu erhöhen (Zerr 2003). Beispielsweise nutzt der Getränkehersteller *Red Bull* die Guerilla-Strategie, indem das Unternehmen regelmäßig unerwartete Maßnahmen einsetzt (z. B. den Überschall-Sprung von Felix Baumgartner aus 39.000 m Höhe), um auf sich aufmerksam zu machen.

1.6 Kapitel in Kürze

In a Nutshell

- Der Begriff Guerilla bezeichnet in der Kriegsführung überraschende Angriffe aus dem Hinterhalt.
- Guerilla-Marketing etablierte sich in den 1980er Jahren zunächst als Maßnahme für kleine und mittelständische Unternehmen, um sich gegenüber Großkonzernen am Markt behaupten zu können.
- Guerilla-Marketing sollte nicht als konkrete Maßnahme, sondern als Dach für verschiedene innovative und effizienzorientierte Instrumente verstanden werden.
- Guerilla-Marketing lässt sich aus strategischer Sicht wettbewerbsorientiert und kundenorientiert einsetzen.

Reflexionsfragen

Wie definieren Sie Guerilla-Marketing?

Welche Entwicklungsphasen durchlief das Guerilla-Marketing?

Welche strategische Rolle spielen Guerilla-Instrumente Ihrer Meinung nach im Unternehmensalltag?

Further Readings

Hutter, K., & Hoffmann, S. (2011). Guerilla-Marketing – eine nüchterne Betrachtung einer viel diskutierten Werbeform. *International Journal of Marketing, 50*(2), 121–135.

Krieger, K. H. (2012). *Guerilla-Marketing – Alternative Werbeformen als Techniken der Produktinszenierung.* Wiesbaden: Gabler.

Literatur

Arbeitsgemeinschaft Fernsehforschung (AGF). (2013). Entwicklung der durchschnittlichen Sehdauer. http://www.agf.de/daten/zuschauermarkt/sehdauer. Zugegriffen: 02. Aug 2013.

Becker, J. (2012). *Marketing-Konzeption: Grundlagen des zielstrategischen und operativen Marketing-Managements* (10. Aufl.). München: Vahlen.

Borden, N. H. (1964). The concept of the marketing mix. *Journal of Advertising Research, 4*(2), 2–7.

Bothe, A. (2006). Guerilla Attack – Wir sind gekommen, um zu stören. *Promotion Business, 18*(3), 16–20.

Campillo-Lundbeck, S. (2012). New Yorker Heiß gemacht und in die Filiale gebracht. In *Horizont* 45/2012. http://www.horizont.net/standpunkt/topderwoche/pages/show.php?id=932. Zugegriffen: 14. Nov 2012.

Drees, N., Jäckel, M. (2008). Guerilla-Marketing – Grundlagen, Instrumente und Beispiele. *transfer – Werbeforschung & Praxis, 2,* 31–37.

Egan, J. (2007). *Marketing communications.* London: Thomson.

Esch, F.-R., Krieger, K. H., & Strödter, K. (2009). Durchbrechen des Gewohnten durch Below-the-line-Kommunikation. In M. Bruhn, F.-R. Esch, & T. Langner (Hrsg.), *Handbuch Kommunikation* (S. 85–107). Wiesbaden: Gabler.

Förster, A., & Kreuz, P. (2003). *Marketing-trends.* Gabler: Wiesbaden.

Gelbrich, K., Wünschmann, S., Müller, S. (2008). *Erfolgsfaktoren des Marketing.* München: Vahlen.

GfK. (2007). Marktforschungsstudien zur Nutzung alternativer Werbeformen. http://www.robertundhorst.de/v2/img/downloads/gfkstudie_2007.pdf. Zugegriffen: 09. May 2012.

GfK. (2009). Marktforschungsstudie zur Nutzung alternativer Werbeformen im Internet. http://webguerillas.com/media/press/downloads/pdf/webguerillas_GfK-Studie_2009.pdf. Zugegriffen: 09. May 2012.

GfK. (2011). Marktforschungsstudie zur Nutzung alternativer Werbeformen im Internet. http://webguerillas.com/media/press/downloads/pdf/webguerillas_Gfk-Studie_2011.pdf. Zugegriffen: 09. May 2012.

Homburg, C., & Krohmer, H. (2009). *Marketingmanagement: Strategie, Instrumente, Umsetzung, Unternehmensführung* (3. Aufl.). Wiesbaden: Gabler.

Hutter, K. (2013). Guerilla marketing in practice: An exploration into meanings and motives. *Proceedings of the 12th International Marketing Trends Conference.* Paris.

Hutter, K., & Hoffmann, S. (2011). Guerilla-Marketing – eine nüchterne Betrachtung einer viel diskutierten Werbeform. *International Journal of Marketing, 50*(2), 121–135.

Kennett, J., & Matthews, S. (2008). What's the buzz? Undercover marketing and the what's the buzz? Undercover marketing and the corruption of friendship. *Journal of Applied Philosophy, 25*(1), 2–18.

Kim, J., Bhargava, M., & Ramaswami, S. (2001). Advertising productivity: Developing an agenda for research. *International Journal of Advertising, 20*(4), 431–454.

Kotler, P. (2002). *Marketing management* (11. Aufl.). New Jersey: Prentice Hall.

Kotler, P., & Bliemel, F. (2006). *Marketing-Management: Analyse, Planung und Verwirklichung* (10. Aufl.). München: Pearson.

Kotler, P., Roberto, N., & Lee, N. R. (2002). *Social marketing: Improving the quality of life*. Thousand Oaks: Sage.

Kotler, P., Armstrong, G., & Saunders, J. (2007). *Grundlagen des Marketing*. München: Pearson.

Krieger, T. (2012). Guerilla-Recruiting: Personaler auf dem Kriegspfad. http://arbeitgeber.monster.de/hr/personal-tipps/rekrutierung-verguetung/rekrutierung/guerilla-recruiting-87839.aspx. Zugegriffen: 30. April 2013.

Kroeber-Riel, W., & Weinberg, P. (2008). *Konsumentenverhalten* (9. Aufl.). München: Vahlen.

Levinson, J. C. (1984). *Guerilla-marketing – Easy and unexpensive strategies for making big profit from small business*. New York: Mariner Books.

Levinson, J. C. (2008). *Guerilla-Marketing des 21. Jahrhunderts: Clever werben mit jedem Budget*. Frankfurt a. M.: Campus.

Levinson, J. C., & Perry, D. E. (2011). *Guerrilla marketing for job hunters 3.0: How to stand out from the crowd and tap into the hidden job market using social media and 999 other tactics today*. New Jersey: John Wiley & Sons.

McAllister, M. P., & Turow, J. (2002). New media and the commercial sphere: Two intersecting trends, five categories of concern. *Journal of Broadcasting and Electronical Media, 46*(4), 505–514.

McNaughton, M. J. (2008). Guerrilla communication, visual consumption, and consumer public relations. *Public Relations Review, 34*(3), 303–305.

Meffert, H. (1977). *Marketing-management*. Wiesbaden: Gabler.

Meffert, H., & Bruhn, M. (2006). *Dienstleistungsmarketing* (5. Aufl.). Wiesbaden: Gabler.

Meffert, H., Burmann, C., & Kirchgeorg, M. (2011). *Marketing: Grundlagen marktorientierter Unternehmensführung. Konzepte – Instrumente – Praxisbeispiele* (11. Aufl.). Wiesbaden: Gabler.

Meyer, A., & Davidson, J. H. (2001). *Offensives Marketing, Gewinnen mit POISE: Märkte gestalten – Potentiale nutzen*. Freiburg: Haufe.

Miller, G. A. (1956). The magical number seven, plus or minus two: Some limits on our capacity for processing information. *Psychological Review, 63*(2), 81–97.

Nielsen Media Research. (2013a). Anzahl der in Deutschland ausgestrahlten TV-Werbespots, Werbung in Deutschland 2013, Zentralverband der deutschen Werbewirtschaft e. V. (ZAW). http://de.statista.com/statistik/daten/studie/4771/umfrage/anzahl-der-tv-werbespots-in-deutschland-seit-2000/. Zugegriffen: 02. Aug 2013.

Nielsen Media Research. (2013b). Durchschnittliche Länge der gesendeten TV-Werbespots in Deutschland von 2002 bis 2012 (in Sekunden), Werbung in Deutschland 2013, Zentralverband der deutschen Werbewirtschaft e. V. (ZAW). http://de.statista.com/statistik/daten/studie/4775/umfrage/laenge-der-tv-werbespots-in-deutschland-seit-2000/. Zugegriffen: 02. Aug 2013.

o. V. (2010). WM-Schleichwerbung: Wenn der Rock schockt. *Spiegel Online*. http://www.spiegel.de/panorama/wm-schleichwerbung-justiz-stellt-verfahren-gegen-minirock-meisjes-ein-a-702255.html. Zugegriffen: 27. April 2013.

o. V. (2012). Marketing-Streich: VW sieht rot. *Spiegel Online*. http://www.spiegel.de/auto/aktuell/google-street-view-streich-fiat-500-parkt-vor-schwedischer-vw-zentrale-a-833492.html. Zugegriffen: 14. Nov 2012.

o. V. (2013). Reklamesticker auf Mädchenoberschenkel. *Süddeutsche Zeitung*. http://www.sueddeutsche.de/stil/werbetrend-aus-japan-nackte-schenkel-als-reklametafeln-1.1622218. Zugegriffen: 27. April 2013.

Patalas, T. (2006). *Das professionelle 1 × 1: „Guerilla-Marketing – Ideen schlagen Budget"*. Berlin: Cornelsen.

Petty, R. D., & Andrews, J. C. (2008). Covert marketing unmasked: A legal and regulatory guide for practices that mask marketing messages. *Journal of Public Policy & Marketing, 27*(1), 7–18.

Reynolds, R. (2009). *On guerrilla gardening: A handbook for gardening without boundaries*. London: Bloomsbury.

Richard, B., & Ruhl, A. (Hrsg.). (2008). *Konsumguerilla Widerstand gegen die Massenkultur?* Frankfurt a. M.: Campus.

Ries, A., & Trout, J. (1986). *Marketing warfare.* Hamburg: McGraw-Hill.

Ringier.com. (2012). Ringier und Lagardère Active lancieren die Modezeitschrift Elle in Vietnam. http://www.ringier.com/de/medien/medienmitteilungen/ringier-und-lagardere-active-lancieren-die-modezeitschrift-elle. Zugegriffen: 15. Aug 2012.

Rößl, D., Kraus, S., Fink, M., & Harms, R. (2009). Entrepreneurial Marketing: Geringer Mitteleinsatz mit hoher Wirkung. *Marketing Review St. Gallen, 26*(1), 18–22.

Röthlinghöfer, B. (2008). *Werbung mit kleinem Budget: Der Ratgeber für Existenzgründer und Unternehmen.* München: DTV.

Schulte, T. (2007). *Guerilla-Marketing für Unternehmertypen – Das Kompendium* (3. Aufl.). Sternenfels: Wissenschaft & Praxis.

Schulte, T., & Pradel, M. (2006). *Guerilla-Marketing für Unternehmertypen* (2. Aufl.). Sternenfels: Wissenschaft & Praxis.

Solomon, M. R., Marshall, G. W., & Stuart, E. W. (2011). *Marketing – Real people, real decisions* (7th ed.). New Jersey: Prentice Hall.

Tropp, J. (2011). *Moderne Marketing-Kommunikation. Systeme – Prozesse – Management.* Wiesbaden: VS Verlag für Sozialwissenschaften.

Wallace, J. (2012). Yarn Bombing, Knit Graffiti, and underground brigades: A study of craftivism and mobility. *wi: Journal of Mobile Media, 6*(3). http://wi.mobilities.ca/yarn-bombing-knit-graffiti-and-underground-brigades-a-study-of-craftivism-and-mobility/, Zugegriffen: 13. Dez 2013.

Zerr, K. (2003). Guerilla-Marketing in der Kommunikation – Kennzeichen, Mechanismen und Gefahren. In U. Kamenz (Hrsg.), *Applied Marketing* (S. 583–590). Berlin: Springer.

Zuo, L., & Veil, S. (2006). Guerilla marketing and the Aqua Teen Hunger Force Fiasco. *Public Relations Quarterly, 51*(4), 8–11.

Die Guerilla-Prinzipien

2

Nach der Lektüre dieses Kapitels können Sie . . .

- die Prinzipien des Guerilla-Marketing verstehen.
- verschiedene Instrumente des Guerilla-Marketing abgrenzen.
- Guerilla-PR als flankierende Maßnahme einsetzen.

2.1 Prinzipien, Instrumente und Effekte im Überblick

In den 1990er Jahren wurden zahlreiche Instrumente entwickelt, die der Grundidee des Guerilla-Ansatzes folgen (vgl. Abschn. 1.4). Alle Instrumente sollen helfen, eine möglichst hohe Werbewirkung bei vergleichsweise geringem Mitteleinsatz zu erreichen (= Guerilla-Effekt), indem sie Überraschungs-, Diffusions- und/oder Low-Cost-Effekte auslösen. Das Wirkprinzip, das sie dabei nutzen, unterscheidet sich jedoch bei den verschiedenen Instrumenten (Abb. 2.1). Drei zentrale Wirkprinzipien lassen sich abgrenzen (Hutter und Hoffmann 2011a, b): Das Trittbrettfahrer-, das Lebensumfeld- und das Empfehlungs-Marketing. Die Instrumente Moskito- und Ambush-Marketing basieren vor allem auf dem Prinzip des Trittbrettfahrens. Sensation- und Ambient-Marketing nutzen das Prinzip, Maßnahmen in das Lebensumfeld des Konsumenten einzubetten. Buzz- und Viral-Marketing basieren vorrangig auf dem Empfehlungsprinzip, d. h. sie verbreiten eine Werbebotschaft gezielt über unternehmensexterne Träger weiter. Zusätzlich hat sich Guerilla-PR als flankierende Maßnahme etabliert. In diesem Kapitel werden die drei Prinzipien erläutert und die Grundidee den Instrumenten zugeordnet. Teil II dieses Buches stellt dann theoretische Grundlagen, Erfolgsfaktoren und Befunde empirischer Studien zu ausgewählten Instrumenten ausführlicher vor. Die Effekte von Guerilla-Maßnahmen werden in Kap. 3 erläutert.

K. Hutter, S. Hoffmann, *Professionelles Guerilla-Marketing*,
DOI 10.1007/978-3-658-02268-6_2, © Springer Fachmedien Wiesbaden 2013

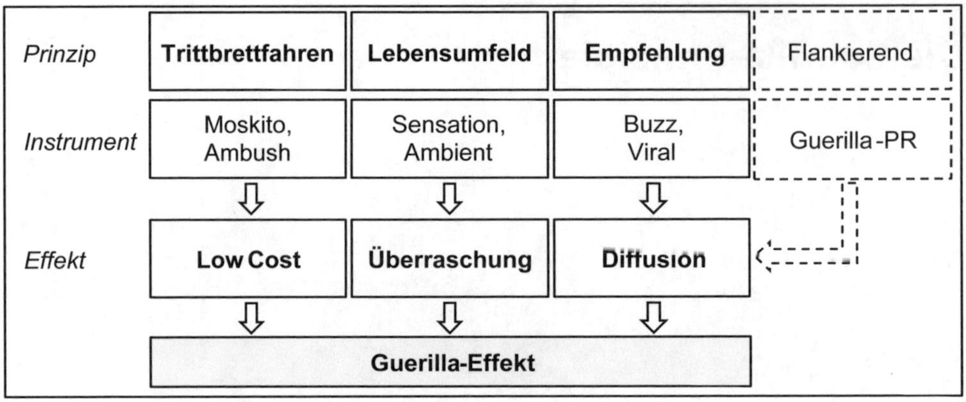

Abb. 2.1 Zusammenhang zwischen Prinzipien, Instrumenten und Effekten, in Anlehnung an Hutter und Hoffmann (2011a)

2.2 Trittbrettfahrerprinzip: Moskito- und Ambush-Marketing

Wer sich der Methode des Trittbrettfahrens bedient, möchte vom Verhalten konkurrierender Marktteilnehmer profitieren, indem er deren Schwächen ausnutzt bzw. auf deren Kosten Aufmerksamkeit erlangt. Die beiden Instrumente Moskito- und Ambush-Marketing machen sich diese Methode zunutze.

Beim **Moskito-Marketing** versuchen vor allem kleine und mittelständische Unternehmen (KMU) gezielt, die Schwachstellen großer Wettbewerber zu identifizieren und ihr eigenes Konzept so flexibel anzupassen, dass sie diese Lücke besetzen (Patalas 2006). Wenn beispielsweise ein großer Möbelhersteller innerhalb einer Niedrigpreisstrategie den Aufbau der Möbel aus seinem Service ausschließt und ein kleiner Tischler diese Nische bedient, indem er explizit einen Aufbauservice für nicht von ihm gefertigte Möbel anbietet, betreibt der Tischler Moskito-Marketing (Hutter und Hoffmann 2011a).

Beispiel: Abgepackte Wurst ist für den Arsch

Mit der in Abb. 2.2 gezeigten Kampagne versuchte eine Fleischerei, sich von industrieller Fertigung von Wurstwaren abzugrenzen und mit handgemachten Qualitätsprodukten zu punkten (Horizont.net 2007).

▶ **Moskito-Marketing** nutzt die Lücke im Marketingkonzept eines Konkurrenten.

Beim **Ambush-Marketing** handelt es sich um die Guerilla-Variante des Sponsoring. Unternehmen profitieren von öffentlichkeitswirksamen Großveranstaltungen, indem sie ihre Werbebotschaft platzieren, ohne sich selbst als Sponsor finanziell an der Veranstaltung

Abb. 2.2 „Abgepackte Wurst ist für den Arsch"-Kampagne, *MLS Germany*

zu beteiligen (Bruhn und Ahlers 2004; Farrelly et al. 2005; McDaniel und Kinney 1998; Shani und Sandler 1998; Tripodi und Sutherland 2000). Ambush-Marketing wird in der Literatur auch als parasitäres Verhalten bezeichnet, denn der Ambusher versucht, einen Imagetransfer von der Veranstaltung zu erlangen, ohne eine Gegenleistung zu erbringen (Schulte und Pradel 2006). Möglicherweise schwächt er auch gleichzeitig bewusst oder als Nebeneffekt den Hauptsponsor, falls dieser aus derselben Branche stammt.

Beispiel: Senioren beim Marathon

Beim Berlin-Marathon 2006 schickte *Nike* einen Sportler ins Rennen, der durch sein fortgeschrittenes Alter die Aufmerksamkeit auf sich zog. Mit dieser „GoHeinrichGo"-Kampagne konnte das Unternehmen auch ohne offizielle Sponsoring-Lizenz von dem Großereignis profitieren (Hospes 2010).

▶ **Ambush-Marketing** bezeichnet die Nutzung von Großveranstaltungen zu Werbezwecken, ohne dass das Unternehmen offizieller Sponsor ist.

2.3 Lebensumfeldprinzip: Ambient- und Sensation-Marketing

Das Lebensumfeldprinzip umfasst jene Instrumente, die aufgrund ihrer räumlichen Positionierung einen Überraschungseffekt auslösen. Die Instrumente des Ambient-Marketing und des Sensation-Marketing lassen sich dem Lebensumfeld-Marketing zuordnen.

Ambient-Marketing ist die Guerilla-Variante der klassischen Außenwerbung. Marketer platzieren unkonventionelle Werbemaßnahmen an ungewöhnlichen Orten im direkten Lebensumfeld der Zielgruppe (Esch et al. 2009; Krautsack 2008; Moor 2003). Passanten werden überrascht und sie lenken ihre Aufmerksamkeit auf die Maßnahmen, welche sie an diesen Orten nicht erwartet hätten (Schulte 2007). Sehr häufig kommen Stilmittel wie Gigantismus oder Minimalismus zum Einsatz, bei denen ungewöhnlich große bzw. kleine Elemente den Betrachter überraschen, da sie nicht mit seinen Erfahrungen und Erwartungen übereinstimmen. Derartige Ambient-Maßnahmen haben sich nicht nur im kommerziellen Marketing als nützlich erwiesen. Auch im Bereich des Social Marketing und insbesondere im Gesundheitsmarketing (Hoffmann et al. 2012; Hoffmann und Müller 2010) wird versucht, durch überdimensionierte Modelle von Körperteilen auf Gesundheitsrisiken hinzuweisen und Konsumenten so zu präventivem Verhalten zu bewegen. So stand im Jahr 2009 ein gigantisches Modell eines Brusttumors in der Fußgängerzone von Auckland, mit dem die Organisation *New Zealand Breast Cancer* Frauen auf die Notwendigkeit der Vorsorgeuntersuchung hinwies. Die *Felix Burda Stiftung* nutzt ein 20 m langes, 2,8 m hohes und 3,5 m breites Darmmodell, um Konsumenten für das Thema Darmkrebs zu sensibilisieren. Im Inneren dieses begehbaren Modells klären Informationstafeln und Grafiken den Besucher über Krankheitsursachen und -verläufe auf (Abb. 2.3).

Beispiel: Duftender Kaffee-Schacht

The Folgers Coffee Company verlieh 2007 in New York einem Schachtdeckel am Fahrbahnrand mittels Graffiti das Aussehen einer Kaffeetasse, aus der heißer Kaffeedampf aufzusteigen schien (o. V. 2006). Ohne Frage war diese Maßnahme perfekt in die Lebensumwelt des Konsumenten integriert. Ob der optisch gut gelungene Effekt des aufsteigenden Dampfes auch auf olfaktorischem Weg erfolgreich war, darf indes bezweifelt werden.

▶ **Ambient-(Media-)Marketing** bezeichnet die Platzierung von Werbung an Orten, an denen nicht damit zu rechnen ist, unter Einbeziehung der Umgebung in die Werbemaßnahme.

Sensation-Marketing weist viele Parallelen zum Event-Marketing auf. Ziel ist es, Passanten mit unerwarteten Inszenierungen auf öffentlichen Plätzen zu überraschen. Sensation-Aktionen sollen einen „Wow"-Effekt erzeugen, um die Werbebotschaft im Kopf des Kunden fester zu verankern. Ambient- und Sensation-Marketing unterscheiden sich vor allem in ihrer zeitlichen Dauer. Während unter Ambient-Marketing Installationen verstanden werden, die über einen längeren Zeitraum im öffentlichen Raum bestehen bleiben,

Abb. 2.3 Begehbares Modell eines menschlichen Darms, *Felix Burda Stiftung*

werden Sensation-Aktionen einmalig durchgeführt und sind meist nicht wiederholbar (Drees und Jäckel 2008). Aus diesem Grund wird Sensation-Marketing auch als „hit & run"-Aktion bezeichnet. Beispielsweise führte die BMW Group in den vergangenen Jahren zahlreiche kreative und erinnerungswürdige Guerilla-Aktionen durch, um den MINI in Szene zu setzen. Ein besonders gelungenes Beispiel ist ein speziell für Olympia 2008 in Peking angefertigtes Vehikel, das den Passagieren ein ungewöhnliches Fahrerlebnis bot (Abb. 2.4). Es handelte sich um eine MINI Rikscha – eine Mixtur aus Fahrrad und MINI-Clubman. Die Rikscha sollte die derzeit in Peking vorherrschende Dynamik zwischen Tradition und Fortschritt verkörpern. Und natürlich durften auch typisch chinesische Glücksbringer und Talismane an der Rikscha-Sonderanfertigung nicht fehlen. Die Rikscha fuhr während der olympischen Spiele durch Szeneviertel der chinesischen Metropole wie bspw. das Stadtviertel Hu Tong und hinterließ bei Pekings Besuchern und Bewohnern einen bleibenden Eindruck.

Beispiel: Life's for Sharing

T-Mobile initiierte in der Liverpool Street Station in London am 15. Januar 2009 einen Flashmob, bei dem 350 professionelle Tänzer und Schauspieler überall im Bahnhof unvermittelt zu singen und zu tanzen begannen. Diese Sensation-Aktion wirkte ins-

Abb. 2.4 MINI Rikscha bei den olympischen Spielen 2008 in Peking, BMW Group

besondere in Verbindung mit Viral-Marketing. Das Unternehmen baute darauf, dass Passanten den Flashmob mit ihren Smartphones filmten und mit ihren Freunden teilten. Auch das offizielle Video zur Aktion wurde bei *YouTube* inzwischen über 38 Millionen Mal geklickt.

▶ **Sensation-Marketing** umfasst die überraschende Inszenierung auf öffentlichen Plätzen.

2.4 Empfehlungsprinzip: Viral- und Buzz-Marketing

Instrumente, welche das Empfehlungsprinzip nutzen, sind darauf ausgerichtet, dass Kunden oder andere Stakeholder die Werbebotschaften des Unternehmens eigenständig, zielgenau und kostengünstig verbreiten (Solomon et al. 2011). Sind die Inhalte der Werbebotschaft für die Zielgruppe von Interesse, geben sie sie oftmals freiwillig an andere weiter, ohne dass dem Unternehmen zusätzliche Kosten entstehen (Bergeron et al. 2008; Phelps et al. 2004; Rimé et al. 1992). Da Rezipienten Botschaften von Bekannten als glaubwürdiger einstufen, wirken Nachrichten, die über die Empfehlungsmethode verbreitet werden, stärker persuasiv als Botschaften von anonymen Personen oder kommerzielle Kommunikation (Arora 2007; Smith et al. 2007). Viral-Marketing und Buzz-Marketing verwenden das Empfehlungsprinzip.

Beim **Viral-Marketing** initiieren Marketing-Strategen einen Kommunikationsprozess, dessen Botschaft sich wie ein Virus sehr schnell verbreitet und das Unternehmen bzw. das Produkt einer breiten Masse bekannt macht (Henning-Thurau et al. 2004; Langner 2007; Phelps et al. 2004; Woerndl et al. 2008). Die gezielte Erstplatzierung, das sogenannte Seeding, richtet sich dabei an Multiplikatoren oder erfolgt mittels geeigneter Medien (z. B. Mobiltelefon, Internet). Anschließend sorgt die Zielgruppe selbst via *YouTube*, *Facebook*, Online-Spiele oder als E-Mail-Anhang für die Verbreitung. Unternehmen produzieren hierfür unter anderem extra Videoclips mit interessanten Inhalten. Ein Beispiel ist der von *Nike* in Auftrag gegebene Clip, in dem der brasilianische Fußballstar Ronaldinho Fußballtricks zeigt (Hopkins 2006). Viral-Clips, die im Internet kursieren, sind eine vergleichsweise kostengünstige Alternative zu klassischen TV-Spots (Holland 2007).

Beispiel: Ron Hammers waghalsiger Rekordversuch

Im Jahr 2006 kündigte ein angeblich weltbekannter Motorrad-Artist aus den USA namens Ron Hammer an, dass er mit seinem Motorrad über einen Baumarkt springen und damit einen Rekord aufstellen wolle. Viele Konsumenten sahen den dazugehörigen Clip im Internet und empfahlen ihn weiter. Ron Hammer sprang allerdings nicht über irgendeinen Baumarkt, sondern über einen von *Hornbach*, dessen Schriftzug in dem Video-Clip deutlich zu erkennen war. Und das war kein Zufall. Die ganze Aktion war von dem Unternehmen geplant und Ron Hammer eine Kunstfigur, die danach weiterhin in Werbemaßnahmen des Betreibers von Bau- und Gartenmärkten auftauchte (Crossmedia 2006).

▶ **Viral**–Marketing ist die Initiierung eines Kommunikationsprozesses, bei dem sich die Werbebotschaft aufgrund ihres ungewöhnlichen Inhaltes von Konsument zu Konsument wie ein Virus verbreitet.

Buzz-Marketing wird auch als Guerilla-Variante des Word-of-Mouth-Marketing (WoM-Marketing) aufgefasst. Konsumenten treten als echte Fans eines Produkts auf und überzeugen ihre Mitmenschen mit ihrer Begeisterung von dessen Vorzügen (Hughes

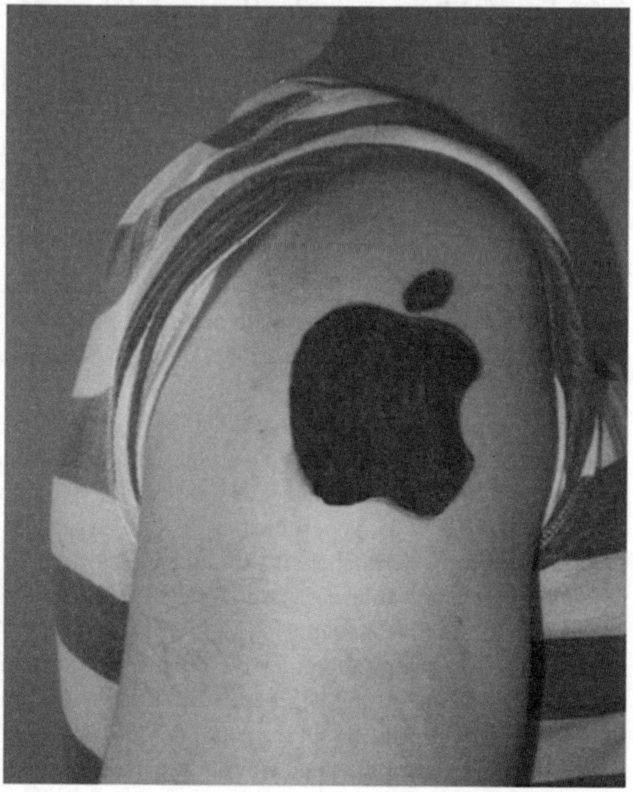

Abb. 2.5 Körper-Tattoo

2005; Patalas 2006; Thomas 2004). Solche sogenannten Buzz-Agents werden von Unternehmen gezielt eingesetzt und beispielsweise mit Vergünstigungen oder Produktproben „vergütet". Initiierte Gespräche über ein Produkt oder die Nutzung des eigenen Körpers als Werbefläche (z. B. Body-Tattoos, Abb. 2.5) sind mögliche Ausprägungen von Buzz-Marketing.

▶ **Buzz-Marketing** bezeichnet die gezielte Gewinnung von Konsumenten als Werbeträger, ohne dass diese sich als solche zu erkennen geben.

2.5 Guerilla-PR als flankierende Maßnahme

Neben den Einzelinstrumenten des Guerilla-Marketing hat sich **Guerilla-PR** als flankierende Maßnahme etabliert. Guerilla-PR bettet die ungewöhnliche Aktion geschickt in die Medien ein und nutzt sie als Multiplikator, um die Werbebotschaft einer größeren Zielgruppe bekannt zu machen (Drees und Jäckel 2008; McNaughton 2008). Angesichts der überraschenden Wirkung ziehen Guerilla-Maßnahmen nicht selten das Interesse der Medien von selbst auf sich. Medienvertreter berichten über die Aktion, ohne sich zum Zwecke der Berichterstattung und Bekanntmachung des Unternehmens instrumentalisiert zu fühlen (Puttenat 2007; Stahl 2010).

Beispiel: 100 Nackte im Supermarkt

Zur Eröffnung eines nordfriesischen Supermarktes bekamen die ersten 100 unbekleideten Besucher eine Einkaufswagenladung spendiert. Die Aktion lockte zahlreiche Einkäufer, Schaulustige und auch Pressevertreter an. Sogar überregionale Medien wie die *Bild*-Zeitung und *Spiegel online* berichteten über die aufmerksamkeitsstarke Initiative (o. V. 2012a, b).

▶ **Guerilla-PR** ist eine Variante der Öffentlichkeitsarbeit, die darauf abzielt, die durch eine Guerilla-Aktion erreichte Aufmerksamkeit medial zu verwerten und so eine noch größere Zielgruppe zu erreichen.

2.6 Kapitel in Kürze

In a Nutshell

- Bei sehr geringem Budget empfiehlt sich die Nutzung des Trittbrettfahrerprinzips durch Moskito- oder Ambush-Marketing.
- Soll die Aufmerksamkeit der Zielgruppe gesteigert werden, empfiehlt sich das Lebensumfeldprinzip mit Instrumenten wie Ambient- oder Sensation-Marketing.
- Viral- und Buzz-Marketing nutzen das Empfehlungsprinzip, um kostengünstig viele Kontaktpersonen zu erreichen.
- Guerilla-PR sollte als flankierende Maßnahme für jedes Guerilla-Instrument eingesetzt werden, um den Diffusionseffekt weiter zu steigern.

Reflexionsfragen

Worin unterscheidet sich die Methode des Trittbrettfahrens von der Methode des Empfehlungs- bzw. Lebensumfeld-Marketing?

Welches Guerilla-Instrument würden Sie am ehesten einsetzen, um einen neuen Softdrink in den Markt einzuführen?

Inwieweit ist es empfehlenswert, bestehende Guerilla-Aktionen zu adaptieren?

Further Readings

Drees, N., & Jäckel M. (2008). Guerilla-Marketing - Grundlagen, Instrumente und Beispiele, *transfer -Werbeforschung & Praxis*, 2, 31–37

Hutter, K., & Hoffmann, S. (2011). Guerrilla Marketing: The Nature of the Concept and Propositions for Further Research, *Asian Journal of Marketing*, 5 (2), 39–54.

Literatur

Arora, H. (2007). Word of mouth in the world of marketing. *Journal of Marketing Management, 6*(4), 51–65.

Bergeron, J., Roy, J., & Fallu, J.-M. (2008). Pleasantly surprising clients: A tactic in relationship marketing for building competitive advantage in the financial services sector. *Canadian Journal of Administrative Science, 25*(3), 171–184.

Bruhn, M., & Ahlers, G. M. (2004). Ambush Marketing – „Attack from behind" or Intelligent Marketing? *Jahrbuch der Absatz- und Verbraucherwirtschaft, 2*(1), 40–61.

Crossmedia. (2006). Heldengeburt im Web 2.0- Der Fall „Ron Hammer". *http://www.crossmedia.de/cases/hornbach-ronhammer*. Zugegriffen: 18. Juli 2013.

Drees, N., & Jäckel, M. (2008). Guerilla-Marketing – Grundlagen, Instrumente und Beispiele. *transfer – Werbeforschung & Praxis, 2*, 31–37.

Esch, F.-R., Krieger, K. H., & Strödter, K. (2009). Durchbrechen des Gewohnten durch Below-the-line-Kommunikation. In M. Bruhn, F.-R. Esch, & T. Langner (Hrsg.), *Handbuch Kommunikation* (S. 85–107). Wiesbaden: Gabler.

Farrelly, F., Quester, P., & Greyser, S. (2005). Defending the Co-branding benefits of sponsorship B2B partnerships: The case of ambush marketing. *Journal of Advertising Research, 45*(3), 339–348.

Henning-Thurau, T., Gwinner, K. P., Walsh, G., & Gremler, D. D. (2004). Electronic word-of-mouth via consumer-option platforms: What motivates consumers to articulate themselves in the internet. *Journal of Interactive Marketing, 18*(1), 38–52.

Hoffmann, S., Müller, S. (2010). *Gesundheitsmarketing: Gesundheitspsychologie und Prävention.* Bern: Hans Huber.

Hoffmann, S., Schwarz, U., & Mai, R. (2012). *Angewandtes Gesundheitsmarketing.* Wiesbaden: Springer Gabler.

Holland, H. (2007). Die neuen Werbeformen: Guerilla, Viral, Podcasting, Blogs, Mobile. *Direktmarketing, 3,* 28–33.

Hopkins, H. (2006). Ronaldinho and Nike Football – Another Viral Marketing Success. http://www.experian.com/blogs/hitwise-uk/2006/03/15/ronaldinho-and-nike-football-another-viral-marketing-success/. Zugegriffen: 15. Aug. 2012.

Horizont.net. (2007). Spießer Alfons. Wo der Kunde zur Sau gemacht wird, *Horizont.* http://www.horizont.net/standpunkt/spiesseralfons/pages/protected/show.php?id=224&page=2&params=keyword%253D%2526all%253D%2526type%253D%2526laufzeit%253D&navparams=params=1&timer=0&sortierid=&limitwahl=. Zugegriffen: 15. Aug. 2012.

Hospes, C. (2010). Guerrilla and Fifa and so on. http://www.creativeguerrillamarketing.com/guerrilla-marketing/guerrilla-and-fifa-and-so-on/. Zugegriffen: 15. Aug. 2012.

Hughes, M. (2005). *Buzzmarketing: Get People to Talk About Your Stuff.* New York: Portfolio.

Hutter, K., & Hoffmann, S. (2011a). Guerilla-Marketing – eine nüchterne Betrachtung einer viel diskutierten Werbeform. *International Journal of Marketing, 50*(2), 121–135.

Hutter, K., & Hoffmann, S. (2011b). Guerrilla marketing: The nature of the concept and propositions for further research. *Asian Journal of Marketing, 5*(2), 39–54.

Krautsack, D. (2008). Ambient media – How the world is changing. *Admap Magazine, 488,* 24–26.

Langner, S. (2007). *Viral Marketing: Wie Sie Mundpropaganda gezielt auslösen und Gewinn bringend nutzen* (2. Aufl.). Wiesbaden: Gabler.

McDaniel, S. R., & Kinney L. (1998). The implications of recency and gender effects in consumer response to ambush marketing. *Psychology & Marketing, 15*(4), 385–403.

McNaughton, M. J. (2008). Guerrilla Communication, Visual Consumption, and Consumer Public Relations. *Public Relations Review, 34*(3), 303–305.

Moor, E. (2003). Branded spaces-the scope of 'New Marketing'. *Journal of Consumer Culture, 3*(1), 39–60.

o. V. (2006). Folger's Guerilla Marketing lässt den Kaffee qualmen. *Werbeläufer.de.* http://blog.werbelaeufer.de/ambient-media-guerilla-marketing/folgers-guerilla-marketing-last-den-kaffee-qualmen/. Zugegriffen: 15. Aug. 2012.

o. V. (2012a). Nackte stürmen Supermarkt. Spiegel Online. http://www.spiegel.de/panorama/nackte-stuermen-supermarkt-in-nordfriesland-a-839288.html. Zugegriffen: 13. Aug. 2013.

o. V. (2012b). Nackte stürmen Supermarkt . . . und zahlen nichts, Bild Online. http://www.bild.de/news/inland/nackt/gratis-einkauf-wenn-kunden-nackt-kommen-24695332.bild.html. Zugegriffen: 22. Okt. 2013.

Patalas, T. (2006). *Das professionelle 1×1: „Guerilla-Marketing – Ideen schlagen Budget".* Berlin: Cornelsen.

Phelps, J. E., Lewis, R., Mobilio, L., Perry, D., & Raman, N. (2004). Viral marketing or electronic word-of-mouth advertising: Examining consumer responses and motivations to pass along email. *Journal of Advertising Research, 44*(4), 333–348.

Puttenat, D. (2007). *Praxishandbuch Presse- und Öffentlichkeitsarbeit: Eine Einführung in professionelle PR und Unternehmenskommunikation.* Wiesbaden: Gabler.

Rimé, B., Philippot, P., Boca, S., & Mesquita, B. (1992). Long-lasting cognitive and social consequences of emotion: Social-sharing and rumination. In W. Stroebe & M. Hewstone (Hrsg.), *European review of social psychology* (S. 225–258). Chichester: Wiley & Sons.

Schulte, T. (2007). *Guerilla-Marketing für Unternehmertypen – Das Kompendium* (3. Aufl.). Sternenfels: Wissenschaft & Praxis.

Schulte, T., & Pradel, M. (2006). *Guerilla-Marketing für Unternehmertypen* (2. Aufl.). Sternenfels: Wissenschaft & Praxis.

Shani, D., & Sandler, D. M. (1998). Ambush marketing. Is confusion to blame for the flickering of the flame? *Psychology & Marketing, 15*(4), 367–383.

Smith, T., Coyle, J. R., Lightfood, E., & Scott, A. (2007). Reconsidering models of influence: The relationship between consumer social networks and word-of-mouth effectiveness. *Journal of Advertising Research, 47*(4), 387–397.

Solomon, M. R., Marshall, G. W., & Stuart, E. W. (2011). *Marketing – real people, real decisions* (7. Aufl.). New Jersey: Prentice Hall.

Stahl, R. (2010). Guerilla-PR von Verbänden: Kassenärztliche Bundesvereinigung. In O. Hoffjann & R. Stahl (Hrsg.), *Handbuch Verbandskommunikation* (S. 445–451). Wiesbaden: Springer.

Thomas, G. M. (2004). Building the buzz in the hive mind. *Journal of Consumer Behaviour, 4*(1), 64–72.

Tripodi, J. A., & Sutherland, M. (2000). Ambush marketing – An olympic event. *Journal of Brand Management, 7*(8), 412–422.

Woerndl, M., Papagiannidis, S., Bourlakis, M., & Li, F. (2008). Internet-induces marketing techniques: Critical factors in viral marketing campaigns. *Journal of Business Science and Applied Management, 3*(1), 34–45.

Die Guerilla-Effekte 3

Nach der Lektüre dieses Kapitels können Sie . . .

- das LSD-Modell des Guerilla-Marketing erläutern.
- Überraschung als zentrales Element von Guerilla-Kampagnen verstehen.
- die Reichweite von Werbebotschaften durch Diffusionseffekte erhöhen.
- kostengünstige, wirkungsvolle Maßnahmen planen.

3.1 Das LSD-Modell

Die Managementliteratur benutzt eine Vielzahl von Adjektiven, um Guerilla-Marketing zu beschreiben. Kostengünstig und effizient, originell und unkonventionell sowie ansteckend und dynamisch sind nur einige davon (Schulte und Pradel 2006). Bei genauer Betrachtung zeigt sich, dass die genannten Attribute auf die Kernelemente Kostengünstigkeit, Überraschung und Diffusion reduziert werden können.

Beispiel: Vielfältige Beschreibung der Effekte

Kostengünstigkeit: Effizient, günstig, geringer Mitteleinsatz, billig, low budget
Überraschung: Innovativ, neuartig, unkonventionell, ungewöhnlich, spektakulär, einfallsreich, kreativ
Diffusion: Dynamisch, schnell, beweglich, ansteckend, viral

Hutter und Hoffmann (2011b) greifen diese Charakteristika in ihrem Drei-Effekte-Modell des Guerilla-Marketing auf (Abb. 3.1). Dem Modell zufolge gelten jene Maßnahmen als Guerilla-Aktionen, die sowohl Kostengünstigkeits- als auch Überraschungs- und Diffusionseffekte hervorrufen. Gemeinsam erzeugen diese drei Teileffekte den Guerilla-Effekt.

K. Hutter, S. Hoffmann, *Professionelles Guerilla-Marketing*,
DOI 10.1007/978-3-658-02268-6_3, © Springer Fachmedien Wiesbaden 2013

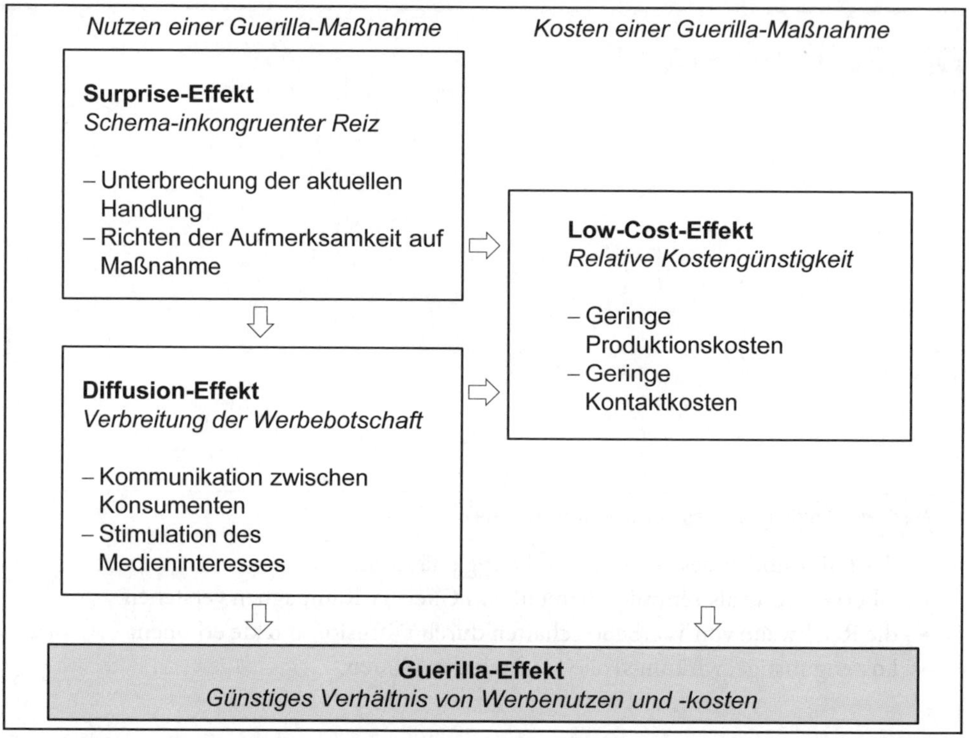

Abb. 3.1 LSD-Modell des Guerilla-Marketing, in Anlehnung an Hutter und Hoffmann (2011b)

Als Guerilla-Effekt bezeichnet man dabei das effiziente Verhältnis von Werbenutzen und -kosten (Hutter 2012; Hutter und Hoffmann 2011a). Aufgrund der Anfangsbuchstaben der drei Teileffekte in der englischen Sprache (Low-Cost-, Surprise- und Diffusion-Effekt) wird das Modell auch als LSD-Modell bezeichnet.

Nach dem LSD-Modell besteht folgender Zusammenhang zwischen den drei Teileffekten: Guerilla-Aktionen sind unkonventionell und werden oftmals mit geringen Produktionskosten realisiert, was einen **Low-Cost-Effekt** bedingt. Sie lösen durch einen unerwarteten (schema-inkongruenten) Werbereiz beim Rezipienten Überraschung (**Surprise**) aus. Aufgrund dieser aktivierenden Wirkung tritt anschließend der **Diffusionseffekt** ein: Die Konsumenten und/oder Medien tragen die Werbebotschaft über Mund-zu-Mund-Propaganda weiter. Gemeinsam tragen der Überraschungs- und der Diffusionseffekt dazu bei, dass die Guerilla-Maßnahme vergleichsweise kostengünstig eine Vielzahl von Personen intensiv anspricht, was eine Steigerung des Kostengünstigkeitseffekts bewirkt.

Die drei Teileffekte müssen nicht bei jeder Guerilla-Maßnahme in gleichem Maße auftreten. Der Guerilla-Effekt lässt sich je nach Ausprägung der Effekte entweder über das Maximal- oder das Minimalprinzip realisieren. Nach dem **Maximalprinzip** gilt es, den Werbenutzen bei gegebenem Budget zu maximieren, indem man bei gleichbleibenden Kosten einen möglichst starken Überraschungseffekt zu erzielen versucht und/oder möglichst viele Personen mit der Maßnahme konfrontiert. Folgt man hingegen dem **Minimalprinzip**, so versucht man einen gewünschten Überraschungseffekt bei einer gegebenen Anzahl von Kontaktpersonen mit möglichst geringen Kosten zu bewirken. Im Folgenden werden die einzelnen Effekte genauer beschrieben.

3.2 Low-Cost-Effekt: Relative Kostengünstigkeit

Der Guerilla-Effekt entsteht, da Guerilla-Maßnahmen so geplant sind, dass sie ihre Wirkung bei vergleichsweise geringen Kosten entfalten. Die relative Kostengünstigkeit kann dabei durch zwei Aspekte ausgelöst werden. Einer bezieht sich auf die Entwicklungs-, Produktions- und Schaltungskosten. Der andere ergibt sich aus dem Zusammenspiel des Überraschungs- und Diffusionseffekts.

Erstens kann der Kosteneffekt dadurch erzeugt werden, dass Guerilla-Kampagnen häufig mit erstaunlich einfachen Mitteln gestaltet sind, die nur einen vergleichsweise geringen finanziellen Aufwand erfordern (Hutter und Hoffmann 2011b). Deshalb wird Guerilla-Marketing oft auch als Low-Budget-Marketing bezeichnet und vor allem als Ansatz für KMU propagiert. Allerdings sollten die Kosten differenziert und kritisch betrachtet werden. Einerseits sind Guerilla-Maßnahmen nicht selten unerwartete Aktionen, die kaum Materialkosten verursachen, da sie beispielsweise aufgrund der Integration in ihre Umgebung überraschend sind. Andererseits verlangt die Entwicklung einer überraschend simplen Aktion häufig einen intensiven Kreativitäts- und Rechercheprozess (Patalas 2006; Peymani 2007). Die absolute Höhe ist für den Guerilla-Effekt allerdings irrelevant. Guerilla-Maßnahmen sind nicht per se kostengünstig. Sie zeichnen sich vielmehr durch ihre relative Kostengünstigkeit aus: Bei vergleichbaren Kosten hätte man mit klassischen Maßnahmen weniger erreicht.

Zweitens sind neben den Kosten für die Entwicklung der Idee und die Umsetzung auch die Kosten der Verbreitung der Botschaft zu bewerten. Diese Kosten lassen sich in Guerilla-Maßnahmen durch den Überraschungs- und Diffusionseffekt sehr gering halten. Die Botschaft und/oder das Werbemittel sollten so originell gestaltet sein, dass sie beispielsweise über Viral-Kampagnen im Internet kostengünstig verbreitet werden. Die Anzahl der erreichten Personen trägt neben dem Überraschungseffekt maßgeblich zur relativen Kostengünstigkeit einer Guerilla-Maßnahme bei. Der Low-Cost-Effekt entsteht, da Individuen die überraschende Botschaft gezielt weitergeben, ohne zusätzliche Ausgaben für das Unternehmen zu verursachen (Förster und Kreuz 2003; Patalas 2006). Die Multiplikatorwirkung der Medien im Rahmen der Guerilla-PR verstärkt diesen Effekt.

▶ Der **Low-Cost-Effekt** beschreibt, dass Guerilla-Aktionen relativ geringe Ausgaben verursachen, da die Entwicklungs- und Produktionskosten und/oder die Kosten der Verbreitung der Werbebotschaft durch die Nutzung unkonventioneller Methoden sehr gering sind.

3.3 Surprise-Effekt: Überraschung als Schlüsselelement

Das zentrale Kernelement, das Guerilla-Marketing von anderen effizienten Maßnahmen abgrenzt, ist das Erzeugen eines Überraschungseffektes. Durch unkonventionelle Werbemaßnahmen wird beim Rezipienten Überraschung hervorgerufen (Esch et al. 2009; Krieger 2012). Dies lässt sich anhand der Schematheorie erklären. Individuen verfügen über Erfahrungen und Annahmen über das Zusammenspiel von Objekten, Ereignissen und Situationen in Form von **kognitiven Schemata** (Rumelhart 1984). Beispielsweise könnte nach bestehenden kognitiven Schemata ein Plakat als typische Werbemaßnahme verstanden werden. Überraschung entsteht, sobald ein unerwarteter (neuartiger) Reiz auf ein bestehendes kognitives Schema trifft (Gendolla 1997). Ein unerwarteter Reiz kann sowohl absolut als auch relativ neuartig sein, um überraschend zu wirken (Berlyne 1974). Absolute Neuartigkeit wird bei der Konfrontation mit einem noch nie erfahrenen Reiz empfunden. Relative Neuartigkeit ergibt sich aus einer unerwarteten Kombination vertrauter Reizmuster.

Beispiel: Plakat regelt Pegelstand der Elbe

Ein Plakat, das eine Person zeigt, die mit einem Strohhalm einem Cocktail trinkt, ist nichts Ungewöhnliches. In einer Ambient-Maßnahme konnte ein derartiges Plakat aber Überraschung hervorrufen. Das Plakat war an einem ungewöhnlichen Ort platziert und perfekt in die Umgebung integriert. Es hing an einer Kaimauer am Hafen, wodurch es abhängig vom Pegelstand teilweise unter Wasser stand. Diese Komposition erweckte den Anschein, dass die Person auf dem Plakat über den Trinkhalm den Wasserpegel regulierte. Ein echter Hingucker (Abb. 3.2).

Überraschung entsteht als Reaktion auf schema-inkongruente – also unerwartete – Umweltreize (Izard 1977; Gierl et al. 2006; Mandler 1982; Markus 1977; Niepel et al. 1994; Standley 2009). Die Diskrepanz zwischen dem Reiz (z. B. unkonventionelle Werbemaßnahme) und der Erwartung (z. B. traditionelle Plakatwerbung) bedingt die Stärke der Überraschung (Alden et al. 2000). Je unerwarteter der Stimulus auftritt, desto größer ist das Ausmaß der Überraschung (Lischka 2006; Heckler und Childers 1992). Gemäß der Aktivierungstheorie (Lindsley 1951) wird aufgrund überraschender Reize die aktuelle Aktivität unterbrochen und die Aufmerksamkeit auf das überraschende Ereignis gerichtet (Derbaix und Vanhamme 2003; Meyer et al. 1997). Der Organismus stellt sich darauf ein, neue Informationen aufzunehmen und zu analysieren. Ungewöhnliche Reize regen zum Nachdenken an (Förster und Kreuz 2006). Sie werden schneller und elaboriert verarbeitet (Ang und Low 2000; Waddill und McDaniel 1998).

▶ Der **Überraschungseffekt** beschreibt, dass Guerilla-Aktionen aufgrund ihres unkonventionellen Charakters Konsumenten überraschen und diese deshalb ihre Aufmerksamkeit auf die Aktion richten.

Abb. 3.2 Plakat regelt Pegelstand, *Kolle Rebbe*

3.4 Diffusion-Effekt: Erhöhung der Reichweite

Die Anzahl der Kontaktpersonen beeinflusst maßgeblich die Effizienz einer Werbemaßnahme (Kotler und Bliemel 2006). Guerilla-Maßnahmen sind deshalb so gestaltet, dass sie auf ungewöhnlichen Wegen eine möglichst große Zahl an Kontaktpersonen erreichen. Der sogenannte Diffusionseffekt entsteht, wenn Konsumenten oder Medien eine Werbebotschaft aufgrund ihrer überraschenden und/oder interessanten Natur freiwillig weitergeben. Individuen tendieren dazu, starke Emotionen mit anderen zu teilen (Bergeron et al. 2008; Phelps et al. 2004; Rimé et al. 1992). Gemäß der **Social Sharing Theorie** (Rimé et al. 1998) kommunizieren Personen eher über überraschende als über erwartete Ereignisse. Dieses Mitteilungsbedürfnis überraschter Menschen sorgt für die freiwillige und schneeballartige

Verbreitung der überraschenden Werbebotschaft (Derbaix und Vanhamme 2003). Der erreichte Personenkreis wird zudem dadurch vergrößert, dass unkonventionelle Aktionen auf das Interesse der Medien stoßen, welche die Werbebotschaft kostenlos weiterverbreiten (Förster und Kreuz 2006).

▶ Der **Diffusionseffekt** beschreibt, dass Konsumenten und/oder Medien die Werbebotschaft einer Guerilla-Aktion freiwillig und kostenlos weiterverbreiten, da sie von ihr überrascht und/oder an ihr interessiert sind.

3.5 Kapitel in Kürze

In a Nutshell

- Kosteneffiziente Maßnahmen lassen sich durch das Minimal- oder das Maximalprinzip erzeugen: Guerilla-Maßnahmen verfolgen das Maximalprinzip, wenn sie die Aufmerksamkeit zu gegebenen Kosten steigern oder das Minimalprinzip, wenn sie eine zu erzielende Aufmerksamkeit mit einem möglichst geringen Budget erreichen.
- Überraschung ist das Schlüsselelement des Guerilla-Ansatzes, da sie die Aufmerksamkeit des Konsumenten erhöht, Diffusionseffekte auslöst und damit zur relativen Kostengünstigkeit beiträgt.
- Da Konsumenten und Medien eher über unerwartete Ereignisse kommunizieren als über erwartete, erreichen unkonventionelle Guerilla-Maßnahmen eine hohe Reichweite.

Reflexionsfragen

Wie lassen sich kostengünstige Guerilla-Maßnahmen entwickeln und umsetzen?

____

____

Wie kann man beim Konsumenten Überraschung auslösen?

____

____

Wie lässt sich die Reichweite von Marketing-Maßnahmen erhöhen?

____

____

Further Readings

Hutter, K. (2012). Guerilla-Marketing als effiziente Kommunikationsform für Unternehmen. *facts, 4*(4), 15–17.

Hutter, K., & Hoffmann, S. (2011). Guerrilla marketing: the nature of the concept and propositions for further research. *Asian Journal of Marketing, 5*(2), 39–54.

Literatur

Alden, D. L., Mukherjee, A., & Hoyer, W. D. (2000). The effects of incongruity, surprise and positive moderators on perceived humor in television advertising. *Journal of Advertising, 29*(2), 1–15.

Ang, S. H., & Low, S. Y. M. (2000). Exploring the dimensions of Ad creativity. *Psychology & Marketing, 17*(10), 835–854.

Bergeron, J., Roy, J., & Fallu, J.-M. (2008). Pleasantly surprising clients: A tactic in relationship marketing for building competitive advantage in the financial services sector. *Canadian Journal of Administrative Science, 25*(3), 171–184.

Berlyne, D. E. (1974). *Konflikt, Erregung, Neugier: Zur Psychologie der kognitiven Motivation*. Stuttgart: Ernst Klett.

Derbaix, C., & Vanhamme, J. (2003). Inducing word-of-mouth by eliciting surprise – A pilot investigation. *Journal of Economic Psychology, 24*(1), 99–116.

Esch, F.-R., Krieger, K. H., & Strödter, K. (2009). Durchbrechen des Gewohnten durch Below-the-line-Kommunikation. In M. Bruhn, F.-R. Esch, & T. Langner (Hrsg.), *Handbuch Kommunikation* (S. 85–107). Wiesbaden: Gabler.

Förster, A., & Kreuz, P. (2003). *Marketing-trends*. Gabler: Wiesbaden.

Gendolla, G. H. E. (1997). Surprise in the context of achievement: The role of outcome valence and importance. *Motivation and Emotion, 21*(2), 165–193.

Gierl, H., Reich, S., & Blasczyk, A. (2006). Die Werbewirkung von Schemainkongruenz und interner Inkongruenz im Fall des Einmalkontaktes. *der Markt – International Journal of Marketing, 45*(3), 128–156.

Heckler, S. E., & Childers, T. L. (1992). The role of expectancy and relevancy in memory for verbal and visual information: What is incongruency? *Journal of Consumer Research, 18*(4), 475–492.

Hutter, K. (2012). Guerilla-Marketing als effiziente Kommunikationsform für Unternehmen. *facts, 4*(4), 15–17.

Hutter, K., & Hoffmann, S. (2011a). Guerilla-Marketing – eine nüchterne Betrachtung einer viel diskutierten Werbeform. *International Journal of Marketing, 50*(2), 121–135.

Hutter, K., & Hoffmann, S. (2011b). Guerrilla marketing: The nature of the concept and propositions for further research. *Asian Journal of Marketing, 5*(2), 39–54.

Izard, C. E. (1977). *Human emotions*. New York: Plenum Press.

Kotler, P., & Bliemel, F. (2006). *Marketing-Management: Analyse, Planung und Verwirklichung* (10. Aufl.). München: Pearson.

Krieger, K. H. (2012). *Guerilla-Marketing – Alternative Werbeformen als Techniken der Produktinszenierung*. Wiesbaden: Gabler.

Lindsley, D. B. (1951). Emotion. Stevens, S. S. (Hrsg.), *Handbook of Experimental Psychology*, (S. 473–516), New York: Wiley.

Lischka, J. (2006). *Schockierende Werbung – Erfolg bei erlebnisorientierten Konsumenten*. München: Fischer.

Mandler, G. (1982). The structure of value: Accounting for taste. In M. S. Clark & S. T. Fiske (Hrsg.), *Affect and cognition* (S. 3–36). New Jersey: Lawrence Erlbaum.

Markus, H. R. (1977). Self-schemata and processing information about the self. *Journal of Personality and Social Psychology, 35*(2), 63–78.

Meyer, W.-U., Reisenzein, R., & Schützwohl, A. (1997). Toward a process analysis of emotions: The case of surprise. *Motivation and Emotion, 21*(3), 251–274.

Niepel, M., Schützwohl, A., Rudolph, U., & Meyer, W. U. (1994). Temporal characteristics of the surprise reaction induced by schema-discrepant visual and auditory events. *Cognition and Emotion, 8*(5), 433–452.

Patalas, T. (2006). *Das professionelle 1 × 1: „Guerilla-Marketing – Ideen schlagen Budget"*. Berlin: Cornelsen.

Peymani, B. (2007). Werben mit „Aha"-Effekt. *ProFirma, 10*(4), 32–34.

Phelps, J. E., Lewis, R., Mobilio, L., Perry, D., & Raman, N. (2004). Viral marketing or electronic word-of-mouth advertising: Examining consumer responses and motivations to pass along email. *Journal of Advertising Research, 44*(4), 333–348.

Rimé, B., Finkenhauer, C., Luminet, O., Zech, E., & Phillipot, P. (1998). Social sharing of emotions: New evidence and new questions. In W. Stroebe & M. Hewstone (Hrsg.), *European review of social psychology* (S. 145–189). Chichester: Wiley.

Rimé, B., Philippot, P., Boca, S., & Mesquita, B. (1992). Long-Lasting Cognitive and Social Consequences of Emotion: Social-Sharing and Rumination, Stroebe, W.; Hewstone, M. (Hrsg.): *European Review of Social Psychology*, (S. 225–258). Chichester: Wiley.

Rumelhart, D. E. (1984). Schemata and the cognitive system. In R. S. Wyer & T. K. Srull (Hrsg.), *Handbook of social cognition* (S. 161–188). Hillsdale: Lawrence Erlbaum.

Schulte, T., & Pradel, M. (2006). *Guerilla-Marketing für Unternehmertypen* (2. Aufl.). Sternenfels: Wissenschaft & Praxis.

Stanley, D. (2009). Complexity and the phenomenological structure of ‚Surprise'. *Emergence: Complexity & Organization, 11*(2), 46–53.

Waddill, P. J., & McDaniel, M. A. (1998). Distinctiveness effects in recall: Differential processing or privileged retrieval? *Memory & Cognition, 26*(1), 108–120.

Best Practice: From Dortmund with Love

4

Der BVB überrascht London mit Guerilla-Aktionen

Dennis C. Thom, Stefan Hoffmann, Katharina Hutter

In diesem Kapitel erwartet Sie . . .

eine Best-Practice-Studie, die aufzeigt, wie der Fußballclub BVB zum Champions-League-Finale 2013 in London mit Guerilla-Aktionen überrascht.

4.1 BVB als beliebtester Fußballclub

Der BVB ist einer der erfolgreichsten Fußballclubs Deutschlands. Zu den zahlreichen **sportlichen Erfolgen** zählen zweifellos acht deutsche Meisterschaftstitel und drei DFB-Pokalsiege. Zudem gewann der BVB den Europapokal der Pokalsieger im Jahr 1966, die Champions League im Jahr 1997 und den Weltpokal ebenfalls im Jahr 1997. Der BVB ist nicht nur sportlich äußerst erfolgreich, er kann auch Titel aufweisen, die er für seine starke Marke und seine gute Fanarbeit erhielt (Strasser 2013) (Abb. 4.1 und 4.2).

Seit 2008 erbringt der Traditionsverein aus dem Ruhrgebiet auch in der Markenführung Spitzenleistungen. Unter dem konsequenten Markenversprechen **„Echte Liebe."** gewinnt die Vereinsmarke zunehmend an Profil, indem insbesondere die emotionale Bindung der Fans an den „eigenen" Verein, aber auch die des Vereins an die Fans angesprochen wird. Der BVB verspricht seinen Fans ein intensives Fußballerlebnis mit „bedingungslosem Einsatz", „leidenschaftlicher Besessenheit" und „Zielstrebigkeit unabhängig vom Spielverlauf". Wie der Club dies den Fans vorlebt, bringt Trainer Jürgen Klopp mit folgendem Zitat auf den Punkt: „Wir sind alle ein bisschen verknallt in diesen Verein. Ein bisschen sehr."

In einem Interview stellt Carsten Cramer (Direktor Vertrieb und Marketing von Borussia Dortmund) die besondere Bedeutung des **Markenaufbaus** heraus: „Unter den Aufgaben, die sich an einen professionellen Fußballverein stellen, nimmt das strategische Markenmanagement aus der Perspektive von Borussia Dortmund eine hohe Bedeutung ein. Mit dem 2008 initiierten Prozess des Markenaufbaus haben wir das Ziel verfolgt, die

K. Hutter, S. Hoffmann, *Professionelles Guerilla-Marketing*,
DOI 10.1007/978-3-658-02268-6_4, © Springer Fachmedien Wiesbaden 2013

Dennis C. Thom | Leiter Marketing
Borussia Dortmund GmbH & Co. KGaA
Sein Studium der Wirtschaftswissenschaften absolvierte der Diplom-Kaufmann zeitweise in den USA, kehrte jedoch in seine Heimatsstadt Dortmund zurück, um beim BVB das Marketing zu betreuen. Heute verantwortet der 32-jährige die Marketingleitung und gewann bereits im Jahr 2012 mit Borussia Dortmund den Markenaward für die „beste Sportmarke Deutschlands".

Abb. 4.1 Informationen zum Co-Autor der Best-Practice-Studie Dennis C. Thom

Der **Ballspielverein Borussia 09 e. V.** Dortmund (BVB oder BVB 09) wurde 1909 gegründet. Der erfolgreiche, schwarzgelbe Fußball-Bundesligist ist in den Top-Fünf der „ewigen Tabelle".

Titel: Champions-League-Sieger, Weltpokalsieger, Deutscher Meister (8x), DFB-Pokalsieger (3x), Deutscher Markenmeister (2x), Markenaward und Bestfeeling-Award

Abb. 4.2 Informationen zum BVB

Werte unseres Vereins zu definieren und diese unseren Anspruchsgruppen noch besser zugänglich und erlebbar zu machen." (Woitsetschläger et al. 2012, S. 23)

Viele Fußballfans honorieren die „Echte Liebe"; die Erfolge schlagen sich auch in Zahlen nieder. Verschiedenste Indikatoren der **Beliebtheit** des BVB sind in den letzten Jahren um das Drei- bis Fünffache gestiegen. So verzeichnet der Verein inzwischen fast 100.000 Mitglieder, wovon über 10.000 im KidsClub eingetragen sind. Auch in den sozialen Medien wächst der Zuspruch. Die deutsche Webpräsenz registriert knapp 16 Mio. Page Impressions. Mehr als sechs Millionen Fans sind mit Borussia Dortmund über *Facebook* vernetzt und befreundet, über 530.000 folgen ihm via *Google+*, und nahezu 700.000 via *Twitter* (Stand: Dezember 2013).

Doch nicht nur die Fans sind begeistert, auch die Juroren diverser **Awards** schätzen die „Echte Liebe" des BVB. Die erfolgreiche Markenführung wurde 2012 mit einem Sonderpreis im Marken-Award der *absatzwirtschaft* und des *Deutschen Marketingverbands* (DMV) als beste Sportmarke Deutschlands ausgezeichnet (o.V 2012). Auch im *Brandfeel*-Ranking des Online-Marktforschungs-Panels *Mafo.de* erlangte der BVB 2013 den ersten Platz und machte damit das Rennen bezüglich Markenstärke, Image und Positionierung der deutschen Bundesliga-Vereine (Busch 2013). Mit dem *Econ-Award* für Unternehmenskommunikation kürt die Jury den Fußball-Bundesligisten zur „Persönlichkeit des Jahres" (Weber 2013). Die Vereinswahrnehmung verbesserte sich nach Angaben einer Befragung

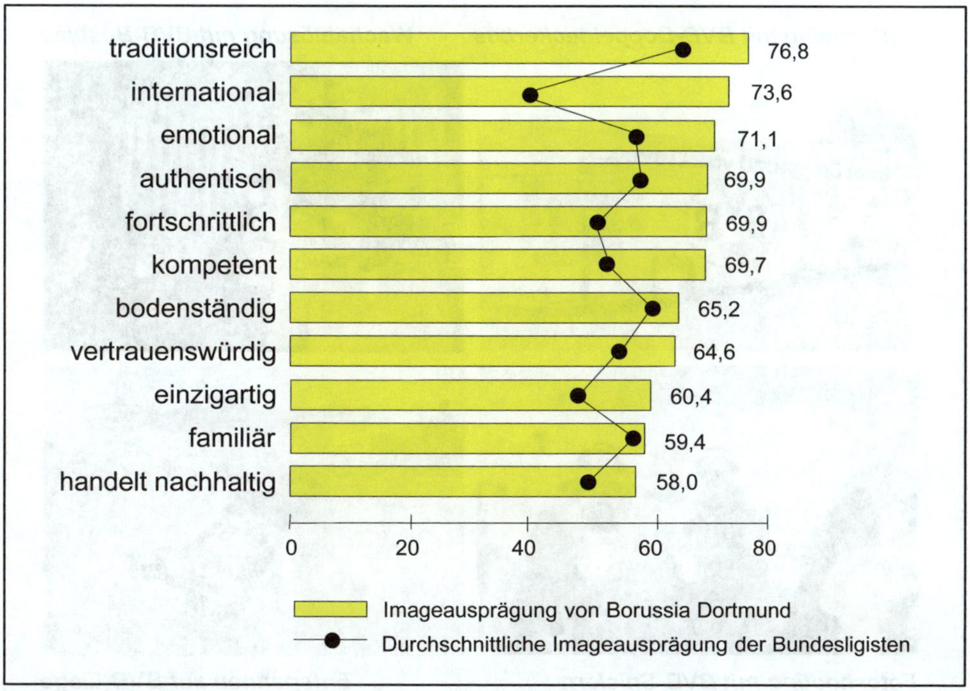

Abb. 4.3 Imageausprägung des BVB, eigene Darstellung auf Basis von Woisetschläger et al. (2013, S. 12)

von *SPORT + MARKT AG* kontinuierlich, was sich in einer positiveren Einstellung zum Verein in der Region und auch national nachweisen ließ (Woisetschläger et al. 2012).

Die Fußballstudie 2013 der Technischen Universität Braunschweig erfasste zum wiederholten Mal die Markenstärke aller Vereine der ersten und zweiten Bundesliga (Woisetschläger et al. 2013). Die Erhebung basiert auf einer repräsentativen Online-Befragung von über 4.000 Bundesdeutschen im Alter von 18 bis 69 Jahren. Der Vereinsmarken-Index fasst die Komponenten Bekanntheit und Markeneinstellung zusammen und ist auf den Bereich von 0 bis 100 Punkten normiert. Der BVB setzte sich in der Fußballstudie 2013 als **Markenmeister** durch und konnte damit den Titel verteidigen (Woisetschläger et al. 2012). Borussia Dortmund wird als „sehr sympathischer Verein", „sehr guter Verein" und „sehr attraktiver Verein" beurteilt. Doch worin liegt dieser Erfolg, der sich nicht nur über sportliche Leistungen erklären lässt? Wie Abb. 4.3 zeigt, hebt sich der BVB vom Durchschnitt der anderen Bundesligavereine unter anderem durch Authentizität und Emotionalität ab. Die „Echte Liebe" wird gelebt und wahrgenommen. Dazu tragen auch die im Folgenden dargestellten Guerilla-Aktionen bei.

Abb. 4.4 Exemplarische Maßnahmen des BVB: London wird schwarzgelb

4.2 London Calling: Guerilla-Maßnahmen des BVB

Das UEFA **Champions-League**-Finale ist für Fußballfans ein herausragendes Ereignis. Beim Finalspiel am 25. Mai 2013 im Wembley-Stadion in London standen sich dabei erstmalig mit dem FC Bayern München und Borussia Dortmund zwei deutsche Vereine gegenüber. Der BVB nutzte dieses hochemotionale Umfeld, um sich mit interessanten **Guerilla-Aktionen** bei seinen Fans zu bedanken und die Bindung an den Verein weiter zu steigern. Eine Vielzahl von unkonventionellen und aufeinander abgestimmten Maßnahmen war als Hommage an die Fans gedacht, die den langen Weg bis nach London auf sich nahmen, um ihren Verein zu unterstützen (Abb. 4.4).

Der BVB wollte sich mit den Guerilla-Aktionen zudem auf einer internationalen Bühne als innovativer Verein präsentieren. Er agierte dabei auch auf äußerst **humorvolle und selbstironische Weise**. Angesichts des von manchen Engländern verinnerlichten Stereotyps des biederen Deutschen sorgte dies für Überraschung. England, Ausrichter des Finales und das Mutterland des Fußballs, musste 2013 zwei deutsche Finalisten willkommen heißen. Auf charmante Weise griff der BVB die Ressentiments und vor allem die seit spätestens 1966 bestehende sportliche Rivalität zwischen beiden Ländern auf:

Abb. 4.5 BVB-Gäste-Handtücher für deutsche und britische „Reservierer"

> You were hoping for a final between two English teams. Or at least for a stadium full of hot chicks from Spain. But instead you got the Krauts. Have fun.

Nicht zuletzt führte der BVB parallel verschiedene Maßnahmen durch, um die Londoner City während des Wochenendes des Champions-League-Finales in ein **schwarzgelbes Farbenmeer** zu tauchen. Die BVB-Aktionen waren für viele Fans Anziehungspunkte, um sich gemeinsam mit Gleichgesinnten auf das große sportliche Duell einzustimmen. Wie im Folgenden gezeigt wird, waren viele der Maßnahmen nicht teuer in der Umsetzung, aber mit viel Passion und Kreativität erstellt und damit überraschend und aktivierend. Kein Wunder, dass sich dies unter Fans schnell herumsprach. Insgesamt folgten die Maßnahmen damit eindeutig den im LSD-Modell (Abschn. 3.1) aufgezeigten Merkmalen von Guerilla-Maßnahmen.

Kostengünstig, aber wirkungsvoll Der BVB setzte bewusst zahlreiche kleine, aber feine Aktionen ein, die vor allem durch ihren Esprit überzeugten. So wurden 6.000 kleine **Gäste-Handtücher** mit BVB-Logo und dem Wort „Reserved" verteilt und auf Liegestühlen in der ganzen Stadt als Fotomotiv ausgelegt (Abb. 4.5). Die Aktion spielte selbstironisch mit der Reservierungswut deutscher Touristen im Strandurlaub. Sowohl der deutschen als auch der englischen Presse wurden die Fotomotive zur Verfügung gestellt.

Abb. 4.6 Emma – der Schwarzgelbe Botschafter

Um die Welt gingen unter anderem die Bilder von BVB-Handtüchern auf Liegestühlen vor Londoner Sehenswürdigkeiten (Abb. 4.4, rechts unten). Dabei war der **Liegestuhl** handgemacht, d. h. „echt", und die Herstellung kostete keine 60 Euro. Die Aktion wurde von der internationalen Presse wie *The Telegraph* (o.V 2013) aufgegriffen, so dass das Bild mitsamt der humorvollen Botschaft viele Menschen erreichte. Neben dem Kosteneffekt zielen die Gäste-Handtücher auf den Überraschungseffekt ab, da sie sowohl für BVB-Fans als auch für London-Touristen neu und unerwartet gewesen sein dürften.

Unerwartet und spektakulär Der BVB überraschte seine Fans und auch „normale" London-Besucher mit ungewöhnlichen Fan-Aktionen. Erwähnenswert ist sicherlich der **Doppeldeckerbus** (Abb. 4.4, links oben). Der nicht im typischen Rot, sondern schwarzgelb lackierte Bus fuhr am Vortag des Finales sowie am Finaltag die gängige Route der Stadtrundfahrt ab und stoppte zu vereinbarten Zeiten an gebuchten Plätzen. Mehrere Promotoren und Mitglieder der BVB-Fanabteilung sorgten im Bus für die Animation der Londoner, Touristen und BVB-Fans mit Musikprogramm, Trikot-Tausch und dem Verteilen von Give-aways wie gelben aufblasbaren Herzen, Fruchtgummitütchen, Autofahnen und Sonnenhüten. Das BVB-Maskottchen „Emma" unterstützte das Team (Abb. 4.6), und die BVB-Legende Nobby Dickel verteilte typisch englische Melonen-Hüte, die vom offiziellen Ausrüster *Puma* bereitgestellt wurden.

Abb. 4.7 BVB-Plakatmobile auf London-City-Tour

Neben dem Doppeldeckerbus fuhren sieben, mit großen Plakaten bestückte Wagen durch London (Abb. 4.7). Diese **Plakatmobile** waren unkonventionell und überraschten jeden Verkehrsteilnehmer. Sie verbreiteten damit effektiv die charismatischen Freundschaftsbotschaften des BVB:

- "Thanks a million for inventing the game we love."
- "From Dortmund with love."

Viele London-Besucher wurden auch von den ungewöhnlichen **Busbies** überrascht. Acht Schauspieler stellten in schwarzgelben Uniformen die Wachablösung an verschiedenen, festgelegten Orten in der Londoner City nach und dienten somit als ideales Fotomotiv für (Fußball-)Touristen (Abb. 4.8). Die Aktion fand am Vortag des Finales und am Finaltag statt. Am Finaltag waren alle Busbies auch bei der BVB-Party im Natural History Museum dabei.

Click & spread Auch wer nicht in London war, bekam die Aktionen des BVB auf die eine oder andere Weise mit. Viele Aktionen animierten zum Fotografieren. Die Fotos wurden vielfach in sozialen Netzwerken hochgeladen und dort schnell weiterverbreitet. Borussia Dortmund regte seine Fans auch dazu an, BVB-Devotionalien wie **Fanschals an Londoner Statuen** anzubringen und ein Foto davon in Facebook zu posten.

Abb. 4.8 Ernste Busbies vor BVB-Portal

Pappfiguren der BVB-Spieler wurden von einem zehnköpfigen Promotion-Team vor Londoner Sehenswürdigkeiten postiert (Abb. 4.9). Mit einem eigens vom BVB verbreiteten Stadtplan wussten die Fans genau, wann die „Papp-Spieler" wo anzutreffen waren und zum Fototermin bereitstanden. Der **Faltplan „LonDOn"** (der auch in der Namensfindung London mit Dortmund verband) zeigte zudem die Route des BVB-Busses, die Wachablösungen und andere Aktionen wie einen BVB-Heißluftballon. Der Faltplan lag schon im Flugzeug von Dortmund nach London bereit und wurde auch vor Ort verteilt. Dadurch konnte jeder Fan zur rechten Zeit am richtigen Ort sein, um Fotos zu schießen und die Botschaft des BVB anschließend in sozialen Netzwerken zu verbreiten.

Aber nicht nur Fans verbreiteten die Bilder der BVB-Aktionen. Auch die Presse war von den Aktionen angetan und trug zur Diffusion bei. **Nationale Medien** wie beispielsweise *Fokus Online* (Plein 2013), *Horizont.net* (Rentz 2013a, b) und regionale Zeitungen (o.V 2013b) berichteten ausführlich über die spektakulären Aktionen. Aber auch die

Abb. 4.9 BVB-Fans mit Spieler-Pappfiguren beim Sightseeing

internationale Presse wie *YAHOO!Sports* (Peck 2013) und *The Guardian* (Gibson 2013) griffen die Aktionen gerne auf. Insbesondere die englische Presse empfand die Aktionen der „Krauts“ als humorvoll und würdigte die selbstironische Herangehensweise. *The Telegraph* zog dieses Fazit: „Dortmund won many hearts in London. This merry black-and-yellow swarm was the toast of London on Saturday. [...] Trafalgar Square's lions wore black and yellow for the day.“ (vgl. Winter 2013) Und Susie Schaaf (2013) fasste es auf *ESPN FC* folgendermaßen treffend zusammen:

> London was strewn in black and yellow in a brilliant [...] marketing campaign by Borussia Dortmund, the club turning all neutrals and all London onto ‚Echte Liebe‘.

Literatur

Busch, U. (2013). Bundesliga: Borussia Dortmund gewinnt Marken-Derby. http://www.wuv.de/marketing/bundesliga_borussia_dortmund_gewinnt_marken_derby. Zugegriffen: 25. Aug. 2013.

Gibson, O. (2013). They Think it's all Über: London Braces for All-German Champions League Final. http://www.theguardian.com/football/2013/may/24/london-german-champions-league-final. Zugegriffen: 25. Aug. 2013.

o.V. (2012). Marken-Award 2012: Erster Saisontitel für den BVB. http://www.absatzwirtschaft.de/content/marketingstrategie/news/marken-award-2012-erster-saisontitel-fuer-den-bvb;76427. Zugegriffen: 25. Aug. 2013.

o.V. (2013). Champions League Final 2013: Borussia Dortmund Take Their Deckchair on a London Tour: in pictures. http://www.telegraph.co.uk/sport/football/picturegalleries/10078860/Champions-League-final-2013-Borussia-Dortmund-take-their-deckchair-on-a-London-tour-in-pictures.html. Zugegriffen: 26. Aug. 2013.

o.V. (2013b). Schwarzgelbe Party in London hat begonnen. http://www.ruhrnachrichten.de/sport/bvb/Marketing-Aktionen-BVB-Programm-in-London-startet-heute;art11635,2012134. Zugegriffen: 26. Aug. 2013.

Peck, B. (2013) Borussia Dortmund Charm London with Humor and Love Campaign. http://sports.yahoo.com/blogs/soccer-dirty-tackle/borussia-dortmund-charm-london humor-love-174816280.html. Zugegriffen: 26. Aug. 2013.

Plein, M. (2013). Bayern-Fans schaffen nicht, womit der BVB verblüfft. http://www.focus.de/sport/fussball/championsleague/keine-choreografie-bei-barcelona-spiel-bayern-fans-schaffen-nicht-womit-der-bvb-verbluefft_aid_965053.html. Zugegriffen: 26. Aug. 2013.

Rentz, I. (2013a). „From Dortmund with love": So kapert der BVB die englische Hauptstadt. http://www.horizont.net/aktuell/marketing/pages/protected/From-Dortmund-with-love-So-kapert-der-BVB-die-englische-Hauptstadt_114753.html. Zugegriffen: 26. Aug. 2013.

Rentz, I. (2013b). Guerilla-Aktionen des BVB in London: Die besten Bilder. http://www.horizont.net/aktuell/marketing/pages/protected/Guerilla-Aktionen-des-BVB-in-London-Die-besten-Bilder_114786.html. Zugegriffen: 26. Aug. 2013.

Schaaf, S. (2013). BVB win hearts, FCB win the trophy. http://espnfc.com/blog/_/name/bayernmunich/id/988?cc=5739. Zugegriffen: 26. Aug. 2013.

Strasser, D. (2013). Echte Liebe: Watzke und die Marke Borussia Dortmund: Wir wollten an dieses Gefühl ran. *Werben & Verkaufen, 41*/2013, 28–33.

Weber, M. (2013). Econ-Award: BVB als „Persönlichkeit des Jahres" ausgezeichnet. http://www.wuv.de/marketing/econ_award_bvb_als_persoenlichkeit_des_jahres_ausgezeichnet. Zugegriffen: 14. Okt. 2013.

Winter, H. (2013). Bayern Munich deserve to be taking the trophy ‚home' after lighting up wembley in champions league final. http://www.telegraph.co.uk/sport/football/competitions/champions-league/10082015/Bayern-Munich-deserve-to-be-taking-the-trophy-home-after-lighting-up-Wembley-in-Champions-League-final.html. Zugegriffen: 26. Aug. 2013.

Woisetschläger, D. M., Backhaus, C., Dreisbach, J., & Schnörring, M. (2012). Fußballstudie 2012 – Wie die Vereinsmarken der Fußball-Bundesliga wahrgenommen werden. Technische Universität Braunschweig: Arbeitspapier des Instituts für Automobilwirtschaft und Industrielle Produktion.

Woisetschläger, D. M., Backhaus, C., Dreisbach, J., & Schnörring, M. (2013). Fussballstudie 2013. Die Markenlandschaft der Fussball-Bundesliga. Technische Universität Braunschweig: Arbeitspapier des Instituts für Automobilwirtschaft und Industrielle Produktion.

5 Bedenken gegenüber Guerilla-Marketing

Nach der Lektüre dieses Kapitels können Sie . . .

- juristische Aspekte des Ambush-Marketing bewerten.
- ethische Aspekte des Buzz-Marketing diskutieren.
- nicht-intendierte Effekte auf das Image vermeiden.

5.1 Vorbemerkung

Guerilla-Marketing wird unter vielerlei Gesichtspunkten kontrovers diskutiert. Insbesondere werden ethische Bedenken aufgeführt, die bei bestimmten Formen des Buzz-Marketing als besonders gravierend gelten (z. B. Ay et al. 2010; Zuo und Veil 2006). Manche Maßnahmen überschreiten sogar die Grenzen der Legalität; andere dagegen nur die des guten Geschmacks. Aus diesen Gründen befürchten viele Marketer negative Image-Effekte von Guerilla-Maßnahmen und verschließen sich dem Guerilla-Ansatz. Obwohl viele Einwände gegenüber Guerilla-Marketing berechtigt sein mögen, treffen sie sicherlich nur für die wenigsten konkreten Maßnahmen zu. Aber es gibt auch „schwarze Schafe".

Die Autoren dieses Buches nehmen eine neutrale Position ein und betrachten die Thematik unter dem Aspekt der Werbeeffizienz. Wir möchten allerdings ausdrücklich nur Guerilla-Maßnahmen adressieren, die sich innerhalb ethischer und gesetzlicher Grenzen bewegen. Im Folgenden wird deshalb auf einige zentrale juristische Aspekte bezüglich aggressiver Formen des Ambush-Marketing sowie auf ethische Aspekte des Buzz-Marketing hingewiesen. Wir schließen das Kapitel mit einigen Hinweisen zur Überschreitung des guten Geschmacks und zu möglichen nicht-intendierten negativen Imageeffekten.

K. Hutter, S. Hoffmann, *Professionelles Guerilla-Marketing*,
DOI 10.1007/978-3-658-02268-6_5, © Springer Fachmedien Wiesbaden 2013

5.2 Juristische Betrachtung von Ambush-Marketing

Manche aggressiven Erscheinungsformen des Ambush-Marketing, bei denen exklusive Werberechte der offiziellen Sponsoren verletzt werden, sind nicht mit dem geltenden Recht vereinbar. Nufer (2002) betrachtet Ambush-Marketing als „die Vorgehensweise von Unternehmen, dem direkten und indirekten Publikum durch eigene Kommunikationsmaßnahmen eine autorisierte Verbindung zu einem Event zu signalisieren, obwohl das Unternehmen keine legalen oder lediglich unterprivilegierte Vermarktungsrechte an dieser (von Dritten gesponserten) Veranstaltung besitzt". Das Zitat verdeutlicht, dass sich zumindest manche Formen des Ambush-Marketing in einer „Grauzone" zwischen fairem und unfairem oder gar legalem und verbotenem Wettbewerb bewegen (Bruhn und Ahlers 2004).

Die rechtlich-gesetzliche Beurteilung der Ambush-Methode berücksichtigt, ob eine Rechtsverletzung vorliegt, die juristisch verfolgbar ist, oder ob die Rechtsverletzung subtilerer Art ist und es nur unzureichende oder gar keine gesetzlichen Mittel dagegen gibt (Townley et al. 1998). In Deutschland bieten beispielsweise Urheber- oder Markenrechtsverletzungen sowie Verstöße gegen das Wettbewerbsrecht mögliche juristische Angriffspunkte gegen Ambush-Methoden. Tabelle 5.1 zeigt, welche juristischen Grenzen in Deutschland bestehen, die das Ambush-Marketing nicht überschreiten darf. Daraus lassen sich jedoch auch Implikationen für eine legale Ausgestaltung des Ambush-Marketing ableiten. Wenn Ambusher sich kreativer Strategien bedienen, die beispielsweise ohne eine Verwendung geschützter Logos bzw. Symbole auskommen, können Maßnahmen eingesetzt werden, die offiziellen Sponsoren nicht unmittelbar schaden (Nufer 2007; Wittneben und Soldner 2006). Zu solchen legalen Instrumenten des Ambush-Marketing zählen beispielsweise das Programmsponsoring (Bruhn und Ahlers 2004; Meenaghan 1996, 1998), das Sponsoring einer Subkategorie (Lyberger und McCarthy 2001; Meenaghan 1998), das Ausrüsten von Einzelsportlern bzw. Teams (Meenaghan 1996, 1998) sowie das Themed Advertising (Meenaghan 1996, 1998) (vgl. auch Teil II Abschn. 8.2.2).

Beispiel: 400 m Rollrasen der Herren

Themed Advertising nutzt die Assoziationen zum Event gezielt für eigene Werbekampagnen auf unkonventionelle Weise. Beispielsweise veröffentlichte der Baumarkt *Hornbach* während der Olympischen Spiele 2004 seine Werbekampagne „Sommerspiele 2004", in der die Produkte des Unternehmens mit olympischen Disziplinen verknüpft wurden: „400 m Rollrasen der Herren", „4 × 100 m^2 Fliesen-Legen", „50 m^2 Synchron-Streichen".

5.3 Ethische Betrachtung von Buzz-Marketing

Mittels Buzz-Marketing nehmen Unternehmen Einfluss auf das Kommunikationsverhalten zwischen Konsumenten. Vom Unternehmen rekrutierte Buzz-Agenten suchen gezielt Kontakt zur Zielgruppe (vgl. Teil II, Kap. 7). Indem Unternehmen den Agenten

Tab. 5.1 Juristischer Rahmen für die Nutzung von Ambush-Marketing, in Anlehnung an Nufer 2007; Wittneben und Soldner 2006

Rechtsmittel	Juristische Grenzen	Grenzfälle
Urheberrecht	Schutz von Logos und Symbolen durch Veranstalter gemäß §§ 1, 2 UrhG	Entwicklung kreativer Strategien, ohne geschützte Logos und Symbole zu verwenden
Markenrecht	Schutz von Marken, Logos, Bezeichnungen, Symbolen, Unterlassungs- und Schadensersatzansprüche gemäß §§ 14 und 15 MarkenG bei unrechtmäßigem Gebrauch der Marken	Nutzung von ungeschützten Formulierungen, die einen sprachlichen Zusammenhang mit dem Event herstellen
Wettbewerbsrecht	sittenwidrige Wettbewerbshandlung gemäß § 1 UWG bei Werbebehinderung oder Ausnutzung fremder Werbung; Unterlassungsansprüche nach § 3 UWG bei Irreführung von Konsumenten	Nachweis von bewussten Behinderungen und Irreführungen ist juristisch problematisch, so dass nicht lizenzierte Werbung häufig nicht zu unterbinden ist
Hausrecht	Bestimmungsrecht des Veranstalters, wer Zutritt zum Veranstaltungsort hat, Festlegung werbefreier Zonen im Umfeld des Veranstaltungsortes möglich, d. h. z. B. Einschränkung der Werbeaktionen (z. B. Give-aways, Plakate) von Nichtsponsoren	Engmaschige Kontrolle durch den Veranstalter ist sehr kosten- und personalintensiv, nicht alle Maßnahmen werden gesehen, mediale Aufmerksamkeit auf Ambusher steigt bei rechtlichem Vorgehen des Veranstalters
Persönlichkeitsrecht	Aus persönlichkeitsrechtlichen Gründen ist die Verwendung von Bildern von Personen ohne deren Einwilligung untersagt	Vertragliche Vereinbarungen mit Sportlern und Mannschaften, z. B. beim Sponsoring einer Subkategorie

Produktproben und Vergünstigungen zur Verfügung stellen, steuern sie das Kommunikationsverhalten direkt bzw. indirekt. Angesichts dessen, dass Beziehungen zwischen Privatpersonen, d. h. Freundschaften und Bekanntschaften, von besonderer Bedeutung und geschützt sind, dringen Unternehmen mit Buzz-Marketing in die Privatsphäre von Personen ein. Dies wird in der Literatur häufig kritisiert (z. B. Creamer 2005; Kennett und Matthews 2008). Insbesondere die Frage, ob Buzz-Agenten sich als solche zu erkennen geben sollten, wird unter moralischen Gesichtspunkten stark diskutiert. Aber auch aus strategischer Sicht wäre eine „Disclosure"-Politik sinnvoll, um Bumerang-Effekte zu vermeiden. Wenn sich Konsumenten von Unternehmen getäuscht fühlen, reagieren sie mit negativer Mund-zu-Mund-Propaganda (Holdford 2004). Dies könnte durchaus der Fall sein, wenn sie feststellen, dass private Bekanntschaften tatsächlich vom Unternehmen engagierte Buzz-Agenten sind, die eine Entschädigung dafür erhalten, dass sie positiv über deren Produkte berichten.

Ahuja et al. (2007) zeigen anhand einer qualitativen Untersuchung mit Fokusgruppen unter Jugendlichen, dass potenzielle Buzz-Agenten indes keine moralische Notwendigkeit empfinden, sich zu erkennen zu geben, wenn sie die Wahl hätten. Die Probanden unterscheiden allerdings, ob es sich beim Gesprächspartner um einen wichtigen Freund oder einen Fremden handelt. Fremden gegenüber wird die Buzz-Tätigkeit eher verborgen als gegenüber Freunden. Als Grund nannten die Probanden, dass sie das Vertrauen in die Meinung der Buzz-Agenten zu schützen versuchen, indem sie ihren Status nicht preisgeben. Zudem betrachten Buzz-Agenten ihre Tätigkeit häufig als Job, zu dem es gehört, seine Position geheim zu halten. Walker (2004) ermittelt, dass Buzz-Agenten ihren Status auch deshalb nicht preisgeben, weil sie sich selbst nicht in Verlegenheit bringen möchten. Sie schützen ihre Glaubwürdigkeit, indem sie über ein Produkt berichten, ohne das Gegenüber wissen zu lassen, dass dies im Namen eines Unternehmens geschieht.

5.4 Nicht-intendierte Imageeffekte

Guerilla-Marketing eröffnet zweifellos viele Möglichkeiten. So kann es gelingen, durch überraschende Maßnahmen eine vergleichsweise große Wirkung bei relativ gesehen geringem Mitteleinsatz zu erreichen. Zudem lässt sich das Unternehmensimage schärfen, da Guerilla-Marketing meist als frisch, frech, dynamisch, flexibel, kreativ, innovativ etc. beurteilt wird. Doch nicht für alle Unternehmen ist ein derartiges Imageprofil erstrebenswert. Während es für einen Anbieter eines Energie-Drinks passend ist, wird ein Finanzdienstleister von derartigen Eigenschaften weniger profitieren. Ein **Fit** zwischen dem angestrebten Unternehmensimage und der Maßnahme ist damit eine Grundvoraussetzung.

In vielen Fällen kann Guerilla-Marketing sogar **Bumerang-Effekte** auslösen. Ohne Anspruch auf Vollständigkeit soll die nachfolgende Liste auf mögliche Gefahren beim Einsatz des Guerilla-Marketing hinweisen. Zwar liegen bislang keine empirischen Befunde dazu vor, aber es ist denkbar, dass Unternehmen die folgenden negativen Eigenschaften bei einem unsachgemäßen Einsatz von Guerilla-Marketing zugeschrieben werden können.

- **Illegalität:** Wie bereits erläutert, überschreiten manche Ambush-Maßnahmen die Grenzen der Legalität. Dies kann nicht nur finanzielle Strafen, sondern auch negative Presseberichte nach sich ziehen. Obwohl diese in manchen Fällen möglicherweise aus strategischer Sicht positiv sind, weil sie die Bekanntheit des Unternehmens steigern, kann nicht davon ausgegangen werden, dass immer der Satz gilt „any publicity is good publicity" (Sorensen und Rasmussen 2004).
- **Irreführung:** Es wurde ebenfalls bereits deutlich, dass Buzz-Marketing aus moralischer Sicht kritisch diskutiert wird. Insbesondere dann, wenn Buzz-Agenten zunächst verdeckt operieren und die Ursache ihres Engagements von Dritten aufgedeckt wird, steht der Vorwurf der Täuschungsabsicht und Intransparenz im Raum. Auch dies kann sich

sehr negativ auf das Unternehmensimage auswirken (Kennett und Matthews 2008). Ähnlich wie beim Buzz-Marketing ist auch beim Viral-Marketing das kommerzielle Interesse des Unternehmens oftmals verdeckt. Wenn Konsumenten erkennen, dass ein lustiger Clip als subliminaler Manipulationsversuch geplant war, kann auch dies als reines Profitstreben ausgelegt werden, was sich negativ auf das Image auswirkt.

- **Invasivität:** Ambient-Marketing überrascht durch seine Einbindung in die natürliche Umwelt des Konsumenten. Werden Maßnahmen beispielsweise in eine bislang von Werbung unberührte Natur eingebunden (z. B. im Wald oder in einem See), so kann der Konsument eine Kommerzialisierung der Lebensräume befürchten, die bisher für Entspannung und als Reservoir der Natur dienten (Hutter und Hoffmann 2011b). Nicht zuletzt könnten Konsumenten die „Allgegenwärtigkeit" von Werbemaßnahmen – unabhängig davon, wie unkonventionell sie sind – als Eingriff in ihre Privatsphäre empfinden.
- **Verantwortungslosigkeit:** Auch Sensation-Marketing wird möglicherweise von einigen Konsumenten negativ bewertet, wenn das Unternehmen Sicherheitsrisiken in Kauf nimmt, um seine Akteure besonders spektakulär in Szene zu setzen. Dies gilt insbesondere für den Einsatz von Extremsportlern bei Stunts.
- **Geschmacklosigkeit:** Bei dem Versuch zu überraschen, können Guerilla-Maßnahmen auch die Grenzen des guten Geschmacks überschreiten. Beispielsweise können Ambient-Maßnahmen unpassend platziert sein (z. B. überdimensionales Modell eines Gehirntumors in der Nähe eines Krankenhauses, in dem Krebspatienten behandelt werden) oder Viral-Spots schockierende Inhalte enthalten (Hutter und Hoffmann 2011b). Dabei gilt es zu beachten, dass sich Konsumenten darin unterscheiden, ob sie derartige Maßnahmen missbilligen.
- **Einfallslosigkeit:** Bei der Planung von Guerilla-Kampagnen können sich Marketing-Verantwortliche und Agenturen an den vorhandenen Beispielen orientieren. Es ist allerdings nicht ratsam, existierende Kampagnen zu kopieren. Diese würden nicht nur keinen Neuigkeitscharakter aufweisen und damit keinen Überraschungseffekt auslösen. Sie können dem Unternehmen sogar ein Follower-Image verleihen. Noch negativer ist es vermutlich, eigene Kampagnen über einen längeren Zeitraum zu schalten. Was zunächst gut wirkt, unterliegt bald einem Wear-out-Effekt und wandelt die Imagekomponenten Innovativität und Dynamik in Einfallslosigkeit und Schwerfälligkeit (Hutter und Hoffmann 2011a).

Nicht zuletzt kann eine besonders unkonventionelle Guerilla-Kampagne ungewollt bewirken, dass die Originalität der Maßnahme vom beworbenen Produkt oder Unternehmen ablenkt. Angesichts der emotionalen, d. h. überraschenden Wirkung von Guerilla-Maßnahmen kann dieser **Vampir-Effekt** bewirken, dass Konsumenten ihre positive Bewertung der Aktion nicht auf die Marke bzw. das Unternehmen übertragen, was letztlich der Guerilla-Effektivität schadet (Kroeber-Riel und Weinberg 2008).

5.5 Kapitel in Kürze

In a Nutshell

- Guerilla-Maßnahmen können an juristische und ethische Grenzen stoßen.
- Die Überschreitung des geltenden Rechts beim Einsatz von Guerilla-Maßnahmen kann juristische Konsequenzen nach sich ziehen.
- Bumerang-Effekte können dem Image schaden, so dass die Betrachtung juristischer und ethischer Aspekte auch aus einer marketingstrategischen Sicht relevant ist.
- Marketer sollten deshalb stets sowohl anhand unternehmensinterner ethischer Richtlinien als auch anhand der aktuellen Rechtslage prüfen, ob ein Einsatz einer Guerilla-Maßnahme legal und legitim ist.

Reflexionsfragen

Welche Risiken birgt Guerilla-Marketing?

Unter welchen Bedingungen wäre eine Guerilla-Maßnahme für Sie unmoralisch bzw. unethisch?

Ist es Ihrer Meinung nach in Ordnung, Ambush-Maßnahmen anzuwenden, um seinen Wettbewerbern zu schaden? Wenn ja, warum? Wenn nein, warum nicht?

Further Readings

Kennett, J., & Matthews, S. (2008). What's the buzz? Undercover marketing and the corruption of friendship. *Journal of Applied Philosophy, 25*(1), 2–18.

Zuo, L., & Veil, S. (2006). Guerilla marketing and the aqua teen hunger force fiasco. *Public Relations Quarterly, 51*(4), 8–11.

Literatur

Ahuja, R. D., Michels, T. A., Walker, M. M., & Weissbuch, M. (2007). Teen perceptions of disclosure in buzz marketing. *Journal of Consumer Marketing, 24*(3), 151–159.
Ay, C., Aytekin, P., & Nardali, S. (2010). Guerrilla marketing communication tools and ethical problems in guerilla advertising. *American Journal of Economics and Business Administration, 2*(3), 280–286.
Bruhn, M., & Ahlers, G. M. (2004). Ambush Marketing – „Attack from behind" or Intelligent Marketing?. *Jahrbuch der Absatz- und Verbraucherwirtschaft, 2*(1), 40–61.
Creamer, M. (2005). Is buzz marketing illegal? Lawyers warn of advertising law disclosure requirements. *Advertising Age, 70*(40), 6.
Holdford, D. A. (2004). Using buzz marketing to promote ideas, services, and products. *Journal of the American Pharmacists Association, 44*(3), 387–395.
Hutter, K., & Hoffmann, S. (2011a). Guerilla-Marketing – eine nüchterne Betrachtung einer viel diskutierten Werbeform. *International Journal of Marketing, 50*(2), 121–135.
Hutter, K., & Hoffmann, S. (2011b). Guerrilla marketing: The nature of the concept and propositions for further research. *Asian Journal of Marketing, 5*(2), 39–54.
Kennett, J., & Matthews, S. (2008). What's the buzz? Undercover marketing and the corruption of friendship. *Journal of Applied Philosophy, 25*(1), 2–18.
Kroeber-Riel, W., & Weinberg, P. (2008). *Konsumentenverhalten* (9. Aufl.). München: Vahlen.
Lyberger, M. R., & McCarthy, L. (2001). An assessment of consumer knowledge of, interest in, and perception of ambush marketing strategies. *Sport Marketing Quarterly, 10*(2), 130–137.
Meenaghan, T. (1996). Ambush marketing – a threat to corporate sponsorship. *Sloan Management Review, 38*(1), 103–113.
Meenaghan, T. (1998). Ambush marketing: Corporate strategy and consumer reaction. *Psychology & Marketing, 15*(4), 305–322.
Nufer, G. (2002). *Wirkungen von Sportsponsoring. Empirische Analyse am Beispiel der Fußball-Weltmeisterschaft 1998 in Frankreich unter besonderer Berücksichtigung von Erinnerungswirkungen bei jugendlichen Rezipienten*. Berlin: Mensch und Buch Verlag.
Nufer, G. (2007). *Event-Marketing und -Management: Theorie und Praxis unter besonderer Berücksichtigung von Imagewirkungen* (3. Aufl.). Wiesbaden: DUV.
Sorensen, A. T., & Rasmussen, S. J. (2004). Is any publicity good publicity? A note on the impact of book reviews. Working paper Stanford University. https://www.forewordreviews.com/media/pdf/stanford-study-book-reviews.pdf. Zugegriffen: 12. Aug. 2013.
Townley, S., Harrington, D., & Couchman, N. (1998). The legal and practical prevention of ambush marketing in sports. *Psychology & Marketing, 15*(4), 333–348.
Walker, R. (2004). The hidden (in Plain Sight) Persuaders, *New York Times*, December 5th, 2004, 69.
Wittneben, M., & Soldner, A. (2006). Der Schutz von Veranstaltern und Sponsoren vor Ambush Marketing bei Sportgroßveranstaltungen. *Wettbewerb in Recht und Praxis, 10,* 1175–1185.
Zuo, L., & Veil, S. (2006). Guerilla marketing and the aqua teen hunger force fiasco. *Public Relations Quarterly, 51*(4), 8–11.

Teil II
Instrumente des Guerilla-Marketing

Ambient-Marketing als Guerilla-Variante der Außenwerbung

6

Nach der Lektüre dieses Kapitels können Sie ...

- die Besonderheiten des Ambient-Marketing erkennen.
- die Entstehung von Überraschung erklären.
- unkonventionelle Ambient-Maßnahmen planen, die das Markenimage verbessern und zum Kauf anregen.

6.1 Ausgangssituation: Die Lebensumwelt als Werbeträger nutzen

Fiktives Beispiel: Was machen denn die Schuhe hier?

Stellen Sie sich vor, Sie spazieren durch eine Fußgängerzone. Irgendwo zwischen Schaufenstern und anderen Werbeaktionen hängt ein gewöhnliches Werbeplakat, das für ein nahegelegenes Schuhgeschäft wirbt. Würden Sie anhalten und sich das Plakat ansehen? Was wäre jedoch, wenn vor Ihnen plötzlich ein Pfad aus echten Schuhen auftaucht, der Sie zu dem Schuhladen *Schuh4u* „geleitet"? Würden Sie dann stehenbleiben? Würden Sie neugierig nachschauen, wohin der Schuh-Pfad führt? Würden Sie dem Pfad folgen und den Schuhladen betreten?

Dieses fiktive Beispiel von Hutter und Hoffmann (2013) beschreibt eine einfache und kostengünstige Platzierung einer Werbemaßnahme im Lebensumfeld des Konsumenten. Derartige Ambient-Maßnahmen gewinnen zunehmend an Bedeutung. Angesichts der Werbeflut wird es insbesondere für den Einzelhandel immer wichtiger, sich mit innovativen Werbemaßnahmen von der Konkurrenz abzugrenzen. Ambient-Media (auch: „non-traditional out-of-home"-Media genannt; Shankar und Horton 1999) sind besonders geeignet, um den Konsumenten zu überraschen und seine Aufmerksamkeit zu erlangen, da

K. Hutter, S. Hoffmann, *Professionelles Guerilla-Marketing*,
DOI 10.1007/978-3-658-02268-6_6, © Springer Fachmedien Wiesbaden 2013

sie an ungewöhnlichen Orten, in ungewöhnlicher Form und zeitlich begrenzt auftauchen (Hutter 2012; Luxton und Drummond 2000). Da Ambient-Marketing vergleichsweise geringe Kosten verursacht, starke Aufmerksamkeit erzeugt und viele Personen erreichen kann, ist es derzeit eines der sich am schnellsten verbreitenden (Guerilla-)Marketing-Instrumente (Shankar und Horton 1999; Turk et al. 2006). Im Folgenden werden die Mechanismen erläutert, auf denen das Ambient-Marketing basiert. Es werden zudem aktuelle empirische Studien berichtet, welche die Wirksamkeit des Ambient-Marketing belegen.

6.2 Theoretischer Hintergrund: Der Überraschungseffekt

6.2.1 Überraschung als neutrale Emotion

Guerilla-Instrumente wie Ambient- oder Sensation-Marketing nutzen das Prinzip des Lebensumfeld-Marketing. Wie in Teil I, Abschn. 2.3 erläutert, fokussieren sie auf den Überraschungseffekt. Psychologen betrachten Überraschung als **neutrale Basisemotion** (z. B. Ekman und Friesen 1975; Meyer et al. 1997; Plutchik 1980; Reisenzein und Studtmann 2007; Schützwohl 1998; Vanhamme und Snelders 2001). Neutrale Emotionen selbst haben keine Wertigkeit, d. h. erst wenn Überraschung von einer positiven Emotion wie Freude bzw. negativen Emotion wie Angst begleitet wird, empfindet der Rezipient die Überraschung als angenehm bzw. unangenehm (Ekman und Friesen 1975; Meyer et al. 1991).

Diese Einordnung lässt sich anhand des „Circumplex Model of Affects“ erläutern (Russell 1980). Das Modell ordnet menschliche Emotionen auf zwei Dimensionen an. Die Dimension **Wertigkeit** (auch Valenz) erfasst, wie angenehm vs. unangenehm das Individuum die Emotion empfindet (z. B. ist die Person erfreut oder frustriert). Dagegen misst die Dimension **Aktivierung**, wie erregend bzw. beruhigend man die Emotion empfindet. Wie Abb. 6.1 veranschaulicht, lassen sich alle menschlichen Emotionen (z. B. Überraschung, Angst, Freude) in einem zweidimensionalen Raum verorten. So ist die Emotion Überraschung durch ein hohes Aktivierungsniveau gekennzeichnet. Ihre Wertigkeit ist aber neutral, d. h. weder positiv noch negativ. Auch die Emotionen Angst und Freude gehen mit einem hohen Erregungszustand einher. Angst wird jedoch eindeutig negativ bewertet, während Freude von einem positiven Gefühl begleitet wird. Ist man überrascht, hängt es von Begleitumständen ab, ob man diesen Zustand als eher angsterregend oder erfreulich empfindet.

6.2.2 Entstehung und Wirkung von Überraschung

Überraschung entsteht, wenn ein Ereignis den Erwartungen des Rezipienten widerspricht (Izard 1977; Maguire et al. 2011). Formal ausgedrückt ist sie das Resultat einer **Schema-Diskrepanz** (Gendolla und Koller 2001; Whittlesea und Williams 2001). Ein Schema resultiert aus Erfahrungen und vereint die Vorstellung einer Person über ein bestimmtes

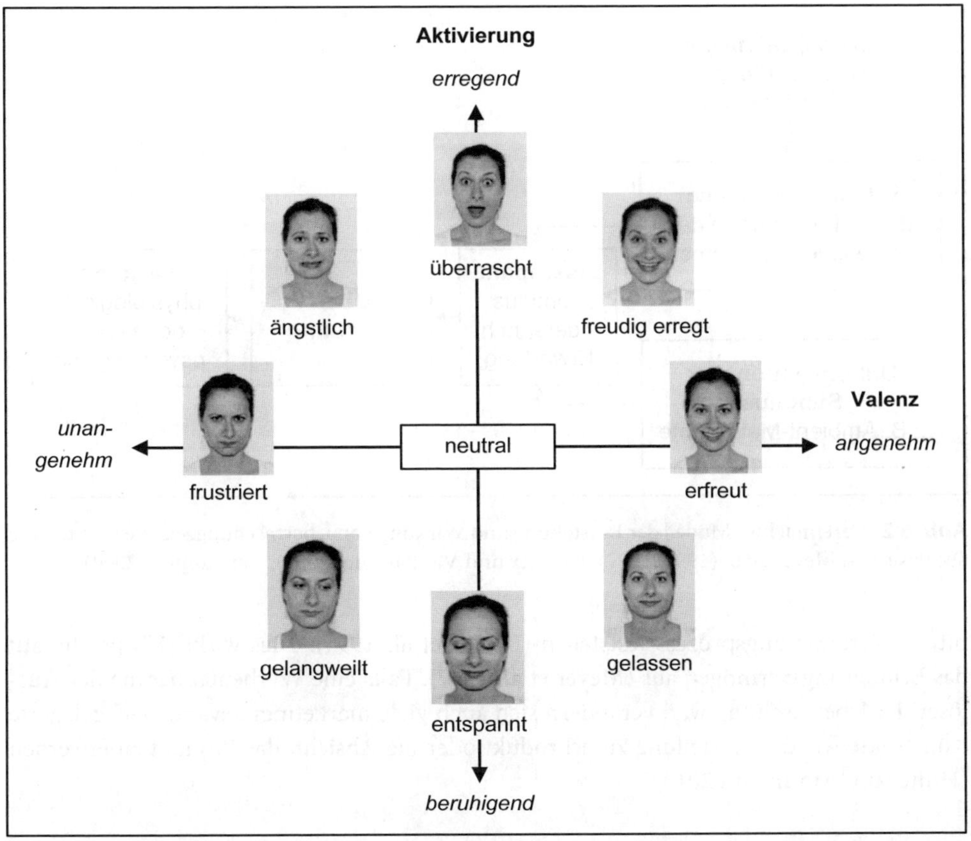

Abb. 6.1 Zweidimensionale Anordnung menschlicher Emotionen, in Anlehnung an Russell (1980)

Objekt. Das Schema „Werbung" setzt sich aus Variablen wie Werbemedium und Platzierung zusammen. Individuen erwarten, dass diese Variablen und deren Zusammenspiel innerhalb eines bestimmten Bereiches auftreten (Schützwohl 1998). Zum Beispiel könnten Personen das Medium Plakat an einer Werbewand oder an einer Bushaltestelle erwarten (= kognitives Schema). Widerspricht ein Reiz (z. B. eine Werbemaßnahme) dem bestehenden Schema, entsteht Schema-Diskrepanz. Dies ruft Überraschung hervor (Abb. 6.2). Da neue unkonventionelle (Werbe-)Stimuli (z. B. Ambient-Media) mit einer geringeren Wahrscheinlichkeit auftreten, weichen sie vom Erwarteten ab und werden demnach als überraschend empfunden (Ang und Low 2000; Haberland und Dacin 1992; Maguire et al. 2011).

Die Reaktion auf einen überraschenden Stimulus lässt sich auf physiologischer, auf behavioraler und auf psychologischer Ebene messen (Meyer et al. 1997; Schützwohl 1998). Auf physiologischer Ebene steigert Überraschung das Erregungslevel. Das lässt sich anhand des geringeren Hautwiderstands, des schnelleren Herzschlags und der erhöhten Atemfrequenz messen. Auf der Verhaltensebene ist beobachtbar, dass eine überraschte Person ihre aktuelle Tätigkeit unterbricht und ihre Aufmerksamkeit auf den diskrepanten Stimulus richtet (Meyer et al. 1991). Auf der psychologischen Ebene lässt sich ein intensiverer kog-

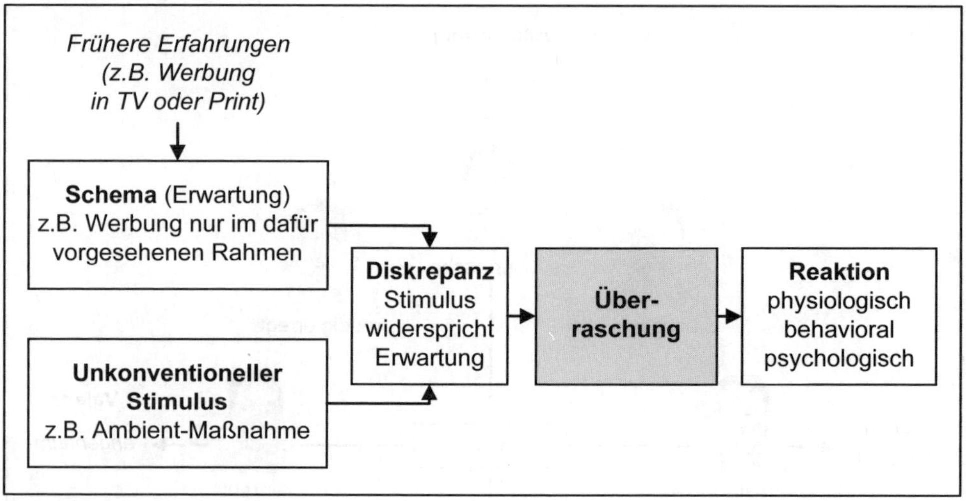

Abb. 6.2 Vereinfachtes Modell der Entstehung und Wirkung von Überraschung, eigene Darstellung auf Basis von Meyer et al. (1991, 1997); Derbaix und Vanhamme (2003); Vanhamme (2000)

nitiver Verarbeitungsprozess feststellen (Niepel et al. 1994). Dies wirkt sich positiv auf das Erinnerungsvermögen aus (Meyer et al. 1997). Falls eine Werbemaßnahme der Auslöser der Überraschung war, verändern sich auch viele marketingrelevante nachgelagerte Konstrukte wie die Einstellung zum Produkt oder die Absicht, das Produkt zu erwerben (Hutter und Hoffmann 2013).

6.3 Blick in die Forschung: Die Schuh-Studie

Im Folgenden wird eine aktuelle Studie von Hutter und Hoffmann (2013) vorgestellt, die darauf abzielte, die Wirkung von Ambient-Media zu erfassen. Dabei soll geklärt werden,

- ob Ambient-Marketing die Aufmerksamkeit des Passanten auf sich ziehen kann,
- wie Konsumenten die Maßnahme verarbeiten und welche Einstellungen sie entwickeln und
- ob sich dies in Absatzzahlen niederschlägt.

Ein Feldexperiment mit einer realen Konsumsituation eignet sich für dieses Vorhaben besonders gut. Es wurden die drei in Abb. 6.3, 6.4 und 6.5 dargestellten Ambient-Maßnahmen für ein Schuhhaus entwickelt. Sie rufen unterschiedlich stark Überraschung hervor. Bei allen drei Treatments handelt es sich um Maßnahmen, die von bekannten Werbeaktionen abweichen und damit für den Rezipienten unerwartet sind. Die Aktion Floor-Graffiti zeigt farbige Fußabdrücke, die in das Schuhhaus und wieder heraus führen. Die Aktion Schuh-Pfad ersetzt die Fußspuren durch reale Schuhe. Die dritte Aktion zeigt die Installation

Abb. 6.3 Floor-Graffiti: Farbige Fußabdrücke werden in Schrittlänge auf dem Bürgersteig vor einem Schuhgeschäft platziert, Hutter und Hoffmann (2013)

Abb. 6.4 Schuh-Pfad: Echte Schuhe werden in Schrittlänge auf dem Bürgersteig vor einem Schuhgeschäft platziert, Hutter und Hoffmann (2013)

Abb. 6.5 Schukarton: Eine Installation in Form eines überdimensionalen Schuhkartons (3,0 × 1,5 × 2,0 m) wird auf dem Bürgersteig vor dem Ladeneingang platziert, Hutter und Hoffmann (2013)

eines überdimensionalen Schuhkartons, der auf dem Bürgersteig vor dem Schuhhaus platziert wurde. Ambient-Media kann auf verschiedenen Ebenen wirken. Um dies zu erfassen, wurden in dieser Studie Beobachtungs-, Fragebogen- und Scanner-Daten kombiniert.

Beobachtungsstudie In einer Beobachtungsstudie dokumentieren zwei verdeckte Beobachter die Reaktionen von insgesamt 2.464 Personen. Wie erwartet zeigt die Untersuchung, dass Individuen, die auf unkonventionelle Maßnahmen treffen, ihre aktuelle Tätigkeit unterbrechen und ihre Aufmerksamkeit auf die Aktion richten, um eine Erklärung für das ungewöhnliche Setting (= Schema-Diskrepanz) zu finden. Mit anderen Worten: Aufgrund des Überraschungseffektes von Ambient-Media unterbrechen Passanten ihre Aktivität und richten ihre Aufmerksamkeit auf den überraschenden Stimulus. Der Schuh-Pfad erzeugt den größten Überraschungseffekt und die größte Aufmerksamkeit (Abb. 6.6).

Befragung Die Befragung von insgesamt 305 Konsumenten zeigt, dass die drei Ambient-Media unterschiedliche Grade der Überraschung auslösen. Der Schuh-Pfad wirkt deutlich überraschender als die Floor-Graffiti und der Schuhkarton. Wie Abb. 6.7 illustriert, ist der Grad der Überraschung in der Folge der entscheidende Einflussfaktor auf die Einstellung zur Aktion. Individuen ziehen Schlüsse über die Bewertung von Objekten aufgrund

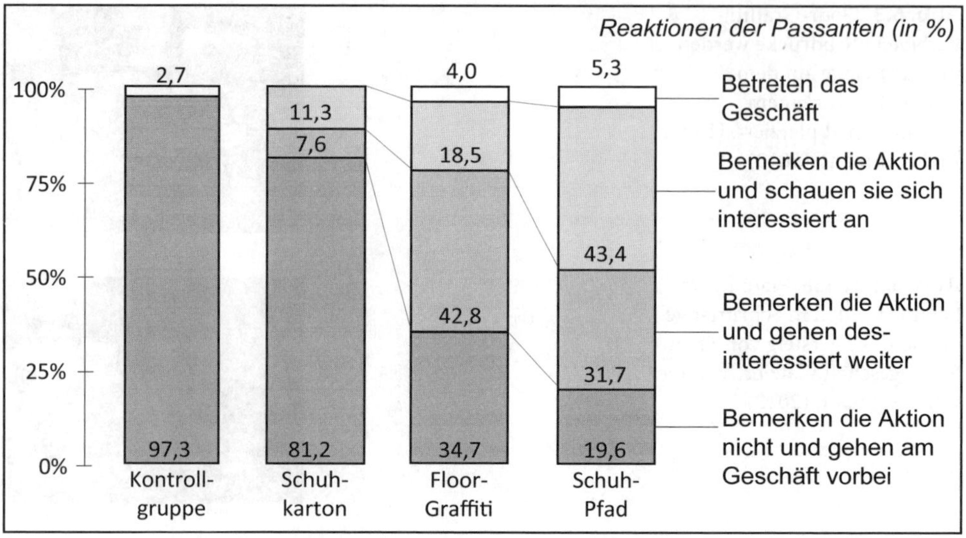

Abb. 6.6 Ergebnisse der Beobachtungs-Daten-Analyse, Hutter und Hoffmann (2013)

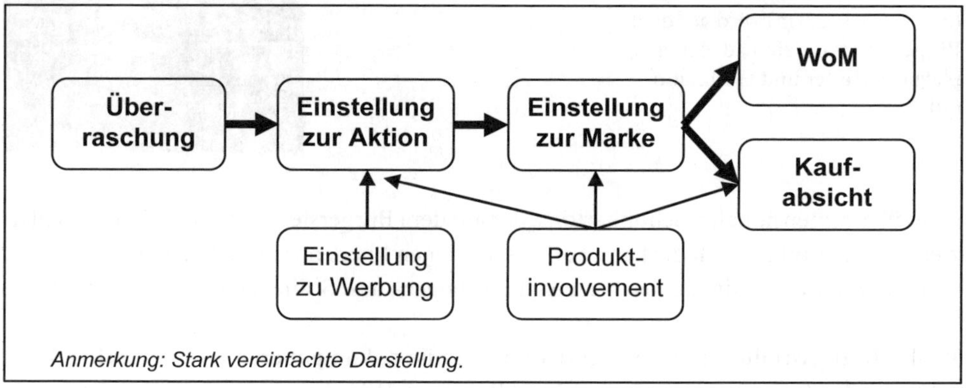

Abb. 6.7 Kognitives Wirkungsmodell überraschender Ambient-Maßnahmen, Hutter und Hoffmann (2013)

emotionaler Reaktionen. Je intensiver die affektive Reaktion, umso klarer die Bewertung (Gorn et al. 2001; Pham et al. 2001). Folglich verbessert die Einstellung zur Aktion auch die Einstellung gegenüber dem Schuhhaus und anschließend die Weiterempfehlungs- und Kaufabsicht. Die Untersuchung belegt auch, dass die Effekte stärker sind, je positiver der Proband Werbung gegenüber generell eingestellt ist und je höher sein Produktinvolvement ist. Eine nicht in der Abbildung dargestellte Folgeuntersuchung deckt zudem einen verstärkenden Effekt der Überraschung auf, den man als Amplitudeneffekt bezeichnet: Emotionen, die überraschend auftreten, werden als intensiver empfunden. Sie wirken sich stärker polarisierend auf die Objektbewertung aus (Ang und Low 2000; Vanhamme 2000). Die Überraschung führt also dazu, dass sich die Bewertung stärker in Weiterempfehlungs- und Kaufabsicht niederschlägt als dieselbe Bewertung, die nicht von Überraschung begleitet wird.

Analyse der Scanner-Daten Schließlich werden insgesamt 730 Scanner-Daten aus dem Aktionszeitraum sowie 18 Monate vor und sechs Monate nach dem Aktionszeitraum analysiert. Eine Zeitreihenregression zeigt unter Berücksichtigung von saisonalen und Wochentageseffekten im Aktionszeitraum einen signifikant höheren Umsatz von 23,2 % im Vergleich zum Vorjahreszeitraum. Eine trendbereinigte Analyse weist darauf hin, dass der Tagesumsatz während des Aktionszeitraumes ca. 45 % über den Durchschnittsumsätzen des Erfassungszeitraumes (sechs Monate vor und nach der Aktion) lag.

6.4 Blick in die Forschung: Die Sushi-Studie

Eine weitere bislang unveröffentlichte Studie der Technischen Universität Dresden ermöglicht weitere Einblicke in die Reaktion von Konsumenten auf Ambient-Maßnahmen. Die Studie eruiert folgende Fragen:

- Wie wirken sich Ambient-Maßnahmen im Vergleich zu einem klassischen Plakat auf die Kaufabsicht der Konsumenten aus?
- Wie wirken sich Ambient-Maßnahmen im Vergleich zu einem klassischen Plakat auf die WoM-Absicht der Konsumenten aus?
- Durch welche Faktoren wird die Kauf- und WoM-Absicht beeinflusst?

Insgesamt wurden 31 Konsumenten zwischen 18 und 71 Jahren interviewt. Den Probanden wurden nacheinander Bilder von drei Werbemaßnahmen vorgelegt, die sie bewerteten. Hierzu wurden existierende Maßnahmen des Sushi-Anbieters *Sushi-King* verwendet. Den Probanden wurden nacheinander realitätsgetreue Abbildungen einer traditionellen Werbe-Maßnahme (klassisches Plakat) und zwei Ambient-Maßnahmen präsentiert. Aktion 1, das „Sushi-Plakat", bestand aus einem klassischen Werbeplakat, das an einer Bushaltestelle hing. Für die Ambient-Aktionen wurde das „Kaiten-Sushi"-Prinzip aufgegriffen, bei dem im Restaurant fertig angerichtete Teller auf einem rundlaufenden Fließband vorbeifahren, von welchem sich die Gäste selbstständig ihre Sushi-Auswahl zusammenstellen können. Die zwei Ambient-Maßnahmen wichen unterschiedlich stark vom gewöhnlichen Werbeschema ab. Die Aktion 2 „Sushi-Sticker" zeigt die Rolltreppe in einem Einkaufszentrum, auf deren Handlauf Sticker von angerichteten Sushi-Tellern zu sehen sind. Die dreidimensionale Aktion 3 „Sushi-Rollen" nutzt das Gepäckband am Flughafen, wo zwischen den Koffern und Taschen der Reisenden überdimensionale Nachbildungen von Sushi-Rollen platziert wurden. Es ist davon auszugehen, dass diese beiden Guerilla-Aktionen aufgrund ihrer Neuartigkeit in kein bestehendes kognitives Schema der

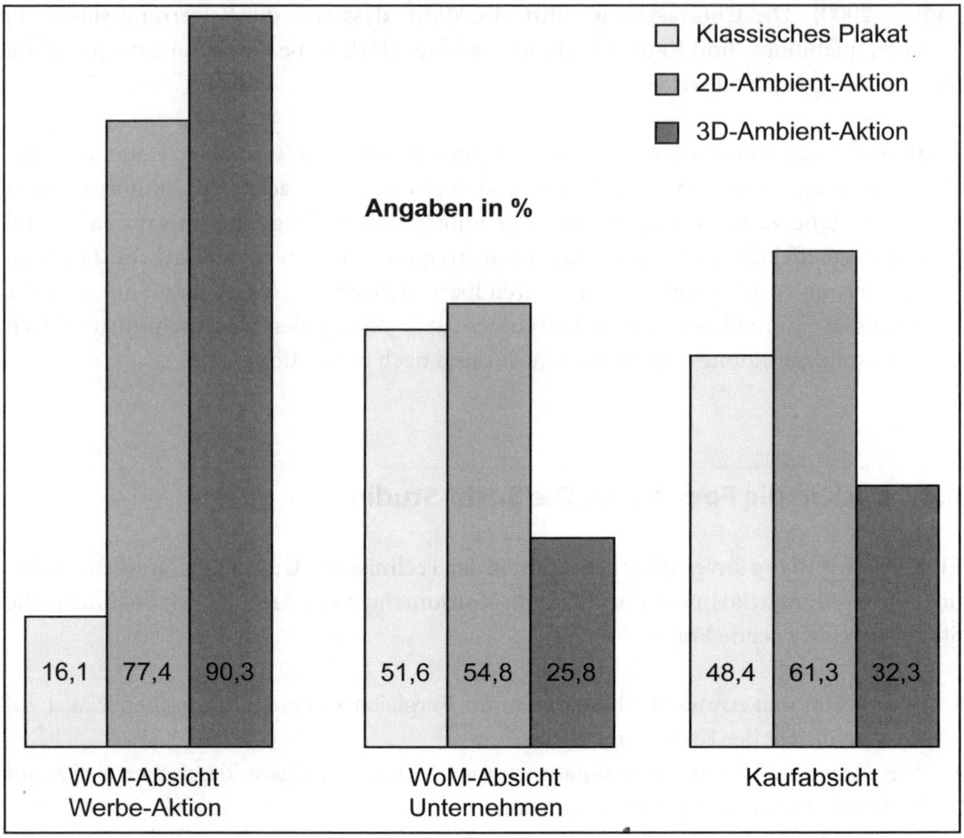

Abb. 6.8 Kaufabsicht und WoM-Absicht im Überblick, eigene Darstellung

Rezipienten eingeordnet werden können und auf diese Weise Überraschung auslösen. Dabei wird unterstellt, dass die Sushi-Rollen aus Aktion 3 aufgrund ihrer ungewöhnlichen Größe eine noch größere Schema-Inkongruenz auslösen, als es die Darstellungen auf dem Rolltreppen-Handlauf vermögen.

Wie Abb. 6.8 illustriert, ist die Absicht, über die Aktion zu sprechen, bei den drei Maßnahmen unterschiedlich stark. Lediglich 16 % der Probanden empfinden das klassische Plakat als erwähnenswert. Dagegen möchten drei von vier Befragten mit Freunden oder Bekannten über die Sushi-Sticker und sogar neun von zehn Befragten über die Sushi-Rollen sprechen. Bei der Weiterempfehlungsabsicht für das Unternehmen und auch bei der Kaufabsicht zeigt sich ein anderes Bild. Sie steigen bei den Sushi-Stickern, fallen bei den Sushi-Rollen aber unter das Ausgangsniveau der traditionellen Maßnahme. Während beispielsweise nur jeder zweite Befragte das Restaurant aufgrund des klassischen Plakates besuchen würde, ist ein Besucheranstieg von 12,9 % zu erwarten, wenn die Sushi-Sticker anstelle des Plakates eingesetzt werden. Dagegen kann sich bei Aktion 3 nur noch jeder dritte Befragte vorstellen, das angepriesene Sushi zu probieren. Vermutlich erscheint den

Probanden die Aktion „Sushi-Rollen“ zu absurd, und sie bewerten sie deshalb weniger positiv. Dagegen bewerten sie jene Aktion, die vom gewohnten Schema abweicht, ohne zu abwegig zu erscheinen, als positiv. Erwähnenswert ist auch, dass die Probanden zwischen WoM gegenüber der Aktion und WoM gegenüber dem Unternehmen unterscheiden.

Den Probanden wurden offene Fragen gestellt, um zu ergründen, welche Gedanken ihrer Empfehlungs- und Kaufabsicht zugrunde liegen. Offensichtlich beeinflussen verschiedene Randbedingungen, ob über ein Angebot berichtet wird und ob es evtl. auch genutzt wird. Im Folgenden werden zunächst Einflüsse auf die **Weiterempfehlungsabsicht** erläutert. Relevant sind die Kriterien Aufmerksamkeit, Originalität, Übertreibung und eigene Erfahrungen.

- **Aufmerksamkeit:** Die Probanden gaben an, insbesondere deshalb von den Ambient-Aktionen zu berichten, da diese viel auffälliger seien und sie damit ihre Aufmerksamkeit erlangen würden. Das klassische Plakat ist dagegen „eher zu übersehen“. Von den Ambient-Aktionen fühlen sich die Probanden „aktiviert“ und „unterhalten“, was sich in einer gesteigerten Bereitschaft niederschlägt, anderen von der Aktion zu erzählen (Derbaix und Vanhamme 2003). Je mehr Aufmerksamkeit ein Individuum einem Objekt schenkt, umso eher erinnert es sich in einer anderen Situation daran und desto eher wird es darüber berichten. Nicht alle Probanden schenken den Ambient-Maßnahmen gleichermaßen ihr Interesse und speichern sie im Gedächtnis. Je weniger eine Maßnahme die gewohnten Werbereize widerspiegelt, umso intensiver ist der kognitive Verarbeitungsprozess. Die stärkere Auseinandersetzung mit der Botschaft führt zu einer besseren Erinnerungsleistung (Ang et al. 2007; Heckler und Childers 1992). Wird der kognitive Aufwand allerdings als zu hoch bewertet, d. h., besteht ein Ungleichgewicht zwischen der Anstrengung des Konsumenten zur Entschlüsselung der Botschaft und dem wahrgenommenen Wert einer Aktion, kann es zu negativen Effekten (z. B. hinsichtlich Einstellung, WoM) kommen (Dahlén et al. 2009).

> Man schaut kurz hin und denkt nicht weiter darüber nach. Man nimmt es wahrscheinlich nur nebenbei wahr [. . .] wahrscheinlich hat man das Plakat nach zwei Metern schon wieder vergessen. (*weiblich, 31 Jahre, zu Aktion 1*)
> Ich finde die Aktion toll. Eine gute Werbung, die man nicht übersehen kann [. . .] Das sollten mehr Leute sehen [. . .]. Ich würd das erzählen, weil es auffällt. (*weiblich, 27 Jahre, zu Aktion 2*)

- **Übertreibung:** Einzigartigkeit ist allerdings kein Garant dafür, dass Personen die Aktion weiterempfehlen. Die Sushi-Rollen (Aktion 3) wecken durchaus ambivalente Assoziationen. Während der Großteil der Befragten sie als „ungewöhnlich“ bewertet, empfindet immerhin fast jeder dritte Adressat die Rollen (auch) als „irgendwie abstoßend“. Vor allem bei den als unrealistisch eingestuften Sushi-Rollen kritisieren die Probanden die unpassende und unhygienische Platzierung. Diese weckt bei ihnen die Assoziation einer geringen Produktqualität. Aufgrund des Amplitudeneffektes der Überraschung (Abschn. 6.3) werden sowohl negative als auch positive Gefühle stärker wahrgenommen.

Für die Unternehmenspraxis ist demnach Vorsicht geboten, da Ambient-Aktionen intensivere Gefühle hervorrufen als traditionelle Kommunikationsmaßnahmen. Empfindet die Zielgruppe eine Aktion als „übertrieben", besteht die Gefahr, dass sich die negative Meinung auf nachgelagerte Konstrukte (Einstellung, WoM-Absicht etc.) überträgt. Der Konsument wird folglich verstärkt positiv (oder auch negativ) über eine Ambient-Maßnahme berichten.

> Ich finde die Aktion irgendwie blöd [...] total nach hinten losgegangen. Ich erzähle meinen Leuten höchstwahrscheinlich im negativen Sinne, was das für ein Quatsch war. (*weiblich, 42 Jahre, zu Aktion 3*)

- **Eigene Erfahrung:** Bevor ein Konsument ein Produkt empfehlen kann, möchte er es zunächst selbst ausprobieren und für gut befinden. Dies erklärt die geringe WoM-Absicht zum Unternehmen bei Aktion 3, die mit der vergleichsweise geringen Besuchsabsicht korreliert. Probanden, die einen Besuch des Restaurants für wahrscheinlich erachten, würden das Restaurant auch weiterempfehlen. Für die anderen gilt dies nicht. So schneiden die Sushi-Rollen (Aktion 3) erneut schlechter ab als das traditionelle Plakat. Die Sushi-Sticker hingegen erzeugen bei etwa der Hälfte der Probanden eine WoM-Absicht ähnlich wie das Plakat.

> Also zuerst das Produkt testen – und dann ja, denke ich darüber nach, ob ich es empfehle. (*männlich, 43 Jahre, zu Aktion 3*)
> Ich würde ja schon selber nicht hingehen, dann empfehle ich das natürlich auch niemandem. (*weiblich, 44 Jahre, zu Aktion 3*)

Auch die **Kaufabsicht** hängt von mehreren Randbedingungen ab. Entscheidend sind hier die Kriterien Neugier, Präferenz, Informationsgehalt, wahrgenommene Produktqualität und Umfeld.

- **Neugier:** Die Analyse zeigt, dass die Kaufabsicht maßgeblich davon beeinflusst wird, inwieweit es der Werbemaßnahme gelingt, beim Konsumenten Neugier zu wecken. Etwa zwei von drei Probanden waren nach den Ambient-Aktionen neugierig darauf, wie sich so ein kreativ werbendes Unternehmen in der Realität präsentiert. Dagegen löst die konventionelle Werbemaßnahme (Aktion 1) keine Neugier aus.

> Interessieren würde mich das Restaurant auf alle Fälle [...] so eine Werbung lockt einen viel stärker an als irgendein normales Plakat oder so. (*weiblich, 23 Jahre, zu Aktion 3*)

- **Präferenzen:** Selbstverständlich spielen persönliche Präferenzen für bzw. gegen Sushi unabhängig von der Werbeaktion eine große Rolle. Wer Sushi nicht mag, lässt sich durch kaum eine der Maßnahmen dazu animieren, das Restaurant aufzusuchen. Jedoch kann eine Kommunikationsmaßnahme einen Konsumenten auf die Idee bringen, ein Produkt auszuprobieren. Und überraschende Aktionen steigern die Aufmerksamkeit, so dass die Idee überhaupt erst beim Rezipienten ankommen kann.

Sushi ist jetzt nicht gerade das, was mich so umhaut, aber bei dieser Werbung könnte es bei mir funktionieren [...] etwas ganz Außergewöhnliches. (*männlich, 43 Jahre, zu Aktion 2*)

- **Informationsgehalt:** Neben den persönlichen Präferenzen spielt der Informationsgehalt eine entscheidende Rolle für die Kaufabsicht. Sind beispielsweise Lage, Öffnungszeiten und Preis aus der Aktion ersichtlich, erwägen die Befragten eher einen Besuch. Hier ist das klassische Plakat klar im Vorteil. Ambient-Aktionen hingegen bieten solche Informationen nur indirekt an. Wenn beispielsweise die Rolltreppe (Aktion 2) zum Restaurant führt oder das Restaurant in Sichtweite vom Gepäckband am Flughafen (Aktion 3) liegt, erwägen die Probanden eher einen Besuch. Ist diese „Verbindung" zum Standort jedoch nicht klar ersichtlich – wie die Probanden bei Aktion 3 vermuten – wird die Aktion zwar als „lustig, witzig, unterhaltsam" eingeschätzt, eine tatsächliche Nutzung des Produktes wird jedoch nicht in Betracht gezogen.

Ich nehme an, dass sich der Laden in unmittelbarer Nähe zur Rolltreppe befindet. Wenn man oben ankommt, [...] dann laufe ich da quasi direkt rein. Ja, dann würd ich mal gucken, wer so lustige Aktionen macht und ob es im Restaurant auch so toll aussieht. (*weiblich, 44 Jahre, zu Aktion 2*)
Am besten wär's, wenn gleich am Flughafen das Restaurant ist. Da geht man ganz bestimmt rein. (*männlich, 24 Jahre, zu Aktion 3*)

- **Wahrgenommene Produktqualität:** Für die Bewertung von Lebensmitteln und insbesondere von Sushi ist die wahrgenommene Produktqualität meist entscheidend dafür, ob sich der Passant für oder gegen den Besuch eines Restaurants entschließt (Chang und Wildt 1994). Dabei schließen Konsumenten von der Qualität der Werbeaktion auf die Qualität der Speisen. Insbesondere die Sushi-Rollen inmitten der Koffer fremder Reisender gaben den Probanden Anlass, an der Hygiene zu zweifeln. Verschmutzungen der Aktion wurden als „unappetitlich" bezeichnet, die auf das Produkt selbst übertragen wurden. Auch der vielfach angefasste Handlauf einer Rolltreppe und somit „verschmutzte Sticker" legten bei etwa einem Drittel der Befragten Assoziationen zu mangelnder Hygiene nahe. Bei der Platzierung von Ambient-Aktionen ist demnach darauf zu achten, dass negative Assoziationen nicht durch „verschmutzte" oder „abgenutzte" Guerilla-Aktionen entstehen.

Für mich ist das nicht appetitanregend. Ein Gepäckband ist eher ein schmutziger Ort. [...] Verderbliches Essen so zu präsentieren, das ist unpassend, das geht nicht. (*weiblich, 40 Jahre, zu Aktion 3*)

- **Umfeld:** Die Umgebung der Maßnahme darf bei der Planung nicht vernachlässigt werden. Das Plakat gehört zum Stadtbild, an dem nur wenige Konsumenten Anstoß nehmen. Bei Ambient-Maßnahmen hingegen ist dies nicht immer so. In dieser Untersuchung wurden die Sushi-Sticker selten als störend empfunden. Im Gegenteil, sie haben nach Aussage eines Probanden einen „Unterhaltungswert auf einer langweiligen

Rolltreppenfahrt". Hingegen stufen die Teilnehmer die Sushi-Rollen als „nervig" ein. Die „nehmen Platz auf dem Band weg" und stören bei der Suche nach dem eigenen Koffer.

> Etwas unpassend für die Gepäckabfertigung [. . .] unpassender Ort [. . .] billige Aufmachung [. . .] Schlecht, überdimensioniert, unappetitlich, aufdringlich und fehl am Platz. (*männlich, 41 Jahre, zu Aktion 3*)

Zusammenfassend lassen sich zwei Kategorien von Einflüssen unterscheiden: personen- und aktionsbezogene Variablen. Persönliche Präferenzen wie das Mögen von Sushi, empfundene Neugier und die der Werbeaktion entgegengebrachte Aufmerksamkeit gehören in die Kategorie der personenbezogenen Variablen. Die Originalität einer Werbemaßnahme, ihr Informationsgehalt, ihre Ausstrahlung auf die wahrgenommene Produktqualität und nicht zuletzt ihre Umgebung können als aktionsbezogene Variablen zusammengefasst werden. Personen empfehlen ein Unternehmen oder Produkt nur dann weiter, wenn sie es zuvor ausprobiert haben und damit zufrieden sind. Eigene Erfahrungen spielen hingegen bei Berichten über die Aktion keine Rolle.

6.5 Empfehlungen für die Unternehmenspraxis

Die Aufmerksamkeit gegenüber einer Aktion ist das entscheidende Element zu Beginn der Kette der Werbeeffekte, denn nur bei jenen Personen, die eine Maßnahme bewusst wahrnehmen, kann der kognitive Prozess beginnen, der im Idealfall zum Produktkauf führt. Die Ergebnisse der Beobachtungsstudie belegen, dass es Ambient-Maßnahmen sehr wohl gelingen kann, den Handlungsablauf eines Passanten zu unterbrechen. Überraschende Elemente, die den Weg in das Geschäft oder Restaurant bahnen, scheinen dabei besonders erfolgversprechend zu sein.

Die Untersuchungen zeigen auch, dass Ambient-Maßnahmen positiv überraschen sollten. Unternehmen sollten sich diesbezüglich die intensivierende Wirkung der Emotion Überraschung vergegenwärtigen und ihren Amplitudeneffekt für eine stärker polarisierte Bewertung nachfolgender Emotionen gezielt nutzen (Ang und Low 2000; Vanhamme 2000). Eine unerwartete Emotion wird intensiver wahrgenommen als eine vom Individuum nicht antizipierte Empfindung. Folglich werden unerwartet positive (aber auch negative) Emotionen als stärker empfunden als erwartete. Unternehmen sollten Ambient-Aktionen so konzipieren, dass dem überraschenden Reiz eine positive Emotion (z. B. Freude) folgt, um bei Konsumenten ein positives Gefühl zu hinterlassen. Ambient-Maßnahmen eignen sich auch, um einen Diffusionseffekt zu erzielen, da Konsumenten verstärkt über die Aktion berichten. Allerdings gilt dies nur unter bestimmten Rahmenbedingungen. So wirken sich unter anderem ein hohes Produktinvolvement und eine generell wohlwollende Bewertung von Werbung positiv auf die Einstellung zur Aktion aus.

Schließlich muss aber auch darauf hingewiesen werden, dass Ambient-Maßnahmen einer professionellen Planung und Umsetzung bedürfen. Da Individuen ihre vorhandenen Schemata kontinuierlich erweitern, indem sie unerwartete Stimuli in ihrer Umgebung adaptieren (Scherer 1984), können Maßnahmen nicht wiederholt Überraschungseffekte auslösen. Unternehmen sind folglich angehalten, Ambient-Maßnahmen für jede Zielgruppe und Platzierung neu zu entwickeln. Eine genaue Kenntnis der Erwartungen der Zielgruppe ist dafür unerlässlich. Denn nur wenn ein Unternehmen weiß, was die Zielgruppe nicht erwartet, wird es überhaupt in der Lage sein, überraschende und somit effiziente Ambient-Maßnahmen erfolgreich zu platzieren.

6.6 Kapitel in Kürze

In a Nutshell

- Überraschende Ambient-Aktionen ziehen die Blicke der Konsumenten auf sich und können so das Aufmerksamkeits-Dilemma lösen.
- Je stärker Konsumenten überrascht werden, desto intensiver setzen sie sich mit der Maßnahme auseinander. Dies beeinflusst in der Regel die Einstellung zum Unternehmen sowie Empfehlungs- und Kaufabsicht positiv.
- Überraschende Ambient-Aktionen am Point-of-Sale können mit einfachen Mitteln den Umsatz erhöhen.

Reflexionsfragen

Wann sind Ambient-Maßnahmen Ihrer Meinung nach besonders gut gelungen?

In welchen Branchen eignet sich Ambient-Media als innovative Form der Außenwerbung besonders gut? In welchen eher weniger?

Wie könnte eine internationale Ambient-Kampagne aussehen?

Further Readings

Hutter, K., & Hoffmann, S. (2013). Surprise, surprise. Ambient media as promotion tool for retailers. *Journal of Retailing*. doi:10.1016/j.jretai.2013.08.001.

Shankar, A., & Horton, B. (1999). Ambient media: Advertising's new media opportunity. *International Journal of Advertising, 18*(3), 305–321.

Turk, T., Ewing, M. T., & Newton, F. J. (2006). Using ambient media to promote HIV/AIDS protective behaviour change. *International Journal of Advertising, 25*(3), 333–359.

Literatur

Ang, S. H., & Low, S. Y. M. (2000). Exploring the dimensions of ad creativity. *Psychology and Marketing, 17*(10), 835–854.

Ang, S. H., Lee, Y. H., & Leong, S. M. (2007). The ad creativity cube: Conceptualization and initial validation. *Journal of the Academy of Marketing Science, 35*(2), 220–232.

Chang, T.-Z., & Wildt, A. R. (1994). Price, product information, and purchase intention: An empirical study. *Journal of the Academy of Marketing Science, 22*(1), 16–27.

Dahlén, M., Granlund, A., & Grenros, M. (2009). The consumer-perceived value of non-traditional media: Effects of Brand reputation, appropriateness and expense. *Journal of Consumer Marketing, 26*(3), 155–163.

Derbaix, C., & Vanhamme, J. (2003). Inducing word-of-mouth by eliciting surprise – a pilot investigation. *Journal of Economic Psychology, 24*(1), 99–116.

Ekman, P., & Friesen, W. V. (1975). *Unmasking the face*. New Jersey: Prentice Hall.

Gendolla, G. H. E., & Koller, M. (2001). Surprise and motivation of causal search: How are they affected by outcome valence and importance? *Motivation and Emotion, 25*(4), 327–349.

Gorn, G., Pham, M. T., & Sin, L. Y. (2001). When arousal influences ad evaluation and valence does not (and vice versa). *Journal of Consumer Psychology, 11*(1), 43–55.

Haberland, G. S., & Dacin, P. A. (1992). The development of a measure to assess viewers' judgments of the creativity of an advertisement. *Advances in Consumer Research, 19*(1), 817–825.

Heckler, S. E., & Childers, T. L. (1992). The role of expectancy and relevancy in memory for verbal and visual information: What is incongruency? *Journal of Consumer Research, 18*(4), 475–492.

Hutter, K. (2012). Mit Emotional Mapping Ambient-Media messen und steuern. *transfer – Werbeforschung & Praxis, 58*(2), 58–65.

Hutter, K., & Hoffmann, S. (2013). Surprise, surprise. Ambient media as promotion tool for retailers. *Journal of Retailing*. doi:10.1016/j.jretai.2013.08.001.

Izard, C. E. (1977). *Human emotions*. New York: Plenum Press.

Luxton, S., & Drummond, L. (2000). What is this thing called 'ambient advertising'? *Proceedings of the ANZMAC 2000. Visionary Marketing for the 21th Century: Facing the challenge evaluations* (S. 734–738). Griffith University, Queensland, Australia.

Maguire, R., Maguire, P., & Keane, M. T. (2011). Making sense of surprise: An investigation of the factors influencing surprise judgments. *Journal of Experimental Psychology: Learning, Memory, and Cognition, 37*(1), 176–186.

Meyer, W.-U., Niepel, M., Rudolph, U., & Schützwohl, A. (1991). An experimental analysis of surprise. *Cognition & Emotion, 5*(4), 295–311.

Meyer, W.-U., Reisenzein, R., & Schützwohl, A. (1997). Toward a process analysis of emotions: The case of surprise. *Motivation and Emotion, 21*(3), 251–274.

Niepel, M., Rudolph, U., Schützwohl, A., & Meyer, W.-U. (1994). Temporal characteristics of the surprise reaction induced by schema-discrepant visual and auditory event. *Cognition and Emotion, 8*(5), 433–452.

Pham, M. T., Cohen, J. B., Pracejus, J. W., & Hughes, G. D. (2001). Affect monitoring and the primacy of feelings in judgment. *Journal of Consumer Research, 28*(2), 167–188.

Plutchik, R. (1980). *Emotion: A psychoevolutionary synthesis.* New York: Harper & Row.

Reisenzein, R., & Studtmann, M. (2007). On the expression and experience of surprise: No evidence for facial feedback, but evidence for a reverse self-inference effect. *Emotion, 7*(3), 612–627.

Russell, J. A. (1980). A circumplex model of affect. *Journal of Personality and Social Psychology, 39*(6), 1161–1178.

Scherer, K. R. (1984). On the nature and function of emotion: A component process approach. In K. R. Scherer & P. Ekman (Hrsg.), *Approaches to emotion* (S. 293–317). Hillsdale: Erlbaum.

Schützwohl, A. (1998). Surprise and schema strength. *Journal of Experimental Psychology: Learning, Memory, and Cognition, 24*(5), 1182–1199.

Shankar, A., & Horton, B. (1999). Ambient media: Advertising's new media opportunity. *International Journal of Advertising, 18*(3), 305–321.

Turk, T., Ewing, M. T., & Newton, F. J. (2006). Using ambient media to promote HIV/AIDS protective behaviour change. *International Journal of Advertising, 25*(3), 333–359.

Vanhamme, J. (2000). The link between surprise and satisfaction: An exploratory research on how best to measure surprise. *Journal of Marketing Management, 16*(6), 565–582.

Vanhamme, J., & Snelders, D. (2001). The role of surprise in satisfaction judgments. *Journal of Consumer Satisfaction, Dissatisfaction, and Complaining Behaviour, 14,* 27–45.

Whittlesea, B. W. A., & Williams, L. D. (2001). The discrepancy-attribution hypothesis: I. The heuristic basis of feelings of familiarity. *Journal of Experimental Psychology: Learning, Memory, and Cognition, 27*(1), 3–13.

7 Buzz-Marketing als Guerilla-Variante des Word-of-Mouth

Nach der Lektüre dieses Kapitels können Sie . . .

- verstehen, wann und warum Konsumenten die Werbebotschaft eines Unternehmens weitererzählen.
- den Ablauf einer Buzz-Marketing-Kampagne planen.
- Motive der Buzz-Agenten erkennen.

7.1 Ausgangssituation: Die Glaubwürdigkeit echter Fans nutzen

Fiktives Beispiel: Würden Sie bitte ein Foto von mir machen?

Die *Klick & Co AG* hat eine Digitalkamera entwickelt, die über eine besonders schnelle Klicktechnik verfügt. Die Marketing-Abteilung sucht nun nach einer innovativen Möglichkeit, ihre technische Errungenschaft auf unkonventionelle Weise zu promoten. Der Manager möchte, dass die Konsumenten die Kamera ausprobieren und sich so von den technischen Vorzügen überzeugen können. Jedoch sollen sich die Konsumenten keinesfalls „beworben" fühlen. Der Kamerahersteller beschäftigt deshalb erstmals Buzz-Agenten, welche in die Rolle von Touristen schlüpfen und Passanten bitten, ein Foto mit ihrer Kamera zu schießen. Der „Fotograf" darf die neue Kamera ausprobieren und erhält vom Buzz-Agenten Produktinformationen, ohne dass er sich in ein Verkaufsgespräch verwickelt fühlt.

Konsumenten stehen heute über Web-2.0-Kanäle (z. B. soziale Netzwerke wie *Facebook*, *Twitter*) im ständigen Dialog miteinander. Sie empfehlen sich neue Produkte oder raten von deren Kauf ab. Rezipienten bewerten die sogenannte Word-of-Mouth-Kommunikation (kurz WoM), d. h. Empfehlungen von Freunden und Bekannten, als viel glaubwürdiger als klassische Werbung (Darke und Ritchie 2007; Obermiller et al. 2005).

K. Hutter, S. Hoffmann, *Professionelles Guerilla-Marketing*,
DOI 10.1007/978-3-658-02268-6_7, © Springer Fachmedien Wiesbaden 2013

Dies bestätigt auch eine Umfrage des Marktforschungsinstituts *Nielsen* (2009) unter 25.000 Personen in 50 Ländern, wonach 90 % der Befragten Empfehlungen von Bekannten und Freunden als glaubwürdig einstuften. Klassische TV-Werbung wird dagegen nur von 62 % der Befragten als aufrichtig erachtet.

Buzz-Marketing (engl. „buzz" für Summen, Gerede) ist ein innovativer Ansatz, mit dem Marketer versuchen, das Potenzial des WoM zu nutzen. Sie setzen gezielt Buzz-Agenten ein, die in ihrem sozialen Umfeld als echte **Produktfans** auftreten (Hutter und Hoffmann 2011). Schätzungen zufolge überzeugt ein Buzz-Agent durchschnittlich ca. 15 weitere Konsumenten von den Vorzügen des angepriesenen Produkts (Siering 2005). So lässt sich erreichen, dass neue Produkte oft schon vor ihrer Einführung im Zielmarkt bekannt und begehrt sind (Enright 2005; Khermouch und Green 2001).

Spezialisierte Agenturen wie *BzzAgent* bieten als Dienstleistung an, geeignete Buzz-Agenten für jedes Produkt bzw. Unternehmen zu rekrutieren. Jedoch stellt sich die Frage, was Personen dazu motiviert, als „Botschafter" für ein Unternehmen tätig zu werden (Enright 2005), denn mit diesem Wissen können Unternehmen gezielt nach Agenten suchen und eine Buzz-Kampagne erfolgreich launchen. Offensichtlich engagieren sich viele Personen schon allein aus innerer Überzeugung vom Produkt und erwarten keine Bezahlung. Diese intrinsisch motivierten Produkt-Fans werden auch als „magic people" bezeichnet (Walker 2004). Im Folgenden wird unter anderem erörtert, ob auch andere Personen als Buzz-Agenten in Frage kommen und wie sich diese motivieren lassen.

7.2 Theoretischer Hintergrund: Der Diffusionseffekt

7.2.1 Word-of-Mouth und die Verbreitung einer Nachricht

Eine Botschaft kann, wie Abb. 7.1 verdeutlicht, bidirektional zwischen zwei Personen (ein Sender und ein Empfänger) oder polydirektional (ein Sender und viele Empfänger) verbreitet werden. Klassische Massenmedien wie TV und Radio sind zwar polydirektional, d. h. sie erreichen mehrere Empfänger; die Kommunikation verläuft jedoch meist nur einstufig. Wird dagegen WoM stimuliert, so verbreitet sich die Botschaft mehrstufig polydirektional. Eine Person überbringt mehreren anderen eine Nachricht, und diese geben sie wiederum an viele andere weiter. Die Botschaft diffundiert dank dieses Schneeballsystems meist schnell, unkompliziert und kostengünstig.

In der Marketing-Literatur wird WoM als formlose zwischenmenschliche Kommunikation über Eigenschaften von Produkten oder deren Verwendung bezeichnet (Mitchell und Khazanchi 2010), bei der Konsumenten Informationen an andere Konsumenten weitergeben (Freeman und Chapman 2008). eWoM (oder Word-of-Mouse) als Subform des WoM nutzt hauptsächlich die digitale Form der Kommunikation (z. B. über soziale Netzwerke)

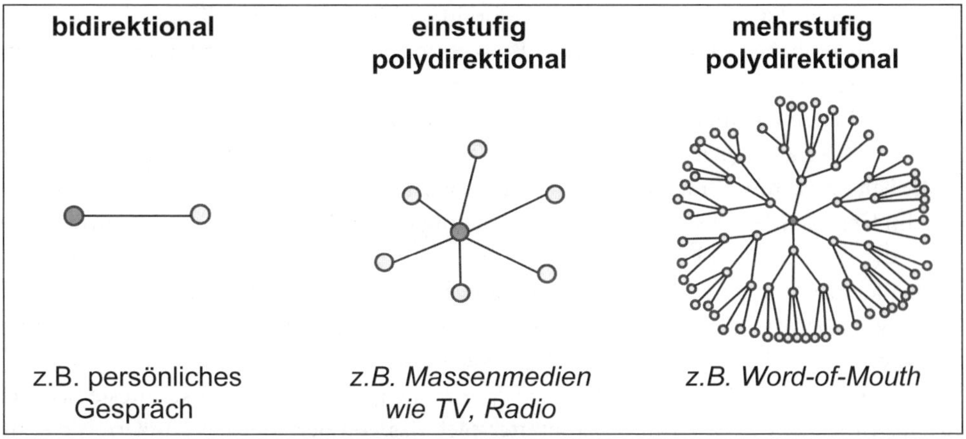

Abb. 7.1 Formen der Kommunikation, eigene Darstellung

(Strutton et al. 2011). Konsumenten tauschen sich dabei über Marken, Produkte und Dienstleistungen, aber auch über das Unternehmen selbst aus (Buttle 1998). Die WoM-Kommunikation wird auch als Prozess der Meinungsführerschaft betrachtet, da häufig ein Kommunikator das Verhalten der anderen Personen (Meinungssucher bzw. Meinungsempfänger) beeinflusst (Bone 1992; Mohr 2007). WoM kann von einem Unternehmen zwar stimuliert und beschleunigt, jedoch nicht kontrolliert und damit auch nicht gesteuert werden (Mourdoukoutas und Siomkos 2009). WoM gilt als besonders glaubwürdig, da Personen unabhängig von einem Unternehmen über ein Produkt bzw. eine Dienstleistung sprechen (Bone 1992). Häufig sind Meinungsführer auch Innovatoren, d. h., sie probieren frühzeitig neue Trends aus (Hoffmann und Soyez 2010; Soyez und Hoffmann 2008). Dadurch rechtfertigen sie oft ihren Status als Impulsgeber.

7.2.2 Viral-, Buzz- und Stealth-Marketing – Eine Begriffsabgrenzung

Aufgrund der unbestreitbaren Vorteile des WoM für Unternehmen entstanden verschiedene Methoden und Instrumente, um den WoM-Effekt bzw. Diffusionseffekt gezielt und systematisch zu initiieren. Ganz allgemein spricht man von **WoM-Marketing**, wenn Unternehmen die WoM-Kommunikation gezielt für sich nutzen (Freeman und Chapman 2008). Dies geschieht sowohl beim Viral- als auch beim Buzz- und Stealth-Marketing. Auch wenn die Begriffe häufig synonym verwendet werden, gibt es bedeutsame Unterschiede.

Der Begriff **Viral-Marketing** bezieht sich vor allem auf die Interaktion zwischen Kunden im Online-Bereich (Mitchell und Khazanchi 2010). Marketing-Strategen initiieren gezielt einen Kommunikationsprozess. Multiplikatoren werden dazu animiert, eine Botschaft über das Internet weiterzutragen. Dieses Instrument erhielt seinen Namen, da sich die Botschaft idealerweise so rasant wie ein Virus verbreiten sollte (Henning-Thurau et al.

2004; Langner 2007). Die kostenlose Verbreitung einer Nachricht lässt sich vor allem mit ungewöhnlichen und aktivierenden Botschaften stimulieren (Freeman und Chapman 2008). Deshalb streuen Marketer zumeist überraschende, provokante, lustige oder erotische Inhalte. Auch wenn Viral-Marketing grundsätzlich an kein Medium gebunden ist, wird das Internet sehr häufig zur schnellen Verbreitung der Botschaft eingesetzt (Mohr 2007; Langner 2007). Viral-Marketing wird deshalb auch oft als eWoM-Marketing bezeichnet. Im Gegensatz zu Buzz- und Stealth-Marketing steht beim Viral-Marketing oftmals gar nicht die Weiterempfehlung eines Produktes im Vordergrund. Konsumenten verbreiten auch Videoclips oder andere Werbeträger aufgrund des für sie interessanten Inhalts, den sie möglicherweise gar nicht direkt mit dem werbenden Unternehmen in Verbindung bringen. Dass dabei auch ein Produkt, eine Marke oder ein Unternehmen beworben wird, kann aus Sicht der Konsumenten auch beiläufig geschehen. Das bekannteste Beispiel hierfür ist sicher das Moorhuhn-Computerspiel, das von den meisten Nutzern nicht als Viral-Kampagne für die Whiskey-Marke *Johnnie Walker* erkannt wurde.

Buzz-Marketing zielt ähnlich wie Viral-Marketing darauf ab, eine Werbebotschaft möglichst schnell und weit zu verbreiten (Rosen 2009; Schulte 2007). Auch beim Buzz-Marketing wird dabei die informelle Kommunikation zwischen Konsumenten genutzt. Neben dem persönlichen Gespräch können hierzu verschiedene Medien (z. B. Telefon, E-Mails, Blogs, SMS) zur Verbreitung genutzt werden (Ahuja et al. 2007). Einige Forscher begreifen das Konzept des Buzz-Marketing deshalb als eine Weiterentwicklung des Viral-Marketing (z. B. Thomas 2004) und definieren es vergleichsweise unspezifisch als unternehmerische Marketing-Aktivität, die aktiv oder passiv dritte Personen als Werbebotschafter nutzt. Mohr (2007) definiert Buzz-Marketing spezifischer, indem er darunter jene formellen und informellen Methoden zählt, die dazu dienen, Freiwillige dazu zu gewinnen, als Buzz-Agenten ein Produkt zu bewerben. Wie Tab. 7.1 zeigt, beziehen sich die meisten Definitionen von Buzz-Marketing (direkt oder indirekt) auf die Agenten. Anhand des gezielten Einsatzes von Buzz-Agenten lässt sich das Buzz-Konzept eindeutig von WoM-Marketing oder Viral-Marketing abgrenzen.

Fälschlicherweise wird Buzz-Marketing oft mit den Konzepten des Stealth-Marketing (auch Covert-Marketing; Kaikati und Kaikati 2004; Petty und Andrews 2008; Rotfeld 2008; Roy und Chattopadhyay 2010) verwechselt. Bei **Stealth-Marketing**-Aktivitäten werden Gesprächspartner bewusst „verdeckt" beworben. Tabelle 7.2 stellt die Abgrenzung systematisch dar. Kritiker von Stealth-Marketing sprechen berechtigterweise von einer bewussten Manipulation des Zuhörers, da Werbung gewissermaßen als zwischenmenschlicher Kontakt getarnt ist (Balter und Butman 2006; Swanepol et al. 2009). Im Gegensatz dazu sind Buzz-Agenten oft echte Produktfans, die begeistert über ein Produkt berichten. Inwieweit sie ihre Gesprächspartner über die Zusammenarbeit mit dem Unternehmen in Kenntnis setzen, steht ihnen frei. Während die Ziele von Stealth-Marketing und Buzz-Marketing ähnlich sind – potenzielle Konsumenten durch engagierte Agenten vom Kauf des Produktes überzeugen – sind die Wege dorthin jedoch unterschiedlich. Beim Buzz-Marketing steht eine authentische und ehrliche Weiterempfehlung im Vordergrund, während Stealth-Marketing-Aktivitäten ein ökonomisch motiviertes und getarntes Vorgehen des Empfehlenden beinhalten.

Tab. 7.1 Variierender Stellenwert des Buzz-Agenten in verschiedenen Definitionen

	Studie	Buzz-Marketing...
Kein Bezug zum Buzz-Agenten	Carl (2006)	„Is not rooted in the marketing of a particular brand, product, or service, but rather is based on everyday relationships and conversations of people discussing other matters."
	Hughes (2005)	„Captures the attention of consumers and the media to the point where talking about your brand or company becomes entertaining, fascinating and newsworthy."
Indirekter Bezug zum Buzz-Agenten	Kirby und Mardsen (2005)	„The promotion of a company or its products and services through *initiatives* conceived and designed to get people and the media to talk positively about that company, product or service."
	Notarantonio und Quigley (2009)	„Carefully *selected carriers* of the messages are people who are selected because they are seen as being at the edge of things and can influence what is seen as ‚cool'."
	Petty und Andrews (2008)	„*Recruitment of people* to talk about products through free samples or discounts [often] before the product is available to the general public."
	Thomas (2004)	„The amplification of initial marketing efforts by *third parties* through their passive or active influence."
Direkter Bezug zum Buzz-Agenten	Mohr (2007)	„The phenomenon of word of mouth (WOM), the process by which an individual influences the actions or attitudes of others. [...] *buzz marketing agents'* word of mouth communication practices is a low-cost, far-reaching mode of promotion."
	Ahuja et al. (2007)	„Multi-dimensional communication process that involves sending persuasive messages out via buzz agents (senders) to buzz targets (receivers) in the form of WOM (offline and online) conversations, and retrieving market research information from *buzz agents* on the particulars of these buzz marketing experiences."
	Kennett und Matthews (2008)	„A product is promoted by *someone* – a stranger, workmate, or a friend – under the guise of ordinary chitchat, when in fact this person is acting as an *agent* for the advertising firm."

Hervorhebungen durch die Autoren

Tab. 7.2 Abgrenzung der Varianten des Empfehlungs-Marketing, eigene Darstellung

	Echte Begeisterung	**Ökonomisch motiviert**
Offen	Offenes Buzz-Marketing	Klassische Empfehlung von Verkäufern, Maklern etc.
Verdeckt	Verdecktes Buzz-Marketing	Stealth-Marketing

7.2.3 Ethische Bedenken

Die Buzz-Agenten können sich als solche zu erkennen geben, wenn sie Empfehlungen in ihrem sozialen Umfeld streuen. Man spricht hierbei von offenen Empfehlungen. Oftmals streuen Buzz-Agenten aber auch verdeckt Werbebotschaften in ihrem Umfeld. Aus diesem Grund wird Buzz-Marketing kontrovers diskutiert. Kritiker befürchten die Kommerzialisierung des Privatlebens. Für sie steht es außer Frage, dass sich Buzz-Agenten unbedingt zu erkennen geben müssen, da sie von ihrer Tätigkeit profitieren und somit die moralische Pflicht haben, ihren Status offenzulegen (z. B. Creamer 2005). Andere möchten die Entscheidung der Offenlegung und damit die Frage der **moralischen Bedenken** den Buzz-Agenten selbst überlassen. Laut einer Studie (Ahuja et al. 2007) würden sich Buzz-Agenten nur vor engen Freunden zu erkennen geben (vgl. Teil I, Abschn. 5.3). Vor flüchtigen Bekannten würden fast alle ihren Agenten-Status aus Angst vor Vertrauens- und Ansehensverlust verbergen. Zudem begreifen viele Buzz-Agenten ihre Tätigkeit als Job, der an Verschwiegenheit geknüpft ist. Buzz-Marketing bewegt sich in einer „Grauzone", die es mittels Richtlinien (z. B. von der Word-of-Mouth Marketing Association, WOMMA) zu steuern gilt. Stealth-Marketing sollte demnach unterbunden werden (Sprague und Wells 2010; Walker 2004).

7.2.4 Buzz-Agenten

Wie in Abb. 7.2 dargestellt, kann ein Buzz-Agent verschiedene Rollen bzw. Funktionen erfüllen (Ahuja et al. 2007). Zunächst nutzt er als **Konsument** die Produkte und Dienstleistungen des Unternehmens und lässt möglichst auch andere Konsumenten an dem Produktnutzen teilhaben. Als **Meinungsbildner** drückt er eigene Überzeugungen aus und platziert das Produkt an geeigneten Stellen, um den Meinungsbildungsprozess anderer Konsumenten zu unterstützen und zu beeinflussen. Man könnte den Buzz-Agenten auch als **Markenbotschafter** bezeichnen, da er als Vertreter der Marke auftritt, deren Werbebotschaft verbreitet und Gespräche über die Marke initiiert. Er agiert auch als **Vertriebsunterstützer**, indem er beispielsweise Produktsamples verteilt, Direktmarketing-Maßnahmen durchführt und andere Konsumenten über Vertriebskanäle informiert. Nicht zuletzt leistet ein Buzz-Agent auch Dienste als **Marktforscher**, da er auf unterschiedliche Zielgruppen zugeht sowie die Reaktionen der Buzz-Targets wahrnimmt

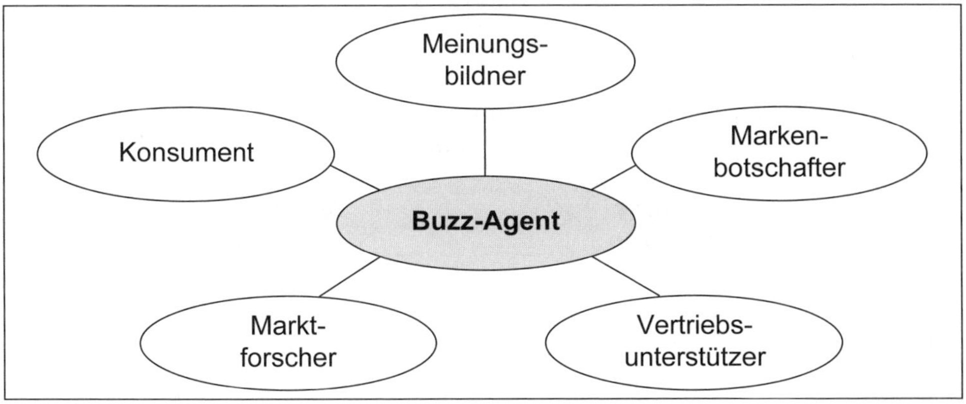

Abb. 7.2 Rollen eines Buzz-Agenten, in Anlehnung an Ahuja et al. (2007)

und an das Unternehmen berichtet. So kann das Unternehmen Verbesserungspotenzial aus Sicht der relevanten Zielgruppe erkennen.

Um zu verstehen, welche Konsumenten sich als Buzz-Agenten eignen würden, kann man auf die Erkenntnisse der Diffusionsforschung und der Forschung zur Meinungsführerschaft zurückgreifen (Rogers 2003). Die Diffusions- und Adoptionsforschung basiert auf dem Grundgedanken, dass Innovationen einen Adoptions-Lebenszyklus (engl. adoption life cycle) durchlaufen (Thomas 2004). Als Adoption bezeichnet man dabei die Übernahme (z. B. erste Nutzung oder Kauf) der Innovation durch den Konsumenten. Dabei lassen sich verschiedene Konsumententypen abgrenzen, die neue Produkte zu unterschiedlichen Zeitpunkten übernehmen und die sich zusätzlich in ihrer Persönlichkeit und ihrem Verhalten stark unterscheiden. Die Gruppen der **Innovatoren** und **Frühen Adoptoren** probieren neue Produkte (Innovationen) bereits in einer sehr frühen Phase aus und teilen ihre Erfahrungen ihrem Umfeld mit, indem sie als sogenannte Meinungsführer agieren und somit die Produktdiffusion in den Mainstream-Markt erleichtern (Abb. 7.3). Aus diesem Grund kommen diese beiden Gruppen aus Unternehmenssicht als potenzielle Buzz-Agenten in Frage. Im Gegensatz dazu wagen sich die Frühe Mehrheit und vor allem die Späte Mehrheit erst dann an ein neues Produkt heran, wenn bereits viele andere es besitzen und kein soziales oder funktionales Risiko bei der Produktübernahme mehr besteht. Die Nachzügler steigen meist erst dann ein, wenn es unvermeidbar ist. Die letztgenannten Gruppen sind als Impulsgeber und damit als Buzz-Agenten ungeeignet (Ahuja et al. 2007).

7.2.5 Prozess des Buzz-Marketing

Im Rahmen des Buzz-Marketing treten Privatpersonen als überzeugte Produktnutzer auf, die anderen Konsumenten von ihren Erfahrungen mit einem Produkt berichten. Man könnte diese Buzz-Agenten somit als Produktfürsprecher oder „Markenbotschafter"

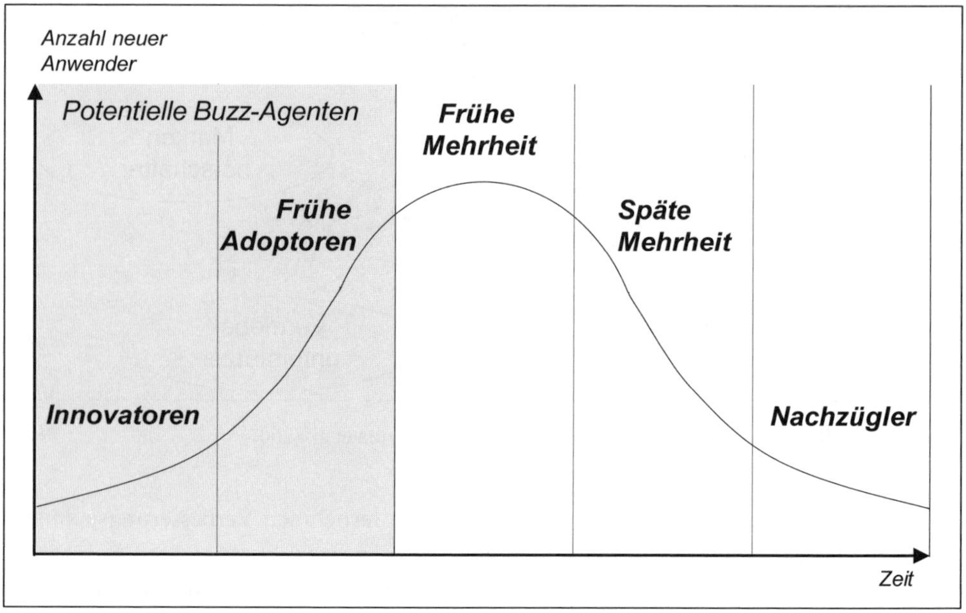

Abb. 7.3 Einbettung der Buzz-Agenten in den Adoptions-Lebenszyklus, in Anlehnung an Thomas (2004), S. 65

bezeichnen (Patalas 2006). Anstatt eine kostenintensive Kampagne mit klassischen Kommunikationsmedien (z. B. TV, Print) zu schalten, rekrutieren Marketer Buzz-Agenten, die unmittelbar mit der Zielgruppe kommunizieren. So lassen sich auch potenzielle Kunden erreichen, die bewusst darauf achten, sich nicht von Massenmedien beeinflussen zu lassen. Wie Abb. 7.4 veranschaulicht, läuft eine Buzz-Marketing-Kampagne Ahuja et al. (2007) zufolge in fünf Phasen ab: Rekrutierung, Training, Durchführung, Reporting und Analyse.

In der **Rekrutierungsphase** suchen Unternehmen geeignete Buzz-Agenten. Bevorzugt werden Personen, die viele Kontakte in unterschiedlichen Personenkreisen besitzen und häufig ihre Erfahrungen und Erlebnisse mit anderen austauschen (Mohr 2007). Dafür werden Buzz-Agenten gesucht, die die Zielgruppe kennen und die ihr möglichst ähnlich sind. Marketer des Unternehmens können entweder selbst aktiv und direkt nach geeigneten Buzz-Agenten Ausschau halten. Sie können aber auch indirekt, d. h. mit Hilfe von spezialisierten Buzz-Agenturen, nach geeigneten Kandidaten suchen. Gelegentlich werden Buzz-Agenten aber auch passiv und direkt gefunden, d. h., die Personen melden sich beim Unternehmen, um als Buzz-Agent tätig zu werden.

Sind die Agenten ausgewählt, setzt die **Trainingsphase** ein. Das Unternehmen stellt den Agenten Produktinformationen zur Verfügung und bietet Anleitungen, wie diese das Produkt ins Gespräch bringen können (Carl 2006; Walker 2004). Häufig werden den Buzz-Agenten die jeweiligen Produkte oder Dienstleistungen exklusiv zur Verfügung gestellt. Es

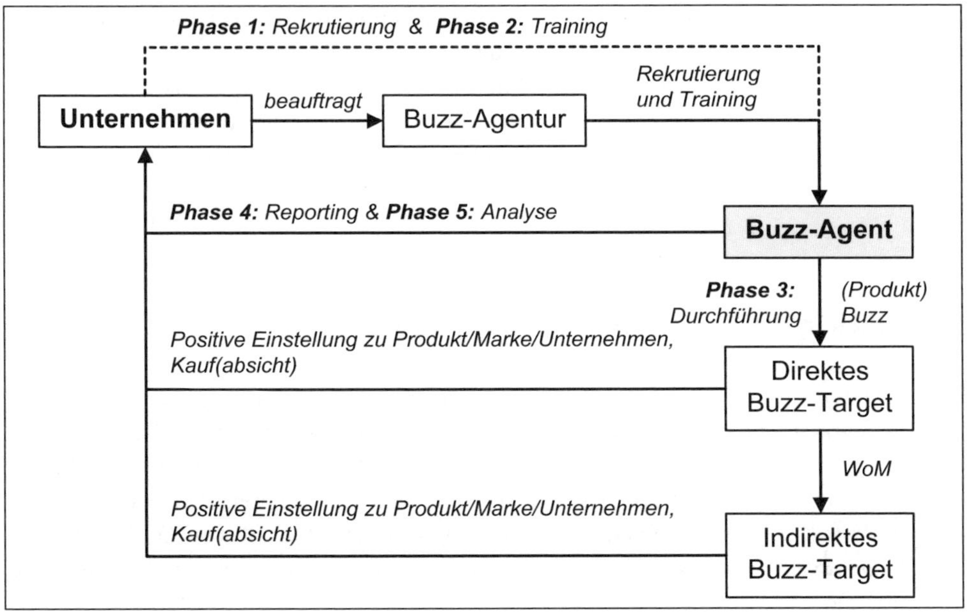

Abb. 7.4 Buzz-Marketing-Prozess, in Anlehnung an Ahuja et al.(2007), S. 153

steht den Agenten jedoch frei, davon in einem Gespräch mit dem Buzz-Target Gebrauch zu machen.

Während der **Durchführungsphase** spricht der Buzz-Agent in seinem Umfeld aktive und passive sowie offene und verdeckte Empfehlungen zum Produkt bzw. der Dienstleistung des Unternehmens aus. Aktiv bedeutet, dass der Agent den Produktkauf empfiehlt, während man von passiver Empfehlung spricht, wenn der Agent das Produkt in der Öffentlichkeit bzw. im Freundes- und Bekanntenkreis nutzt. In einer Kampagne für einen neuen Roman könnten Buzz-Agenten beispielsweise das Buch in der Öffentlichkeit lesen (passiv) und Freunden den Kauf empfehlen (aktiv). Die Tätigkeit kann als offen bezeichnet werden, wenn sich die Person explizit als Buzz-Agent zu erkennen gibt. Von verdeckten Empfehlungen spricht man, wenn der Rezipient nichts davon ahnt, dass der Kommunikator als Buzz-Agent arbeitet. Direkte Buzz-Targets als Ziel einer Buzz-Kampagne sind Freunde und Bekannte des Buzz-Agenten, die in einer Unterhaltung mit dem Buzz-Agenten über das entsprechende Produkt oder die Dienstleistung informiert werden. Im Idealfall spricht das Buzz-Target wiederum mit anderen Personen (indirekte Buzz-Targets) über das Produkt. Grundsätzlich ist anzunehmen, dass die Gespräche sowohl beim Buzz-Agenten als auch bei den Buzz-Targets eine Einstellungsänderung gegenüber dem Produkt erzeugen können und die Kaufabsicht steigern.

Am Ende einer Buzz-Kampagne berichtet ein Buzz-Agent dem Unternehmen oder der Agentur über den Verlauf solcher Gespräche. In dieser **Reportingphase** kommen häufig standardisierte Formulare zum Einsatz (BzzAgent.com 2012). Neben eigenen Wahrnehmungen, Eindrücken und Erfahrungen des Buzz-Agenten ist für das Unternehmen auch relevant zu wissen, wie potenzielle Kunden auf neue Produkte und Kampagnen reagieren.

In der **Analysephase** begutachtet und interpretiert das Unternehmen bzw. die Agentur die Reports der Agenten. Unternehmen nutzen die Daten nicht selten dafür, um Prototypen innovativer Produkte vorab zu testen und anhand des Feedback zu verbessern (Ahuja et al. 2007).

7.3 Blick in die Forschung: Die Motivationsstudie

Buzz-Agenten sind der zentrale Bestandteil einer Buzz-Marketing-Kampagne. Es ist deshalb für Marketer entscheidend zu wissen, wen sie als Buzz-Agent gewinnen können. Im Folgenden wird eine Studie berichtet (Hutter und Mai 2013), welche der Frage nachging, was Konsumenten dazu bewegen kann, als Buzz-Agent zu agieren. Die Studie basiert auf den Annahmen zur Motivation der Selbstbestimmungstheorie von Deci und Ryan (1985). Demnach lassen sich anhand der Intentionalität extrinsische und intrinsische Motivationen unterscheiden.

- Liegt **intrinsische Motivation** vor, so vollzieht das Individuum die Tätigkeit um ihrer selbst willen. Man spricht deshalb auch von einer interessenbestimmten Handlung. Sie wird unabhängig von äußerem Druck und Belohnungen und auch nicht aufgrund innerer Zwänge ausgeführt.
- Bei einer **extrinsischen Motivation** erwartet das Individuum, dass es nach einer erfolgreichen Tätigkeit bestimmte Ereignisse oder Veränderungen erreicht. Arbeitet eine Person nur, um Geld zu verdienen oder um Anerkennung zu erlangen, so liegt eine extrinsische Motivation zugrunde (Deci und Ryan 2000).

Viele Buzz-Kampagnen adressieren in erster Linie extrinsische Motive, indem extrinsisch-materielle Anreize in Form einer physischen Gegenleistung vom Unternehmen (z. B. Produktproben, monetäre Vergütung) oder extrinsisch-immaterielle Anreize in Form non-monetärer Gegenleistung (z. B. Prestige- und Kontaktstreben) für potenzielle Buzz-Agenten geschaffen werden (Becker 1987). Eine extrinsisch-immaterielle Motivation ist der Zugang zum exklusiven Kreis ausgewählter Insider, der von Innovationen erfährt oder diese ausprobieren darf, noch bevor sie im Handel erhältlich sind (Walker 2004). Extrinsisch-materielle Beweggründe könnten dagegen die kostenlose Nutzung des Produktes sein (Petty und Andrews 2008). Gleichzeitig ist zu vermuten, dass Innovation und Altruismus als intrinsische Motivatoren nicht zu vernachlässigen sind (Godes und Mayzlin 2009). Personen, die ihre Erfahrungen gern mit anderen teilen, die gerne kommunizieren, die sich gern über Produkte informieren, können in einer Buzz-Kampagne dieses Interesse aus innerer Überzeugung ausleben und anderen von bestimmten Produkten berichten, um sie bei ihrer Produktwahl zu unterstützen (Walker 2004). Tabelle 7.3 zeigt verschiedene Motivationen, die der Tätigkeit als Buzz-Agent zugrunde liegen können.

Tab. 7.3 Motivation potenzieller Buzz-Agenten

Buzz- Agenten haben Interesse ...	Intrinsisch Interessenbestimmte Handlung	Extrinsisch-materiell Handlung aufgrund monetärer/materieller Gegenleistung	Extrinsisch-immateriell Handlung aufgrund non-monetärer/immaterieller Gegenleistung
... am Produkt	•		
... an der Marke	•		
... an kostenlosen Produktproben		•	
... an vergünstigtem Einkauf		•	
... an finanzieller Vergütung		•	
... an exklusiven Produktinformationen			•
... an Ansehen im Freundeskreis			•
... an neuen Kontakten			•

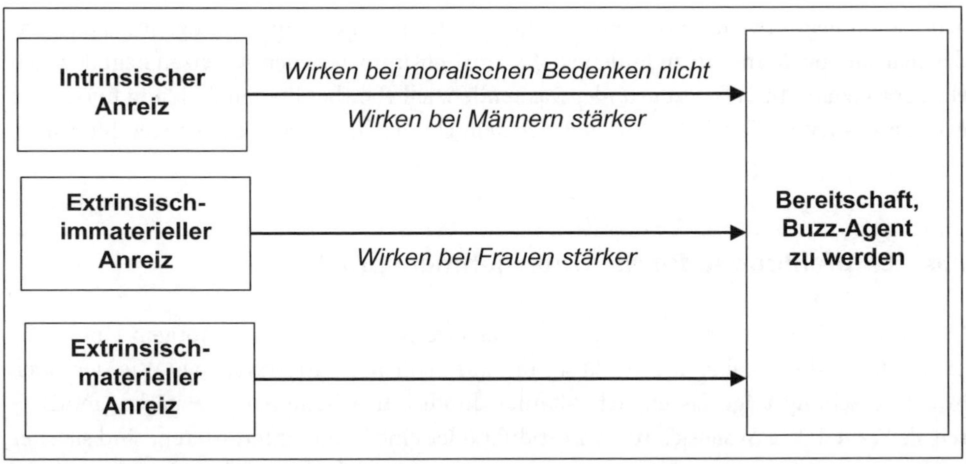

Abb. 7.5 Anreize für die Tätigkeit als Buzz-Agent, eigene Darstellung in Anlehnung an Hutter und Mai (2013)

Aufbauend auf diesen Überlegungen sollte die hier vorgestellte empirische Studie ergründen, welche Anreize potenzielle Buzz-Agenten zur Teilnahme an Buzz-Kampagnen bewegen können (Abb. 7.5). In einer schriftlichen Umfrage wurden 129 junge Konsumenten im Alter von 18 bis 29 Jahren nach ihrer Bereitschaft, an Buzz-Kampagnen teilzunehmen, und möglichen Beweggründen befragt.

Die Untersuchung ergab, dass alle drei Anreizarten einen signifikanten Einfluss darauf haben, ob sich eine Person als Buzz-Agent engagieren würde. Wie erwartet, wirken sich intrinsische Anreize jedoch stärker aus als extrinsische Anreize. Das Motivationspotenzial extrinsisch-materieller und extrinsisch-immaterieller Anreize ist ungefähr gleich intensiv.

Die Wirkung der Anreizarten hängt allerdings von verschiedenen Randbedingungen ab. Da das Buzz-Konzept nicht unkritisch diskutiert wird, ist zu erwarten, dass sich Personen mit intensiven **moralischen Bedenken** weder von intrinsischen noch extrinsischen Anreizen angesprochen fühlen. Entgegen dieser Vermutung zeigt die empirische Untersuchung, dass moralische Bedenken nur intrinsisch motivierte Personen davon abhalten, sich als Buzz-Agent zu engagieren. Bei extrinsisch motivierten Personen sind moralische Bedenken erstaunlicherweise kein oder nur ein zu schwacher Hinderungsgrund.

Aus empirischen Untersuchungen ist bekannt, dass sich Männer und Frauen oft unterschiedlich motivieren lassen (z. B. Vallerand und Bissonnette 1992). Beispielsweise sind weibliche Studierende bei der Studienwahl eher intrinsisch motiviert, wogegen männliche Studierende eher extrinsische Vorteile wie Verdienstaussichten und Prestige berücksichtigen. Übertragen auf das Buzz-Marketing ist folglich zu erwarten, dass sich Frauen eher von intrinsischen Anreizen angesprochen fühlen und Männer eher auf extrinsische Anreize reagieren. Die hier vorgestellte empirische Studie offenbart allerdings, dass im Rahmen des Buzz-Marketing intrinsische Anreize bei Männern besser wirken als bei Frauen. Intrinsische Anreize haben offensichtlich keinerlei Einfluss auf die Absicht von Frauen, Buzz-Agentin zu werden. Hingegen sind extrinsisch-immaterielle Anreize für Frauen eher relevant als für Männer. Dies lässt sich folgendermaßen erklären: Der intrinsischen Motivation liegt in vielen Produktbereichen ein technisches Interesse zugrunde, das tendenziell eher bei Männern zu finden ist. Extrinsisch-immateriellen Anreizen liegt dagegen eher ein soziales Interesse zugrunde, was tendenziell eher bei Frauen Anklang findet. Bei extrinsisch-materiellen Anreizen zeigt sich kein Unterschied zwischen den Geschlechtern.

7.4 Empfehlungen für die Unternehmenspraxis

Um potenzielle Buzz-Agenten zielgerichtet ansprechen zu können, benötigen Unternehmen Informationen über die Wirkung unterschiedlicher Anreizsysteme. Wie der Blick in die Forschung zeigt, lassen sich Männer durch intrinsische Anreize stärker motivieren als Frauen. Wenn sie sich für ein Produkt oder eine Marke interessieren, sind sie eher bereit, als deren Botschafter aufzutreten. Frauen lassen sich hingegen eher über extrinsisch-immaterielle Anreize zur Teilnahme bewegen. Unternehmen, die Frauen als Buzz-Agenten gewinnen möchten, sollten damit argumentieren, dass Frauen als Buzz-Agentinnen in ihrem Freundeskreis Ansehen erlangen und neue Leute kennenlernen können. Ferner demonstriert die Studie, dass moralische Bedenken bei der extrinsisch-materiellen Anreizgestaltung keine Rolle spielen. Demnach interessieren sich vor allem jene Personen aufgrund kostenloser Produktproben oder monetärer Vergünstigungen für die Tätigkeit als Buzz-Agent, die keine oder kaum moralische Bedenken gegenüber dem Konzept haben.

Es hängt aber auch von der Branche bzw. dem Produkt ab, wie viele Personen als Buzz-Agent rekrutiert werden können. Wie Abb. 7.6 veranschaulicht, interessieren sich Frauen und Männer gleichermaßen für Unterhaltungsmedien (z. B. Filme, Musik) und Veranstaltungen (z. B. Konzerte). Dagegen sind Elektronik (z. B. Handy, Kamera),

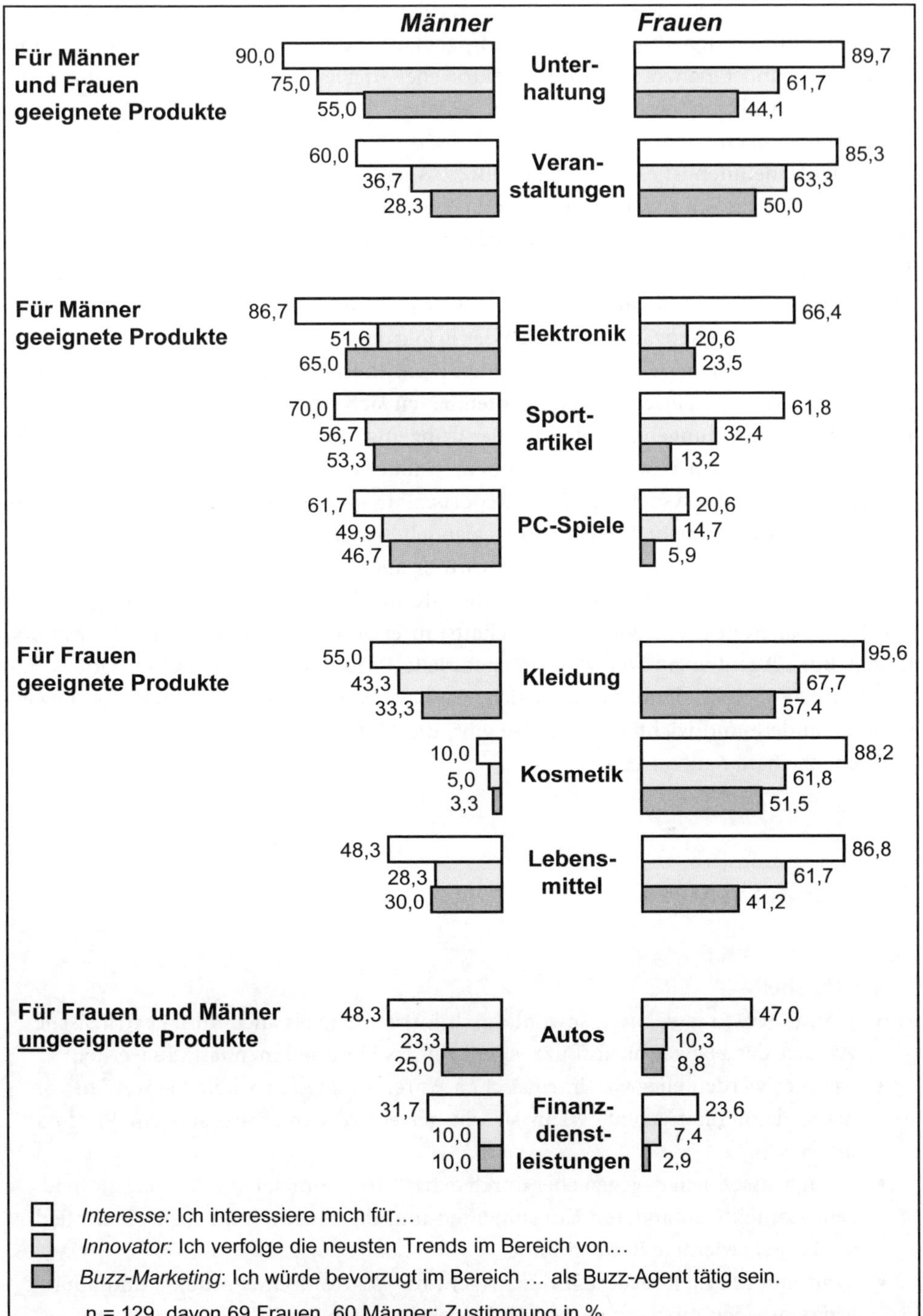

Abb. 7.6 Interessante Branchen und Produkte für potenzielle Buzz-Agenten, eigene Darstellung

Sportsware und PC-Spiele eher für Männer relevant und Kleidung, Kosmetik und Lebensmittel eher für Frauen attraktiv. Erwartungsgemäß sind Buzz-Marketing-Kampagnen im Automobil- und Finanzdienstleistungssektor eher ungeeignet. Die Untersuchung bestätigt damit sowohl bei der Anreizstruktur als auch beim Produktinvolvement klassische Geschlechterrollen.

Für Unternehmen ist es wichtig, gute Buzz-Agenten von schlechten zu unterscheiden. Personen, die lediglich an kostenlosen Produktsamples, exklusiven Informationen oder anderweitiger Belohnung interessiert sind und keine echten Produktfans sind, werden dem Unternehmen langfristig mehr schaden als nutzen. Setzen Unternehmen Buzz-Agenten als Markenbotschafter ein, sollten sie deren Arbeit nicht nur quantitativ, sondern vor allem auch qualitativ bewerten. So spiegelt sich der Erfolg des Buzz-Agenten nicht nur in der Anzahl der angesprochenen Buzz-Targets wider. Das Unternehmen kann in vielerlei Hinsicht profitieren. Aus den Berichten der Agenten lassen sich beispielsweise wichtige Hinweise für Produktentwicklungen entnehmen oder frühzeitig Flops erkennen (Walker 2004). Um Agenten systematisch bewerten zu können, etablierte beispielsweise die Buzz-Agentur *BzzAgent* ein Punktesystem für Buzz-Reports. Für gute Reports erhalten die Agenten Punkte, die wiederum in Prämien umgewandelt werden können. Je mehr Punkte ein Buzz-Agent gesammelt hat, desto höher wird er auch innerhalb der Agentur eingestuft. In der Folge kann er sich an lukrativeren Buzz-Kampagnen beteiligen. Allerdings werden laut Dave Balter, dem Gründer und Geschäftsführer von *BzzAgent*, die Belohnungspunkte von Buzz-Agenten nur teilweise in materielle Produkte „umgetauscht" (Godes und Mayzlin 2009). Auch damit bestätigt sich, dass es neben extrinsisch-materiellen Beweggründen andere und wichtigere Anreize gibt, die Menschen dazu bewegen, freiwillig als Markenbotschafter aufzutreten.

7.5 Kapitel in Kürze

In a Nutshell

- Konsumenten lassen sich sowohl durch intrinsische als auch durch extrinsische Anreize dazu bewegen, als Buzz-Agent für das Unternehmen tätig zu werden.
- Männer werden eher von intrinsischen Anreizen angesprochen. Sie werden vor allem dann Buzz-Agent, wenn sie ein gesteigertes Interesse an dem Produkt aufweisen.
- Frauen lassen sich dagegen eher durch extrinsisch-immaterielle Anreize motivieren. Kontakte zu anderen Konsumenten und das Ansehen im sozialen Umfeld sind für sie wichtige Beweggründe.
- Während Männer bevorzugt Buzz-Agent für elektronische Produkte und Sportartikel werden möchten, ziehen es Frauen vor, sich für Kleidung und Kosmetik einzusetzen.

Reflexionsfragen

Welche Gründe sprechen aus Ihrer Sicht dafür bzw. dagegen, Buzz-Agent zu werden?

Welche Maßnahmen würden Sie ergreifen, um Buzz-Agenten zu gewinnen?

Welche Richtlinien für Buzz-Marketing sollten Ihrer Meinung nach unbedingt eingehalten werden?

Further Readings

Hutter, K., & Mai, R. (2013). Effective incentives for buzz marketing: How moral concern moderates the willingness to engage as buzz agent. *Proceedings of the 42nd Annual Conference of the European Marketing Academy* (*EMAC*), Istanbul, Turkey.

Khermouch, G., & Green, J. (2001). BUZZ-Z-Z marketing. *Business Week*, July 30th, 2001, 3743, 50–56.

Literatur

Ahuja, R. D., Michels, T. A., Walker, M. M., & Weissbuch, M. (2007). Teen perceptions of disclosure in buzz marketing. *Journal of Consumer Marketing, 24*(3), 151–159.

Balter, D., & Butman, J. (2006). Clutter cutter. *Marketing Management, 15*(4), 49–50.

Becker, F. G. (1987). *Anreizsysteme für Führungskräfte im strategischen Management* (2. Aufl.). Bergisch Gladbach: Eul

Bone, P. F. (1992). Determinants of word-of-mouth communications during product consumption. *Advances in Consumer Research, 19*(1), 579–583.

Buttle, F. A. (1998). Word of mouth: Understanding and managing referral marketing. *Journal of Strategic Marketing, 6*(3), 241–254.

BzzAgent.com. (2012). Website der Buzz-Agentur BzzAgent. www.bzzagent.com. Zugegriffen: 19. Dez. 2012.

Carl, W. J. (2006). What's all the buzz about?: Everyday communication and the relational basis of word-of-mouth and buzz marketing practices. *Management Communication Quarterly, 19*(4), 601–634.

Creamer, M. (2005). Is buzz marketing illegal? Lawyers warn of advertising law disclosure requirements. *Advertising Age, 70*(40), 6.

Darke, P. R., & Ritchie, R. J. B. (2007). The defensive consumer: Advertising deception, defensive processing, and distrust. *Journal of Marketing Research, 44*(1), 114–127.

Deci, E. L., & Ryan, R. M. (1985). *Intrinsic motivation and self-determination in human behavior.* New York: Plenum.

Deci, E. L., & Ryan, R. M. (2000). Intrinsic and extrinsic motivations: Classic definitions and new directions. *Contemporary Educational Psychology, 25*(1), 54–67.

Enright, A. (2005). Return to sender. *Marketing News, 39*(14), 31

Freeman, B., & Chapman, S. (2008). Gone viral? Heard the buzz? A guide for public health practitioners and researchers on how web 2.0 can subvert advertising restrictions and spread health information. *Journal of Epidemiology & Community Health, 62*(9), 778–782.

Godes, D., & Mayzlin, D. (2009). Firm-created word-of-mouth communication: Evidence from a field test. *Marketing Science, 28*(4), 721–739.

Henning-Thurau, T., Gwinner, K. P., Walsh, G., & Gremler, D. D. (2004). Electronic word-of-mouth via consumer-option platforms: What motivates consumers to articulate themselves in the internet. *Journal of Interactive Marketing, 18*(1), 38–52.

Hoffmann, S., & Soyez, K. (2010). A cognitive model to predict domain-specific consumer innovativeness. *Journal of Business Research, 63*(7), 778–785.

Hughes, M. (2005). *Buzzmarketing, get people to talk about your stuff.* New York: Portfolio.

Hutter, K., & Hoffmann, S. (2011). Guerrilla marketing. The nature of the concept and propositions for further research. *Asian Journal of Marketing, 5*(2), 39–54.

Hutter, K., & Mai, R. (2013). Effective incentives for buzz marketing: How moral concern moderates the willingness to engage as buzz agent. *Proceedings of the 42nd Annual Conference of the European Marketing Academy* (*EMAC*), Istanbul, Turkey.

Kaikati, A. M., & Kaikati, J. G. (2004). Stealth marketing: How to reach consumers surreptitiously. *California Management Review, 46*(4), 6–22.

Kennett, J., & Matthews, S. (2008). What's the buzz? Undercover marketing and the corruption of friendship. *Journal of Applied Philosophy, 25*(1), 2–18.

Khermouch, G., & Green, J. (2001). BUZZ-Z-Z marketing. *Business Week, Juli 30th, 2001, 3743,* 50–56

Kirby, J., & Mardsen, P. (Hrsg.). (2005). *Connected marketing, the Viral, Buzz and Word of Mouth Revolution.* UK: Butterworth-Heinemann

Langner, S. (2007). *Viral Marketing: Wie Sie Mundpropaganda gezielt auslösen und Gewinn bringend nutzen* (2. Aufl.). Wiesbaden: Gabler.

Mitchell, A., & Khazanchi, D. (2010). The importance of BUZZ. *Marketing Research, 22*(2), 20–25.

Mohr, I. (2007). Buzz marketing for movies. *Business Horizons, 50*(5), 395–403.

Mourdoukoutas, P., & Siomkos, G. J. (2009). *The seven principles of WOM and buzz marketing: Crossing the tipping point.* New York: Springer.

Nielsen. (2009). Consumer Confidence Survey – Trust Advertising Global Report. http://ch.de.acnielsen.com/pubs/documents/NielsenTrustAdvertisingGlobalReportJuly09.pdf. Zugegriffen:19. Dez. 2012.

Notarantonio, E. M., & Quigley, C. J. (2009). The effectiveness of a buzz marketing approach compared to traditional advertising: An exploration. *Journal of Promotion Management, 15*(4), 455–464.

Obermiller, C., Spangenberg, E., & MacLachlan, D. L. (2005). Ad scepticalism: The consequences of disbelief. *Journal of Advertising, 34*(3), 7–17.

Patalas, T. (2006). *Guerilla Marketing – Ideen schlagen Budget.* Berlin: Cornelsen.

Petty, R. D., & Andrews, J. C. (2008). Covert marketing unmasked: A legal and regulatory guide for practices that mask marketing messages. *Journal of Public Policy & Marketing, 27*(1), 7–18.

Rogers, E. M. (2003). *Diffusion of innovations* (5. Aufl.). New York: Free Press.

Rosen, E. (2009). *The anatomy of buzz revisited: Real-life lessons in word-of mouth marketing.* New York: Doubleday.

Rotfeld, H. J. (2008). The Stealth influence of covert marketing and much ado about what may be nothing. *Journal of Public Policy & Marketing, 27*(1), 63–68.

Roy, A., & Chattopadhyay, S. P. (2010). Stealth marketing as a strategy. *Business Horizons, 53*(1), 69–79.

Schulte, T. (2007). *Guerilla-Marketing für Unternehmertypen* (3. Aufl.). Sternenfels: Verl. Wissenschaft u. Praxis.

Siering, F. (2005). Werbung nach dem Schneeballprinzip, *Handelsblatt*, 16. Mai 2005. http://www.handelsblatt.com/unternehmen/management/strategie/niemals-war-der-hersteller-naeher-am-kunden-werbung-nach-dem-schneeballprinzip/v_detail_tab_print/2503982.html. Zugegriffen: 19. Nov. 2012.

Soyez, K., & Hoffmann, S. (2008). Identifikation innovativer Konsumenten. Stand der Forschung zu den Korrelaten der Konsumenteninnovativität. *Jahrbuch der Absatz- und Verbrauchsforschung, 54*(3), 247–265.

Sprague, R., & Wells, M. E. (2010). Regulating online buzz marketing: Untangling a web of deceit. *American Business Law Journal, 47*(3), 415–454.

Strutton, D., Taylor, D. G. & Thompson, K (2011). Investigating generational differences in e-WOM behaviours: For advertising purposes, does X = Y? *International Journal of Advertising, 30*(4), 559–587.

Swanepoel, C., Lye, A., & Rugimbana, R. (2009). Virally inspired: A review of the theory of viral stealth marketing. *Australasian Marketing Journal, 17*(1), 9–15.

Thomas Jr., G. M. (2004). Building the buzz in the hive mind. *Journal of Consumer Behaviour, 4*(1), 64–72.

Vallerand, R. J., & Bissonnette, R. (1992). Intrinsic, extrinsic, and amotivational styles as predictors of behavior: A prospective study. *Journal of Personality, 60*(3), 599–620.

Walker, R. (2004). The hidden (in Plain Sight) Persuaders. *The New York Times Magazine, Dezember 5th, 2004*, 68–75.

Ambush-Marketing als Guerilla-Variante des Sponsoring

8

Nach der Lektüre dieses Kapitels können Sie . . .

- nachvollziehen, wie und warum Ambush-Marketing entstand.
- erläutern, was unter Ambush-Marketing zu verstehen ist.
- verschiedene Formen des Ambush-Marketing voneinander abgrenzen.
- legale Formen des Ambush-Marketing zielgerichtet einsetzen.

8.1 Ausgangssituation: Großveranstaltungen kostenlos zu Werbezwecken nutzen

Fiktives Beispiel: Unkonventionell auftreten und Sponsoring-Lizenzen sparen

Aufgrund der Umstrukturierung von Sponsoren-Regelungen bleibt es der *Super-Duper-Sports GmbH* verwehrt, sich als offizieller Sponsor der *FIFA* Fußball-Weltmeisterschaft zu engagieren. Zum einen ist bereits der direkte Wettbewerber *Super-Cooper-Sports AG* Sponsor, und zum anderen wurden die Sponsorgebühren so stark angehoben, dass sich die *Super-Duper-Sports GmbH* ein Sponsoring-Engagement schlicht nicht mehr leisten kann. Das Management möchte angesichts der bevorstehenden *FIFA* Fußball-Weltmeisterschaft deshalb etwas Unkonventionelles ausprobieren. Es entschließt sich, eine legale Form des Ambush-Marketing zu wählen, und tritt mit Themed Advertising in Erscheinung, d. h. das Unternehmen stellt in seiner Produktkommunikation gezielt und auf unkonventionelle Weise eine Assoziation zur WM her. Werden die Konsumenten dies inmitten der offiziellen Sponsoren überhaupt wahrnehmen? Wird sich das Engagement auszahlen und sich das Image verbessern?

Nicht nur Sportbegeisterte interessieren sich für Sportgroßereignisse. Deshalb ziehen internationale Sportveranstaltungen wie die *FIFA* Fußball-Weltmeisterschaft auch das Interesse

K. Hutter, S. Hoffmann, *Professionelles Guerilla-Marketing*,
DOI 10.1007/978-3-658-02268-6_8, © Springer Fachmedien Wiesbaden 2013

von immer mehr Unternehmen auf sich (Hofer 2010). Mit einem Auftritt bei einem solchen Event bezwecken Marketingverantwortliche, von der Zielgruppe in einem positiv bewerteten Umfeld wahrgenommen zu werden, um so ihre Marke emotional aufzuladen. Die Möglichkeit, diese Ziele mithilfe eines offiziellen Sponsoring zu verwirklichen, bleibt jedoch nur sehr wenigen Unternehmen vorbehalten. Erstens erlauben die Reglements von medialen Großveranstaltungen oftmals nur eine begrenzte Anzahl an Sponsoren. Zweitens sind Sponsorenverträge häufig mit hohem finanziellen Aufwand verbunden, den nicht jedes Unternehmen realisieren kann oder will. Um dennoch von den Vorteilen eines Großevents zu profitieren, haben Unternehmen kreative und kostengünstige Ansätze entwickelt, die unter dem Begriff „Ambush-Marketing" zusammengefasst werden (Lyberger und McCarthy 2001).

Die Literatur zeichnet allerdings oft ein negatives Bild des Kommunikationsinstruments Ambush-Marketing (z. B. Burton und Chadwick 2009; Payne 1998; Wittneben und Soldner 2006): Ambushern wird parasitäres Verhalten vorgeworfen, da sie vom Image einer Veranstaltung profitieren möchten, ohne sich finanziell daran zu beteiligen (Hutter und Schwarz 2012). Nicht selten bewegen sich Ambush-Maßnahmen sogar am Rande der Legalität. So trug beispielsweise ein Sportler während einer Pressekonferenz bei den Olympischen Spielen 1996 Kontaktlinsen mit *PUMA*-Logo, ohne dass das Unternehmen offizieller Sponsor des Events war. Wie in Abschn. 8.2.2 gezeigt wird, existieren aber auch legale Ambush-Maßnahmen.

8.2 Theoretischer Hintergrund: Der Trittbrettfahrer-Effekt

8.2.1 Entstehung des Ambush-Marketing

Ambush-Marketing gilt als Guerilla-Variante des Sponsoring, das mit vergleichsweise geringen Kosten eine große Wirkung zu erzielen versucht (vgl. Teil I, Abschn. 2.2). Das Konzept existiert seit den Olympischen Spielen in Los Angeles im Jahr 1984 (Sandler und Shani 1989). Damals reduzierte eine entscheidende Umstrukturierung der Sponsoring-Regelungen die Anzahl der offiziellen Sponsoren von 628 Unternehmen im Jahr 1976 auf nur noch 30 im Jahr 1984. Um dennoch die finanzielle Absicherung der Veranstaltung gewährleisten zu können, hatten die Veranstalter die Sponsoring-Gebühren 1984 zudem drastisch erhöht (Burton und Chadwick 2009). Die Konsequenz war, dass zahlreiche Unternehmen ihr Sponsoring-Engagement nicht mehr finanzieren konnten bzw. wollten (Bruhn und Ahlers 2004). Zudem wurde die Regelung zur Branchenexklusivität eingeführt, wonach lediglich ein Unternehmen innerhalb einer Branche als offizieller Sponsor der Sportveranstaltung auftreten durfte (Crow und Hoek 2003). Im Zuge dieser strikteren Reglementierung verlor beispielsweise *Kodak* seine Sponsoring-Rechte an den Konkurrenten *Fuji*. *Kodak* war nun kein offizieller Sponsor der Olympischen Spiele mehr, betätigte sich jedoch als Ambusher, indem es im Programm des Senders *ABC*, der die Spiele übertrug, noch immer als „offizieller Film" des US-amerikanischen Leichtathletik-Teams auftrat und damit den Anschein erweckte, Sponsor zu sein (Sandler und Shani 1989). Das

Tab. 8.2 Berücksichtigte Sponsoren und Ambusher der Fußball-WM 2010, Hutter et al. (2011)

Branche	Offizieller Partner/ Sponsor	Ambusher	Ambush-Maßnahmen
Sportartikel-hersteller	*Adidas*	*Nike*	*Ausrüster von Einzelsportlern und Sportteams* *Nike* rüstete zusammen mit dem Tochterunternehmen Umbro zehn Mannschaften mit Sportutensilien (z. B. Kleidung, Schuhe) aus, wenngleich der Sportartikelhersteller *Adidas* der offizielle Sponsor der WM 2010 war.
Biermarken	*Hasseröder*	*Bitburger*	*Programmsponsoring und Sponsoring einer Subkategorie* *Hasseröder* verzichtete als offizieller Sponsor der *FIFA*-WM 2010 auf das Programmsponsoring. Der direkte Konkurrent *Bitburger* sprang ein und betätigte sich als deutscher Programmsponsor bei den Sendern *ARD*, *ZDF* und *RTL* und trat so als legaler Ambusher auf. Zudem war *Bitburger* offizieller Sponsor des *Deutschen Fußball-Bundes (DFB)* und so bei allen Deutschlandspielen der *FIFA*-WM 2010 präsent.
Andere Marken	*Castrol*	*Mercedes-Benz*	*Themed Advertising* *Mercedes-Benz* schaltete während der *FIFA*-WM 2010 Print- und TV-Werbung, die einen unmittelbaren Bezug zum Thema Fußball aufwies (z. B. Fußball-Trick-Tutorials).
	Yingli Solar	*Mobilcom Debitel*	*Themed Advertising:* *Mobilcom Debitel* setzte während der *FIFA*-WM 2010 ebenfalls Werbung mit Fußball-Assoziationen (z. B. Fußball-Gewinnspiel) ein.

und auf der offiziellen Homepage der *FIFA*. Bei der Weltmeisterschaft in Südafrika gab es insgesamt 14 Unternehmen, die als *FIFA* Partner/Sponsoren galten. Da Sportartikelhersteller und Biermarken häufig Sponsoren bei Fußball-Events sind, wurden für die hier berichtete Studie aus diesen Branchen die Marken *Adidas* und *Hasseröder* als offizielle Sponsoren der *FIFA*-WM 2010 ausgewählt. Zudem wurden mit *Castrol* und *Yingli Solar* weitere Sponsor-Marken gewählt, die seltener mit Sport-Events in Verbindung gebracht werden. Als **Ambusher** wurden *Nike* und *Bitburger* als direkte Wettbewerber der Sponsoren *Adidas* und *Hasseröder* gewählt. Sie zählten nicht zum Sponsorenkreis der WM 2010, setzten jedoch legale Ambush-Maßnahmen im Rahmen des Events ein. Weiterhin wurden *Mercedes-Benz* und *Mobilcom Debitel* (kurz: *Mobilcom*) als weitere Ambusher analysiert. Tabelle 8.2 gibt einen Überblick über die ausgewählten Unternehmen und über deren Ambush-Maßnahmen.

Die Erhebung wurde als Online-Befragung in zwei Erhebungswellen (Before-After-Design) durchgeführt. Die **Nullmessung** ($n = 360$) fand vor Beginn der *FIFA*-WM statt

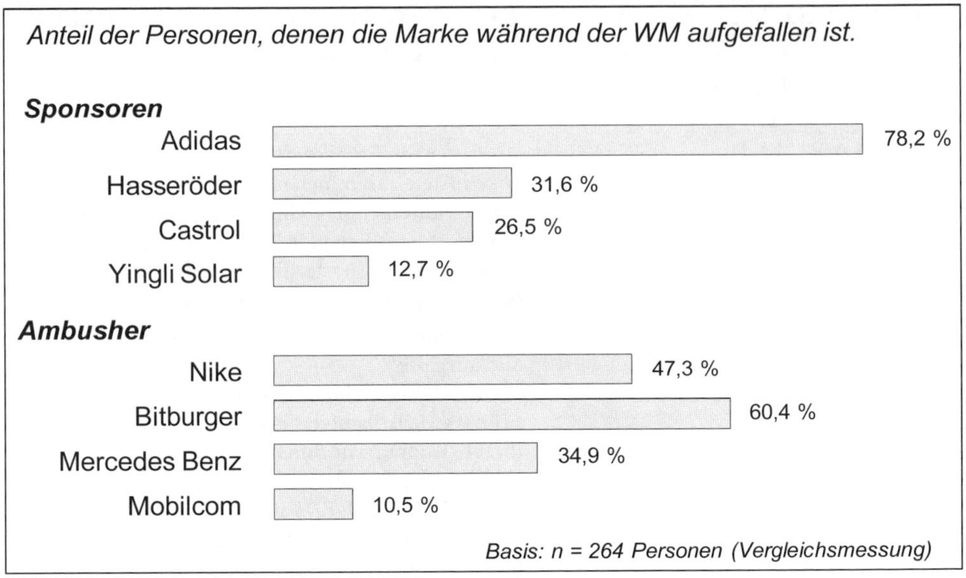

Abb. 8.3 Allgemeine Wahrnehmung, in Anlehnung an Hutter et al. (2011)

(20. bis 31. Mai 2010), um das Ausgangsniveau der Imagewerte der Sponsoren und Ambusher zu erfassen. Die **Vergleichsmessung** ($n = 264$) während der *FIFA*-WM wurde ab der dritten Turnier-Woche bis zum Ende der Meisterschaft durchgeführt (28. Juni bis 11. Juli 2010). Insgesamt nahmen 624 Personen (davon 54,4 % weiblich) mit einem Durchschnittsalter von 25,2 Jahren an der Studie teil.

Die Wahrnehmung der Marke wurde mithilfe der allgemeinen Wahrnehmung („Ist Ihnen die Marke X im Zusammenhang mit der diesjährigen Fußball-WM aufgefallen?") in Verbindung mit dem Wissen über eine Ambusher-/Sponsorentätigkeit („Gehört Marke X Ihrer Meinung nach zu den offiziellen Sponsoren der Fußball-WM 2010?") gemessen. Somit kann festgestellt werden, ob der Proband sich tatsächlich an die Marke in Verbindung mit dem Event erinnert und ein Unternehmen als offiziellen Sponsor bzw. Ambusher des Events betrachtet. Das Image der Marke und der *FIFA*-WM wurden anhand von vier gegensätzlichen Eigenschaftspaaren (unsympathisch vs. sympathisch, unsportlich vs. sportlich, langweilig vs. interessant, nicht einzigartig vs. einzigartig) erfasst (Brunner et al. 2005). Abbildung 8.3 zeigt, dass abgesehen von den im Zusammenhang mit Sport-Events weniger profilierten Marken *Yingli Solar* und *Mobilcom* sowohl die regulären Sponsoren als auch die Ambusher von mindestens einem Drittel der Befragten im Rahmen der *FIFA*-WM 2010 wahrgenommen wurden.

Personen, welche die offiziellen Sponsoren während der WM wahrnahmen, identifizierten die Marken größtenteils (58,6 bis 85,7 %) auch korrekt als Sponsoren (Abb. 8.4). Nur wenige Probanden nahmen die Sponsoren-Marken während des Events zwar wahr, identifizierten sie jedoch nicht als Sponsor (zwischen 4,2 und 17,2 %). Hingegen identifizierten

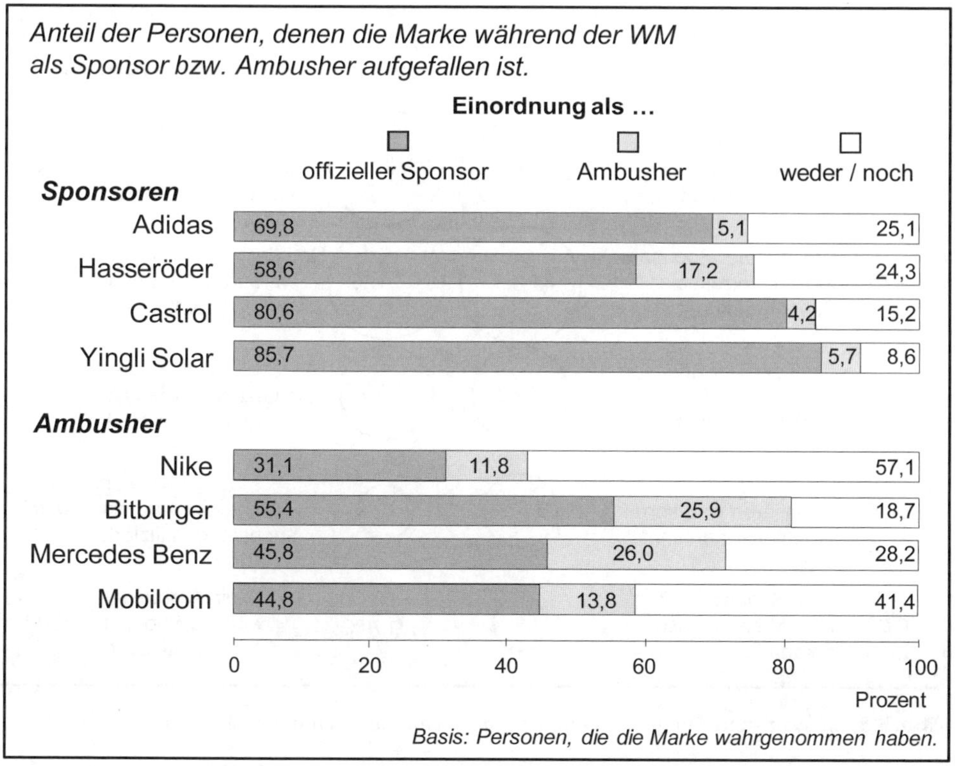

Abb. 8.4 Spezifische Wahrnehmung, in Anlehnung an Hutter et al. (2011)

die Befragten die Ambusher-Marken *Nike*, *Bitburger*, *Mercedes-Benz* und *Mobilcom* deutlich häufiger fälschlicherweise als Sponsoren (31,1 bis 55,4 %). Dies zeigt, dass Ambusher keineswegs schlechter wahrgenommen werden als offizielle Sponsoren. Im Gegenteil: Die Zuschauer sprechen den Ambushern sogar ein Sponsoren-Engagement zu, obwohl dieses gar nicht besteht.

Um zu identifizieren, inwieweit die Zuschauer offizielle Sponsoren auch als solche erkennen, schlagen Drengner und Sachse (2005) vor, den **Sponsor-Quotient** anzugeben. Dabei werden die korrekt erkannten Sponsoren mit der Gesamtzahl aller abgefragten Sponsoren ins Verhältnis gesetzt. Der Sponsor-Quotient kann Werte zwischen „0“ (= kein Sponsor wird korrekt als Sponsor erkannt) und „1“ (= alle Sponsoren werden korrekt als Sponsor erkannt) annehmen. Beim adäquaten **Ambusher-Quotient** werden alle Ambusher berücksichtigt. Auch dieser Quotient kann Werte von „0“ (= kein Ambusher wird als Sponsor identifiziert) bis „1“ (= alle Ambusher werden als Sponsor identifiziert) annehmen. Abbildung 8.5 zeigt, dass Sponsoren zumeist als Sponsoren erkannt wurden. 64,4 % der Befragten begingen bei der Zuordnung keinen oder lediglich einen Fehler. Überraschendes zeigt sich jedoch beim Ambusher-Quotienten. Während lediglich etwa ein Prozent der

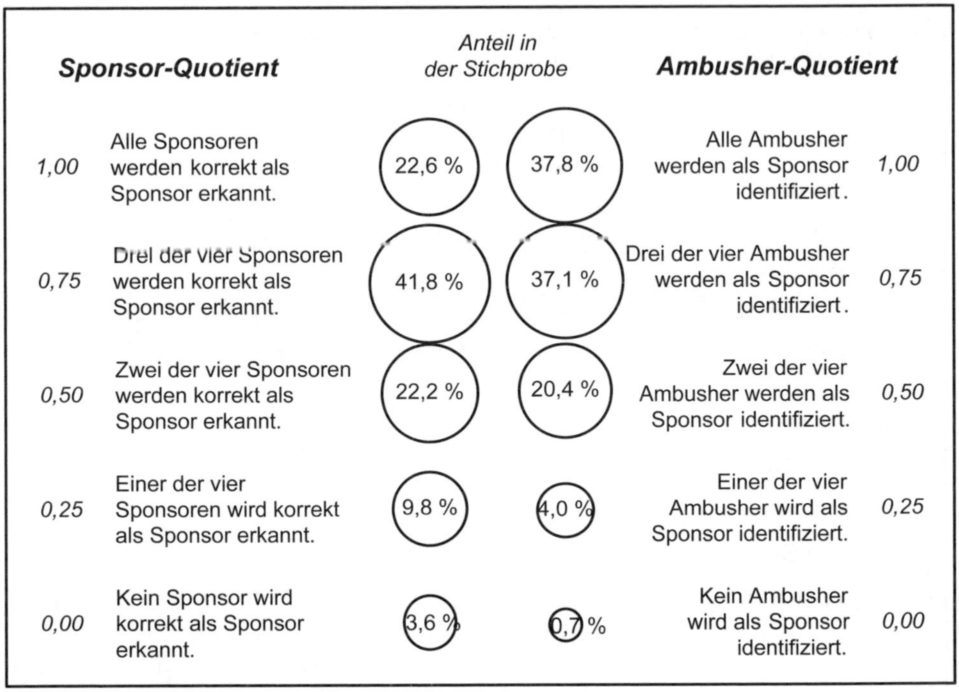

Abb. 8.5 Sponsor- und Ambusher-Quotient, in Anlehnung an Hutter et al. (2011)

Zuschauer alle Ambusher als solche identifiziert haben, sind mehr als zwei Drittel der Zuschauer (74,9 %) der Meinung, dass wenigstens drei der vier Ambusher offizielle Sponsoren der *FIFA*-WM 2010 sind. Dies lässt sich damit erklären, dass Konsumenten das Konzept des Ambush-Marketing weniger geläufig ist als jenes des Sponsoring. Konsumenten stufen deshalb Unternehmen, die im Zusammenhang mit einem Event auftreten, tendenziell als Sponsoren ein.

Inwieweit das gleichzeitige Auftreten von offiziellen Sponsoren und Ambushern die Zuschauer verwirrt, lässt sich anhand des **Verwechslungskoeffizienten** bestimmen, der mithilfe der Sponsor- bzw. Ambusher-Quotienten ermittelt wird. Er kann einen Wert zwischen „−1" (= kein Sponsor wird als Sponsor erkannt und alle Ambusher werden als Sponsoren identifiziert) und „+1" (= alle Sponsoren werden als Sponsor erkannt und kein Ambusher wird als Sponsor identifiziert) annehmen. Lediglich drei Zuschauer konnten alle Sponsoren und Ambusher ihrer Rolle entsprechend korrekt zuordnen und somit einen Verwechslungskoeffizient von „+1" erreichen. Sie bilden gemeinsam mit denjenigen Personen, die maximal zwei Zuordnungsfehler begingen, die Gruppe der „gar nicht bis leicht verwirrten" Personen (15,5 %, Verwechslungskoeffizient zwischen 1,0 und 0,5). Die Mehrzahl der Probanden (63,3 %) ist jedoch darüber verwirrt, welche Marke zu den offiziellen Sponsoren zählt und welche nicht, was ein Verwechslungskoeffizient zwischen 0,0 bis 0,5 verdeutlicht. Jeder fünfte Proband (21,2 %) zeigt einen Koeffizienten zwischen −1,0 und 0,0 und ist somit sogar stark oder sehr stark verwirrt.

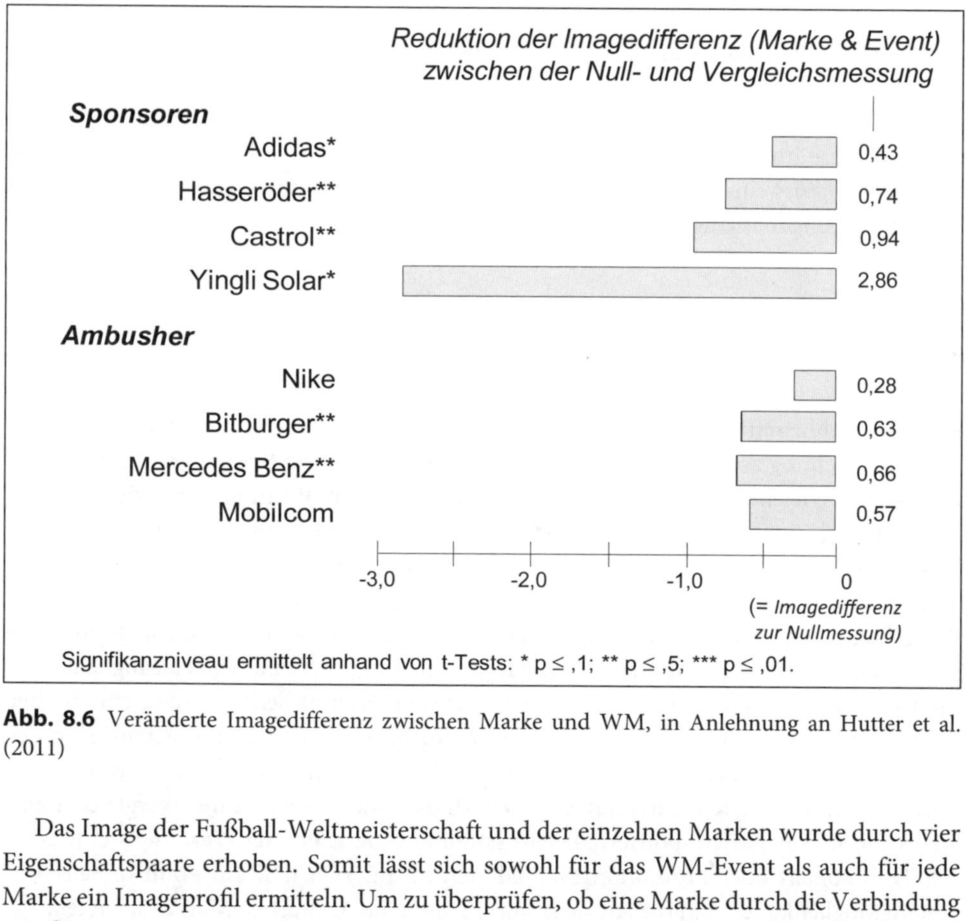

Abb. 8.6 Veränderte Imagedifferenz zwischen Marke und WM, in Anlehnung an Hutter et al. (2011)

Das Image der Fußball-Weltmeisterschaft und der einzelnen Marken wurde durch vier Eigenschaftspaare erhoben. Somit lässt sich sowohl für das WM-Event als auch für jede Marke ein Imageprofil ermitteln. Um zu überprüfen, ob eine Marke durch die Verbindung mit dem Event einen Imagetransfer erreichen konnte, werden die **Imagedifferenzen** beider Erhebungswellen herangezogen. Hierzu werden zunächst die absoluten Differenzen zwischen Marke und WM für jedes der vier Eigenschaftspaare berechnet. Anschließend werden diese Differenzen aufsummiert. Je geringer die Imagedifferenz zwischen der WM und der Marke ist, desto ähnlicher ist das Marken-Image dem Image der *FIFA*-WM. Abbildung 8.6 zeigt, dass die Imagedifferenzen aller Marken mit der WM zwischen Nullmessung und Vergleichsmessung abnehmen und somit sowohl bei Sponsoren als auch bei Ambushern ein Imagetransfer stattfand, d. h. das Image der Marke hat sich dem Image der WM angeglichen.

Sponsoren konnten die Imagedifferenz zum Event zwischen 0,43 und 2,86 Punkte reduzieren, während Ambusher die Differenz um 0,28 bis 0,66 Punkte verringern konnten. Am stärksten konnte der Sponsor *Yingli Solar* sein Image an das Image des Events anpassen. Weiterhin konnten die Sponsoren *Castrol* und *Hasseröder* respektable Werte erzielen. Unter den Ambushern sind *Bitburger* und *Mercedes-Benz* diejenigen Marken mit signifikanten Annäherungen des Marken- an das Eventimage. Sponsoren, deren Imagedifferenz zum Event vergleichsweise groß ist (z. B. *Yingli Solar*, *Castrol*), können einen stärkeren Imagetransfer erzielen als Sponsor-Marken, deren Imagedifferenz zum Event gering ist (z. B. *Adidas*). Auch bei den Ambusher-Marken zeigt sich, dass eine hohe Imagedifferenz zwischen Marke und Event (z. B. *Bitburger*) zu einem stärkeren Imagetransfer führt als eine niedrigere Imagedifferenz (z. B. *Nike*). Lediglich die Imagedifferenzen von *Nike* und *Mobilcom* weisen keine signifikanten Werte auf, während alle anderen Marken signifikante Imageanpassungen erlangen könnten.

8.4 Empfehlungen für die Unternehmenspraxis

Aus den Ergebnissen der Studie lassen sich vielfältige Implikationen für Ambusher ableiten. Die Untersuchung zeigt, dass Zuschauer Ambushern häufig ein Sponsoring-Engagement unterstellen. Diejenigen Marken, die der Zuschauer mit dem Event in Verbindung bringt, bewertet er als Sponsor, ungeachtet von einer tatsächlichen Sponsorentätigkeit. Für die Zuschauer ist folglich nicht der offizielle Titel entscheidend, sondern ob sie die Marke im direkten und medialen Umfeld des Sport-Events wahrnehmen. Wenn es Ambushern also gelingt, vom Zuschauer mit dem Event assoziiert zu werden, können sie ebenso wie Sponsoren vom Event profitieren. Dies bedeutet für Ambusher, alle legalen Möglichkeiten auszuschöpfen, die für sie finanziell realisierbar sind. Nimmt beispielsweise ein direkter Wettbewerber und offizieller Sponsor sein Vorrecht auf ein Programmsponsoring des Events oder auf die Schaltung seiner Werbespots in den Spielpausen nicht wahr, sollte der Ambusher diese Möglichkeiten nutzen. Weiterhin können Unternehmen vergleichsweise preiswerte Subkategorien sponsern. Die Ausstrahlung fußballaffiner Werbung, der Einsatz von Testimonials oder Promotion-Maßnahmen im Internet und am Point of Sale sind weitere Möglichkeiten, um die Aufmerksamkeit auf eine Ambusher-Marke zu lenken.

Für Sportartikelhersteller und Biermarken erscheint Ambush-Marketing im Rahmen der *FIFA*-WM interessant, um die bereits bestehende Assoziation der Zuschauer zum Thema Fußball auszunutzen. In wettbewerbsintensiven Branchen ist zudem zu überlegen, ob Werbeaktionen im Anschluss an die WM sinnvoll sind. Durch eine einzigartige und alleinige Kampagne nach dem Sport-Event kann es gegebenenfalls eher gelingen, Aufmerksamkeit zu generieren und sich von Wettbewerbern abzuheben. Ambush-Marketing führt ebenso wie Sponsoring zu einem Imagetransfer, erzielt jedoch bessere Effizienzwerte, da die Kosten für Ambush-Aktionen in der Regel unter denen eines offiziellen Sponsoring-Engagements liegen. Es ist jedoch anzunehmen, dass die Zuschauer die Marke lediglich kurzfristig mit dem Sport-Event assoziieren. Um längerfristig von Maßnahmen im Rahmen der Sportveranstaltung zu profitieren, ist daher entscheidend, dass Ambusher ihre Marketing-Instrumente integrieren. Es ist zu prüfen, inwieweit die Zielgruppe des Sport-Events der eigenen Zielgruppe entspricht und ob eine Verknüpfung der Marke mit der Veranstaltung glaubhaft ist (Leuteritz et al. 2008). Ein Risiko der Ambusher besteht darin, dass die Konsumenten eine künstlich hergestellte Verbindung zum Sport-Event negativ bewerten oder die Marke als „Nachahmungstäter" oder „Schmarotzer" ansehen

(Nufer 2007). Gelingt es Ambushern jedoch, einen glaubhaften „Fit" herzustellen, können Ambush-Maßnahmen erreichen, dass Zuschauer die Marke positiv mit dem Event assoziieren. Mithilfe innovativer Ideen sind Marken folglich in der Lage, in effizienter Weise von Großveranstaltungen zu profitieren.

Auch wenn Ambush-Marketing in diesem Kapitel anhand der Fußball-WM dargestellt wurde, sei abschließend darauf hingewiesen, dass dieses Instrument keinesfalls nur auf Sportveranstaltungen beschränkt ist.

8.5 Kapitel in Kürze

In a Nutshell

- Ambush-Marketing gewinnt als Marketing-Instrument zunehmend an Bedeutung. Insbesondere bei Sportgroßveranstaltungen greifen Marketer auf dieses Guerilla-Instrument zurück, um ebenso vom Event zu profitieren wie offizielle Sponsoren.
- Besucher eines Events können Ambush- und Sponsoren-Aktivitäten oftmals kaum voneinander unterscheiden. Legale Ambusher werden vom Konsumenten häufig als offizielle Sponsoren eingestuft, ohne dass sie sich finanziell am Event beteiligen.
- Ambush-Maßnahmen können trotz eingeschränkter Kontakthäufigkeit eine ähnliche Imagewirkung beim Konsumenten entfalten wie Sponsoring-Engagements.

Reflexionsfragen

Welche legalen Ambush-Maßnahmen wären im Rahmen der Olympischen Spiele denkbar?

Wie ließe sich der Imagetransfer beim Ambush-Marketing intensivieren?

Wie könnte man Ambush-Maßnahmen mit bestehenden Kommunikationsmaßnahmen verknüpfen?

Further Readings

Drengner, J. & Sachse, M. (2005). Die Wirkungen von Ambush Marketing: Ausgewählte Ergebnisse einer Untersuchung anlässlich der Fußball-Europameisterschaft 2004. In H.-D. Horch, G. Hovemann, S. Kaiser, & K. Viebahn (Hrsg.), *Perspektiven des Sportmarketing: Besonderheiten, Herausforderungen, Tendenzen, Beiträge des 4. Deutschen Sportökonomie-Kongresses* (S. 71–87). Köln: Institut für Sportökonomie und Sportmanagement.

Hutter, K., Schwarz, U., & Heide, N. (2011). Ambush Marketing bei Sportgroßveranstaltungen: Eine empirische Analyse am Beispiel der FIFA Fußball-Weltmeisterschaft 2010. *Dresdner Beiträge zur Betriebswirtschaftslehre,* Nr. 160/11, Dresden.

Hutter, K., & Schwarz, U. (2012). Image effect of ambush marketing: The case of FIFA Soccer World Cup 2010. *Proceedings of the Australian & New Zealand Marketing Academy (ANZMAC) 2012,* Adelaide, Australia.

Literatur

Ahlert, D., Vogel, V., & Woisetschläger, D. (2006). Ist Sponsoring der Zaubertrank einer starken Marke? In D. Ahlert, D. Woisetschläger, & V. Vogel (Hrsg.), *Exzellentes Sponsoring: Innovative Ansätze und Best Practices für das Markenmanagement* (S. 3–29). Wiesbaden: DUV.

Bruhn, M., & Ahlers, G. M. (2004). Ambush Marketing – „Angriff aus dem Hinterhalt" oder intelligentes Marketing? *GfK-Jahrbuch der Absatz- und Verbrauchsforschung, 3,* 271–294.

Brunner, II., G. C., Heusel, P. J., & James, K. E. (2005). *Marketing scales handbook: A compilation of multi-item measures for consumer behavior & advertising* (4. Aufl.). Chicago: Thomson.

Burton, N., & Chadwick, S. (2009). Ambush marketing in sport: An analysis of sponsorship protection means and counter-ambush measures. *Journal of Sponsorship, 2*(4), 303–315.

Carlson, N. (2010). *Psychology the science of behaviour* (4. Aufl.). Toronto: Pearson.

Crow, D., & Hoek, J. (2003). Ambush marketing: A critical review and some practical advice. *Marketing Bulletin, 14,* 1–14.

Drees, N. (2003). *Bedeutung und Erscheinungsformen des Sportsponsoring.* In A. Hermanns & F. Riedmüller (Hrsg.), *Sponsoring und Events im Sport* (S. 47–66). München: Vahlen.

Drengner, J., & Sachse, M. (2005): Die Wirkungen von Ambush Marketing: Ausgewählte Ergebnisse einer Untersuchung anlässlich der Fußball-Europameisterschaft 2004. In H.-D. Horch, G. Hovemann, S. Kaiser, & K. Viebahn (Hrsg.), *Perspektiven des Sportmarketing: Besonderheiten, Herausforderungen, Tendenzen, Beiträge des 4. Deutschen Sportökonomie-Kongresses* (S. 71–87). Köln: Institut für Sportökonomie und Sportmanagement.

Farrely, F., Quester, P., & Greyser, S. A. (2005). Defending the co-branding benefits of sponsorship B2B partnerships: The case of ambush marketing. *Journal of Advertising Research, 45*(3), 339–348.

Hofer, S. (2010). Wer ein Monopol hat, denkt so. *Brandeins, 2,* 120–121.

Hutter, K., & Schwarz, U. (2012). Image effect of ambush marketing: The case of FIFA Soccer World Cup 2010, *Proceedings of the Australian & New Zealand Marketing Academy* (*ANZMAC*) *2012,* Adelaide, Australia.

Hutter, K., Schwarz, U., & Heide, N. (2011). Ambush Marketing bei Sportgroßveranstaltungen: Eine empirische Analyse am Beispiel der FIFA Fußball-Weltmeisterschaft 2010. *Dresdner Beiträge zur Betriebswirtschaftslehre,* Nr. 160/11, Dresden.

Lasswell, H. D. (1948). The structure and function of communication in society. In L. Bryson (Hrsg.), *The communication of ideas. A series of addresses* (S. 32–51). New York: Institute for Religious and Social Studies.

Leuteritz, A., Wünschmann, S., Schwarz, U., & Müller, S. (2008). *Erfolgsfaktoren des Sponsoring: Messansatz – Empirische Studie – Praxisleitfaden*. Göttingen: Cuvillier.

Lyberger, M. R., & McCarthy, L. (2001). An Assessment of consumer knowledge of, interest in, and perception of ambush marketing strategies. *Sport Marketing Quarterly, 10*(2), 130–113.

McDaniel, S. R., & Kinney, L. (1998). The implications of recency and gender effects in consumer response to ambush marketing. *Psychology & Marketing, 15*(4), 385–403.

Meenaghan, T. (1994). Point of view: Ambush marketing: Immoral or imaginative practice? *Journal of Advertising Research, 34*(5), 77–88.

Meenaghan, T. (1996). Ambush marketing – A threat to corporate sponsorship. *Sloan Management Review, 38*(1), 103–113.

Meenaghan, T. (1998). Ambush marketing: Corporate strategy and consumer reaction. *Psychology & Marketing, 15*(4), 305–322.

Nitschke, A. (2006). *Event-Marken-Fit und Kommunikationswirkung: Eine Längsschnittbetrachtung am Beispiel der Sponsoren der FIFA-Fußballweltmeisterschaft 2006*. Wiesbaden: DUV.

Nufer, G. (2002). *Wirkungen von Sportsponsoring. Empirische Analyse am Beispiel der Fußball-Weltmeisterschaft 1998 in Frankreich unter besonderer Berücksichtigung von Erinnerungswirkungen bei jugendlichen Rezipienten*. Berlin: Mensch und Buch Verlag.

Nufer, G. (2007). *Event-Marketing und -Management: Theorie und Praxis unter besonderer Berücksichtigung von Imagewirkungen* (3. Aufl.). Wiesbaden: DUV.

Payne, M. (1998). Ambush marketing: The undeserved advantage. *Psychology & Marketing, 15*(4), 323–331.

Sandler, D. M., & Shani, D. (1989). Olympic sponsorship vs. ambush marketing: Who gets the gold? *Journal of Advertising Research, 29*(4), 9–14.

Shani, D., & Sandler, D. M. (1998). Ambush marketing. Is confusion to blame for the flickering of the flame? *Psychology & Marketing, 15*(4), 367–383.

Tripodi, J. A., & Sutherland, M. (2000). Ambush Marketing – „An Olympic Event". *Journal of Brand Management, 7*(8), 412–422.

Wittneben, M., & Soldner, A. (2006). Der Schutz von Veranstaltern und Sponsoren vor Ambush Marketing bei Sportgroßveranstaltungen. *Wettbewerb in Recht und Praxis, 10,* 1175–1185.

Zentes, J., & Swoboda, B. (2001). *Grundbegriffe des Marketing: Marktorientiertes globales Management-Wissen* (5. Aufl.). Stuttgart: Schäffer-Poeschel.

Guerilla-Stores als Guerilla-Variante des Retailing 9

Nach der Lektüre dieses Kapitels können Sie...

- Möglichkeiten des Einsatzes von Guerilla Marketing im Vertrieb erkennen.
- Beispiele der Guerilla-Distribution aus der Unternehmenspraxis benennen.
- Guerilla-Stores, Pop-up-Stores und Nomaden-Stores voneinander abgrenzen.
- künstliche Knappheit und Produktinszenierung als Guerilla-Elemente einsetzen.

9.1 Ausgangssituation: Exklusivität nutzen

Fiktives Beispiel: Heute hier, morgen dort

Die *Up-To-Date-Company* betreibt eine Filiale in bester Innenstadtlage am Kurfürstendamm in Berlin. Kürzlich eröffneten zwei Geschäfte mit ähnlichem Sortiment ganz in der Nähe der *Up-To-Date-Company*, so dass die Kunden immer seltener den Laden betreten und die Produkte kaufen. Das Management musste einen Umsatzrückgang feststellen und sieht sich zudem mit steigenden Mietpreisen für die Verkaufsflächen konfrontiert. Um der sinkenden Flächenproduktivität entgegenzuwirken, möchte das Management nun eine unkonventionelle Idee ausprobieren und einen Guerilla-Store eröffnen. In einem Berliner Hinterhof im Stadtteil Prenzlauer Berg soll für nur 14 Tage einer eingeweihten Gruppe von Personen ein ausgewähltes Warensortiment angeboten werden, das es in dieser Form nirgendwo sonst zu kaufen gibt. Wird es der *Up-To-Date-Company* damit gelingen, ihre Produkte in Szene zu setzen und die Verkaufszahlen zu steigern?

Neben der sinkenden Effektivität klassischer Werbung (vgl. Teil I, Abschn. 1.1) sind Unternehmen insbesondere im Einzelhandel zunehmend mit einer sinkenden Produktivität ihrer Verkaufsflächen (d. h. Umsatz pro m^2) konfrontiert (Hutter 2013b; Weiß und Hutter

K. Hutter, S. Hoffmann, *Professionelles Guerilla-Marketing*,
DOI 10.1007/978-3-658-02268-6_9, © Springer Fachmedien Wiesbaden 2013

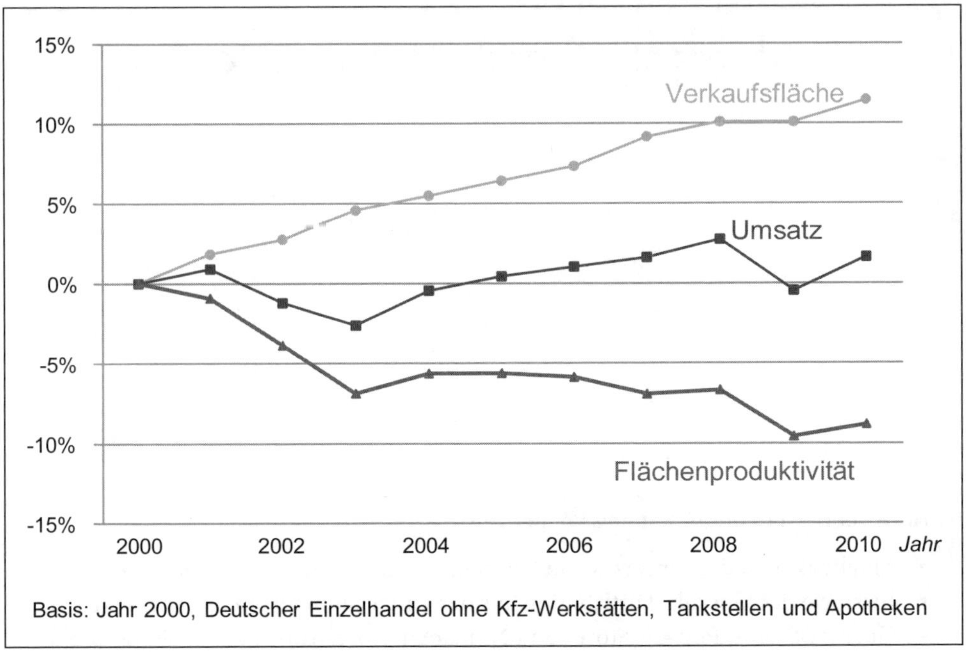

Abb. 9.1 Sinkende Flächenproduktivität im deutschen Einzelhandel, Weiß und Hutter (2013)

2013). Wie Abb. 9.1 veranschaulicht, steht im deutschen Einzelhandel eine wachsende Verkaufsfläche einem gleichbleibenden Umsatz gegenüber (Handelsverband Deutschland e. V. 2011). Diese **sinkende Flächenproduktivität** zwingt Unternehmen, steigende flächenbezogene Kosten wie Miete, Energie, Ladenbau und Warenpräsentation anderweitig zu kompensieren (Stumpf 2010). Die Folge ist eine zunehmende vertikale Integration von Prozessen entlang der Wertschöpfungskette. Beispielsweise treten Produzenten immer häufiger mit eigenen Geschäften in Erscheinung. Die sinkende Flächenproduktivität verstärkt ferner den Verdrängungswettbewerb und den Preiskampf im Einzelhandel (Eggert 2012). Insbesondere kleine und/oder junge Unternehmen müssen innovative Konzepte und Formate entwickeln, um sich den Marktauftritt überhaupt erst zu ermöglichen, sich dauerhaft vom Wettbewerber abzuheben und die Aufmerksamkeit der Konsumenten zu gewinnen (Hutter 2013a).

Um diesen Problemen entgegenzutreten, nutzen Unternehmen immer öfter sogenannte Guerilla-Stores als innovativen Distributionskanal. Guerilla-Stores sind temporäre Ladeneinheiten, die häufig auch als Pop-up-Stores bezeichnet werden (Hurth und Krause 2010). Ähnlich den Pop-up-Fenstern im Internet (engl. „pop up" für plötzlich auftauchen) entstehen **Guerilla-Stores** in der Regel unerwartet an ungewöhnlichen Orten. Unternehmen, die einen Guerilla-Store eröffnen, wecken gezielt die Neugier der Konsumenten und versuchen, deren „Jagdinstinkt" anzusprechen, indem sie ein einzigartiges und einprägsames Einkaufserlebnis schaffen (Marciniak und Budnarowska 2009; Niehm et al. 2007). Guerilla-

Stores machen sich dabei das Prinzip der künstlichen Verknappung zu Nutze, indem sie nur für einen begrenzten Zeitraum (von einigen Stunden bis zu einem Jahr) öffnen (Lüschper 2007; Kim et al. 2010). Diese Verknappung sorgt nicht selten für ein gesteigertes Interesse von Konsumenten und Medien, über den Store zu berichten.

9.2 Theoretischer Hintergrund: Der Knappheitseffekt

9.2.1 Einordnung ins Guerilla-Marketing

Guerilla-Stores lassen sich als eine Variante der **Guerilla-Distribution** einordnen, da sie unerwartete „[. . .] Guerilla Marketing Strategien [sind], die im Zusammenhang mit dem Weg eines Produktes oder einer Leistung vom Produzenten zum Endverbraucher oder Verwender stehen" (Schulte 2007, S. 98). Ein Guerilla-Store weist Parallelen zu mehreren anderen Guerilla-Instrumenten auf (vgl. Teil I, Kap. 2). So lassen sich große Ähnlichkeiten zum Ambient-Marketing finden. Beide Maßnahmen fokussieren darauf, die Aufmerksamkeit der Kunden zu gewinnen, indem sie ein Objekt zeitlich begrenzt in das Umfeld der Zielgruppe integrieren. Guerilla-Stores vermögen es, Medienberichte zu stimulieren, und setzen somit gezielt das Instrument der Guerilla-PR für sich ein (Welt Online 2008). So lud beispielsweise der Sportartikelhersteller *Reebok* zur Eröffnung seines Pop-up-Stores im Jahr 2009 in Lower Manhattan, New York (USA), angesagte Berühmtheiten aus Film und Fernsehen ein, um gezielt die Berichterstattung auf Mode- und Style-Webseiten anzuregen (Shiers 2009). Dass auch nicht-kommerzielle Ladengeschäfte sehr gut in der Lage sind, die Massenmedien für sich zu nutzen, zeigt das Beispiel des *U.S. Potato Board (USPB)* in New York. Der Store öffnete 2006 während der Thanksgiving-Woche. Er inszenierte das symbolische „Headquarter" von *Mr. Potato Head*, dem bekannten Maskottchen des *USPB*, um die Geschichte der Kartoffel in Amerika zu verbreiten. Angesichts der für die Branche völlig untypischen Aktion erregte der Store, der Kartoffeln als gesundes Lebensmittel zu inszenieren beabsichtigte, das Interesse der *New York Times* und einiger Morgen-Magazine im TV. Die Medien verhalfen der Institution zu einer Aufmerksamkeit, die mit klassischen Werbemitteln bei gleichem Budget keinesfalls möglich gewesen wäre (o.V. 2011a).

Grundsätzlich lassen sich Guerilla-Stores als kundenorientierte Guerilla-Aktionen einstufen (vgl. Teil I, Abschn. 1.3). Dass es dennoch auch Stores mit wettbewerbsorientierter Ausrichtung gibt, bei denen die Schwächung eines Wettbewerbers in den Mittelpunkt rückt, zeigt ein Beispiel des Elektronikherstellers *Samsung*, der auf Kosten seines Konkurrenten *Apple* agierte. Im Jahr 2011 eröffnete *Samsung* in Sydney (Australien) einen Store nur 50 m vom ortsansässigen *Apple Store* entfernt, vor dem die Kunden bereits seit Tagen gespannt auf die Markteinführung des iPhones 4 warteten. Die Wartenden erhielten Sonderkonditionen für *Samsung*-Produkte, so dass einige die *Apple*-Schlange verließen (Grubb 2012; Samsung 2011).

Abb. 9.2 Pop-up-Store in Form eines Strandhauses von *Tommy Hilfiger*

Zahlreiche Beispiele verdeutlichen die zunehmende Relevanz der Guerilla-Stores insbesondere in der **Modebranche** (Baumgarth und Kastner 2012). Beispielsweise präsentierten die *Berliner Verkehrsbetriebe* im Sommer 2011 Mode von ausgewählten Berliner Designern für zwei Tage in einer 100 m langen U-Bahn im U-Bahnhof Alexanderplatz. *Tommy Hilfiger* stimulierte den Verkauf seiner Sommerkollektion 2011 („Preppy-Look") mit einem nur für wenige Wochen geöffneten Store in Form eines Strandhauses unter anderem am Strand von Sylt und in der Innenstadt von Mailand (ELLE 2011, Abb. 9.2).

Dass auch vermeintlich **konventionelle Produkte** mittels innovativer Stores Aufmerksamkeit erzeugen können, zeigte ein Hersteller von Elektrogeräten 2012 in diversen Großstädten (z. B. Mailand). *Elektrolux* errichtete für vier Monate eine transparente Restaurant-Konstruktion namens „The Cube" auf den Dächern besonders hoher Gebäude und stattete deren Küche mit den neuesten Geräten aus (Elektrolux 2012). Die Restaurantlage bot Gästen einen einzigartigen Blick auf die Skyline der Stadt und erzeugte bei Passanten große Aufmerksamkeit (Abb. 9.3).

9.2.2 Guerilla-Effekte

Wie andere Guerilla-Instrumente erfüllen auch Guerilla-Stores die Kriterien des **LSD-Modells** (vgl. Teil I, Abschn. 3.1) (Hutter 2013b; Weiß und Hutter 2013).

Abb. 9.3 Pop-up-Restaurant von *Elektrolux*

- **Überraschung:** Die Stores treten im Umfeld des Einzelhandels unerwartet auf und lösen damit einen Überraschungseffekt aus. Je weiter die Rahmenbedingungen eines Stores (z. B. Lage, Einrichtung oder Gestaltung) von denen einer regulären Ladeneinheit im Einzelhandel abweichen, umso eher wirkt der Store schema-inkongruent und somit überraschend auf die Zielgruppe. Häufig überrascht ein Store insbesondere durch den ungewöhnlichen Ort, an dem er eröffnet wird. Der Sportartikelhersteller *Adidas* eröffnete 2011 beispielsweise einen zweitägigen Store in einem Kölner Hotel, in dem Designerprodukte der Marke in einem Hotelzimmer verstreut waren und gekauft werden konnten (Sneakerb0b 2011; o.V. 2011a).
- **Diffusion:** Die unerwartete Inszenierung und die künstlich erzeugte Knappheit erhöhen die Empfehlungsbereitschaft der Konsumenten und die Berichterstattung der Medien. Häufig verzichten temporäre Stores ganz bewusst auf ergänzende klassische Werbung (Surchi 2011) und nutzen stattdessen einzig Social-Media-Netzwerke wie *Facebook* für die Diffusion ihrer Botschaft (Norsig 2011; Marciniak und Budnarowska 2009). Der Verbreitung der Botschaft kommt eine besondere Bedeutung zu, denn Knappheit wird auch aufgrund der exklusiven Kenntnis über den Store erzeugt. Werden zu viele Personen eingeweiht, ist die Information nicht mehr exklusiv und überraschend. Wissen zu wenige von der Existenz des Shops, ist seine Wirkung auf eine zu kleine Zielgruppe begrenzt und womöglich ineffektiv (Hurth und Krause 2010).

- **Low Cost:** Aus der zeitlich befristeten Öffnung des Stores zieht das Unternehmen einen entscheidenden Zusatznutzen, indem geringere Kosten beispielsweise für die Ladenmiete anfallen (Hurth und Krause 2010). Im Vergleich zu dauerhaften Ladenbaukonzepten intensiviert sich der Kosteneffekt zudem aufgrund einer häufig flexiblen und günstigeren Ladeneinrichtung (Marciniak und Budnarowska 2009; Surchi 2011).

9.2.3 Abgrenzung von Guerilla-, Pop-up- und Nomaden-Store

Die Begriffe Guerilla-, Pop-up- und seltener auch Nomaden-Store werden häufig synonym verwendet (z. B. Cambie 2010; Cosmetic Business 2011; Deutsche Press-Agentur 2009; Retailintelligence 2012; Tholl 2009; Winterhalter 2011). Alle drei Konzepte beschreiben temporäre Ladeneinheiten, lassen sich jedoch anhand ihrer Zielsetzung voneinander abgrenzen (Weiß und Hutter 2013):

- **Guerilla-Stores** sind eher darauf ausgerichtet, die Aufmerksamkeit der Konsumenten zu erlangen, indem sie als Kommunikationsinstrument im Sinne der Produktinszenierung eingesetzt werden (Kim et al. 2010). Der Einsatz von Guerilla-Stores erfolgt in der Regel einmalig und auf einzigartige Weise. Wie bereits erwähnt, eröffnete beispielsweise das *United States Potato Board (USPB)* 2006 für eine Woche einen non-commercial Guerilla-Store in New York, um Kartoffeln als gesundes Lebensmittel zu inszenieren (Exhibitoronline.com o. J.).
- **Pop-up-Stores** dienen im Gegensatz dazu vordergründig dem Verkauf bzw. der Distribution von Produkten und somit dem Absatz und der Umsatzgenerierung (Gureala 2003). Pop-up-Stores zeichnen sich insbesondere durch einen schnellen Auf- und Abbau des gesamten Verkaufsraumes aus, der durch seine Konzeption schnell und unkompliziert transportiert und andernorts erneut aufgebaut werden kann (Hurth und Krause 2010). Pop-up-Stores öffnen einmalig (gegebenenfalls an mehreren Orten gleichzeitig). Beispielsweise nutzte *Adidas* das Konzept im Jahr 2011, als für zwei Tage ein Zimmer des Kölner *Chelsea* Hotels innovative Distributionsfläche war (Sneakerb0b 2011).
- **Nomaden-Stores** sind Pop-up-Stores, die es ermöglichen, mehrere Standorte nacheinander anzusteuern (Surchi 2011). Sie zeichnen sich aufgrund ihrer wechselnden Standorte durch eine hohe Konsumentenreichweite aus und zielen häufig auf eine große Markenbekanntschaft ab. Der Hersteller von Espressoautomaten *Illy* eröffnete 2007 im New Yorker *Warner Center* einen Nomaden-Store in Form eines Containers, der sich per Knopfdruck in eine Fünf-Zimmer-Wohnung verwandelte. Der Container war für einen Monat dort platziert und sollte den Vertrieb der Kaffeeautomaten auf innovative Weise steigern (NewYorkology 2007).

Beispiel: From Tokyo to New York

Die japanische Modemarke *Uniqlo* eröffnete im Rahmen ihrer Kampagne „From Tokyo to New York" 2006 zwei Pop-up-Stores in New York. Als Verkaufsfläche wählte das Unternehmen Schiffscontainer, um zu suggerieren, dass die Ware direkt aus Tokio geliefert wurde (Lazarowitz 2006; o.V. 2011b). Die Container wurden für zwei Monate an verschiedenen Stellen der Stadt direkt in den Passantenstrom platziert.

Da die Bezeichnung Nomaden-Store vergleichsweise selten gebraucht wird, wird im Folgenden der Fokus auf Guerilla- und Pop-up-Stores gelegt. Obwohl die Begriffe Pop-up- und Guerilla-Store häufig synonym verwendet werden, blicken sie auf eine unterschiedliche Entstehungsgeschichte zurück (Weiß und Hutter 2013).

Die Idee eines **Pop-up-Stores** hatte Russel Miller, Geschäftsführer von *Vacant,* erstmals 1999 auf einer Reise nach Tokio. Miller fiel auf, dass ein Geschäft, das einzigartige Modeartikel anbot, von den Konsumenten förmlich überrannt wurde und sich eine lange Schlange vor dem Laden bildete, als es kurzfristig schließen musste, um seinen Bestand aufzufüllen. Miller beschloss damals, seinen stationären Laden zu schließen und bewusst an wechselnden Standorten immer wieder neu zu eröffnen (Vacant 2011). So eröffnete *Vacant* im Jahr 2000 den ersten Pop-up-Store in New York, um den Abverkauf seiner Produkte zu fördern (Gureala 2003). Angesichts der beratenden Funktion beim Aufbau von Pop-up-Stores, die *Vacant* seither innehatte, wird der 2008 eröffnete *K-SWISS* Pop-up-Store oft als direkter Ableger des ersten Pop-up-Stores interpretiert. Da über den *K-SWISS* Pop-up-Store weitaus mehr Informationen verfügbar sind als über den *Vacant*-Store, gilt er als Ur-Pop-up-Store. Mangels leerstehender Ladeneinheiten in Santa Monica, Kalifornien (USA), mietete sich der Sportartikelhersteller *K-SWISS* für einen Monat in ein bestehendes Geschäft ein, dessen Besitzer für diesen Zeitraum seinen Laden gewissermaßen untervermietete (Miller 2011). Bei der aufwändig inszenierten Eröffnung waren prominente Markenrepräsentanten wie die ehemalige Profitennisspielerin Anna Kurnikowa und DJane Samantha Ronsen anwesend, was der Verbreitung der Botschaft von *K-SWISS* äußerst zuträglich war, denn die *Los Angeles Times*, die *US Weekly* sowie zahlreiche Fernsehsender berichteten über den Store (Shiers 2009).

Die Entstehung der **Guerilla-Stores** geht auf das Modelabel *Comme des Garcons* zurück, das 2004 den ersten Guerilla-Store fernab etablierter Läden in einer ehemaligen Bibliothek in Berlin eröffnete, um seinen Produkten ein einzigartiges Image zu verleihen (Weiß und Hutter 2013). Die Initiatoren verbesserten den Zustand des Gebäudes ganz bewusst nicht, verwendeten Möbel vom Flohmarkt und nutzten Wasserleitungen der Räumlichkeiten als Kleiderständer, um eine „Second-Hand-Atmosphäre" zu kreieren und das Produkt und nicht die Verpackung in den Mittelpunkt zu rücken. Informationen über die Existenz des Stores waren ausschließlich über Mund-zu-Mund-Propaganda und über lediglich 600 in der Stadt verteilte Poster zu erlangen. Unabhängig von Wirtschaftlichkeitsberechnungen schloss *Comme des Garcons* den Store nach einem Jahr wieder und eröffnete zwischen 2004 und 2009 weltweit insgesamt 37 *Comme des Garcons* Guerilla-Stores unter anderem in Basel, Beirut und Warschau (Long 2004).

Tab. 9.1 Abgrenzung von Pop-up- und Guerilla-Stores. (Quelle: in Anlehnung an Weiß und Hutter 2013)

Kriterium	Pop-up-Store	Guerilla-Store
Erstmals angewandt	2000 in New York (USA), von *Vacant* und *K-Swiss*	2004 in Berlin (Deutschland), von *Comme des Garcons*
Hauptziel	Verkauf ausgewählter Produkte zur Steigerung von Absatz und Umsatz	Produktinszenierung, Imagebildung
Hauptmethode	Verkaufsanreiz durch künstliche Verknappung	Produktinszenierung durch bewusste Abkopplung von herkömmlichen Vertriebskonzepten
Store-Lage	Eher zentral an belebten Einkaufsstraßen	Eher dezentral fernab von großen Einkaufsstraßen
Store-Ausstattung	An herkömmliche Ladenbaukonzepte angelehnt	Stark differenziert zu herkömmlichen Ladenbaukonzepten (z. B. Räumlichkeiten im Rohzustand, bewusst kostengünstig)
Kommunikation	Direkt: offensive Kommunikation durch prominente Lagen und leichte Erkennbarkeit einer Ladeneinheit Indirekt: Mundpropaganda, Medienberichterstattung, Internet	Direkt: eher defensive Kommunikation durch abgelegene Lage Indirekt: Mundpropaganda, Medienberichterstattung, Internet
Kosten (im direkten Vergleich der Konzepte untereinander)	Hoch (hohe Miete aufgrund zentraler Lage, hohe Einrichtungskosten aufgrund exklusiver Ausstattung)	Gering (niedrige Miete aufgrund peripherer Lage, geringe Einrichtungskosten aufgrund von Second-Hand-Nutzung)

Angesichts der zeitlich versetzten Entwicklung und der großen Ähnlichkeit der Konzepte können Guerilla-Stores als Subkonzept des Pop-up-Stores bezeichnet werden (Weiß und Hutter 2013). Tabelle 9.1 fasst die Eigenschaften von Pop-up- und Guerilla-Stores vergleichend zusammen.

9.2.4 Künstliche Knappheit

Guerilla- und Pop-up-Stores machen sich insbesondere das Prinzip der künstlichen Verknappung zu Nutze, indem sie zum einen zeitlich begrenzt geöffnet sind und zum anderen über ein begrenztes Angebot, die sogenannte „limited edition", verfügen. Sie erzeugen somit beim Konsumenten ein Gefühl der Dringlichkeit, die angebotenen Waren rechtzeitig erleben und/oder erwerben zu können (Hutter 2013a; Norsig 2011).

Wie Weiß und Hutter (2013) ausführen, lassen sich verschiedene theoretische Begründungen für die Wirkung der Knappheit anführen. Voraussetzung für den Erfolg eines künstlich verknappten Gutes ist eine hohe Nachfrage am Markt, d. h., dass das Gut begehrt ist (Verhallen 1982; Verhallen und Robben 1994; Worchel et al. 1975). Im Rahmen wirtschaftlichen Handelns ist Knappheit (im Sinne begrenzter Verfügbarkeit) allgegenwärtig (Lynn 1991). In der Nachfrage-Theorie (Verhallen 1982) spiegelt die **Verfügbarkeit** eines Produktes seinen Wert wider. Je knapper das Gut, desto höher sein Preis und der damit verbundene Wert für den Konsumenten. Da knappe Güter begehrter als ausreichend verfügbare sind, lässt sich der Wert eines Gutes mittels künstlicher Verknappung (engl. „scarcity" für Seltenheit, Knappheit) steigern (Verhallen und Robben 1994; Lynn 1991; Worchel et al. 1975). Ist ein Gut nur begrenzt verfügbar, lässt sich der Kaufentscheidungsprozess beschleunigen, denn Knappheit wird von den meisten Personen nur aufgrund starker Präferenz oder Preisaktion für ein anderes Gut ignoriert (Parker und Lehmann 2011). Guerilla- und Pop-up-Stores nutzen neben der zeitlichen Verknappung die **mengenmäßige Verknappung**, indem sie typischerweise limitierte Editionen anbieten. So wird dem Konsumenten ein begrenzter Bestand vermittelt, der nach dem First-Come-First-Serve-Prinzip verkauft wird (Marciniak und Budnarowska 2009).

Die Reaktanz-Theorie (Brehm 1966) besagt, dass ein Gut an Attraktivität gewinnt, sobald einem Individuum die Freiheit genommen wird, dieses Gut zu erlangen. Durch die temporäre Öffnung eines Stores wird dem Kunden diese Freiheit lediglich für einen begrenzten Zeitraum gewährt.

Die zeitliche und mengenmäßig künstliche Verknappung steigert unter Konsumenten den wahrgenommenen Wert der Ware und somit die Dringlichkeit des Kaufes (Lynn 1991; Worchel et al. 1975). Der Store, seine Produkte und das Wissen darüber erhalten einen Exklusiv-Status, der zugleich als Abgrenzung von anderen Läden, Produkten und Personen („Nicht-Wisser") dient (Hurth und Krause 2010; Surchi 2011). Menschen mit einem ausgeprägten Bedürfnis nach **Einzigartigkeit** streben danach, knappe Güter zu besitzen (Lynn 1991; Snyder und Fromkin 1980), denn Abgrenzung und Einzigartigkeit dienen der emotionalen Bedürfnisbefriedigung von Individuen (Lynn und Snyder 2002). Individuen definieren sich zudem häufig über den Besitz von Gütern (Belk 1988), so dass auf Konsumenten nicht selten der soziale Druck lastet, etwas Besonderes besitzen bzw. erleben zu müssen, um sich von der Masse abzuheben (Verhallen und Robben 1994). Stores nutzen dieses Streben nach Einzigartigkeit, indem sie sich von branchenüblichen Distributionssystemen differenzieren und Produkte künstlich verknappt überraschend in Szene setzen (Lynn und Snyder 2002; Kim et al. 2010).

9.2.5 Einkaufserlebnis und Produktinszenierung

Obwohl Konsumenten Produkte immer häufiger online erwerben, kommt dem haptischen Erleben eines Produktes am Point of Sale auch heute noch eine große Bedeutung zu. Kaufentscheidungen laufen dabei häufig unbewusst ab (Kloss 2007). Unternehmen sind deshalb bestrebt, dem Konsumenten einen emotionalen Zusatznutzen zu bieten, indem sie den Einkauf als Erlebnis inszenieren (Förster und Kreuz 2006). Ziel solcher **Einkaufserlebnisse** ist es, die Erinnerungsleistung des Kunden zu stärken, seine Empfehlungsabsicht und Wiederkaufabsicht zu stimulieren und die Markenposition auszubauen. Innovative Distributionskonzepte wie Guerilla- und Pop-up-Stores entsprechen der zunehmenden Erlebnisorientierung und geben dem Kunden die Möglichkeit, mit einem einzigartigen Produkt auf unkonventionelle Weise zu interagieren (Marciniak und Budnarowska 2009; Surchi 2011).

9.3 Blick in die Forschung: Die Experten-Studie

Im Folgenden wird eine Studie von Weiß und Hutter (2013) vorgestellt, die darauf abzielte, die Wirkung temporärer Stores zu analysieren. Basierend auf den theoretischen Erkenntnissen wurden folgende Forschungsfragen untersucht:

- Inwieweit unterscheidet die Unternehmenspraxis zwischen Pop-up-Stores und Guerilla-Stores?
- Welche Eigenschaften sollten Pop-up-Stores, die vor allem der Distribution dienen, und welche sollten Guerilla-Stores, die vor allem der Kommunikation dienen, aufweisen?
- Welche Ziele verfolgen Unternehmen mit innovativen Stores?

Es wurden Experteninterviews durchgeführt, um die Forschungsfragen zu beantworten. Zum einen konnten der Geschäftsführer einer Marketingberatungsagentur und ein geschäftsführender Partner einer Kreativagentur befragt werden. Beide Agenturen sind auf Pop-up- und Guerilla-Stores spezialisiert. Zum anderen wurden ein Professor für Handelsbetriebslehre mit Forschungsinteresse im Bereich innovative Marketing-Konzeptionen und ein Fachredakteur einer führenden Marketingfachzeitschrift befragt. Die Auswertung orientiert sich an dem in Abschn. 3.1 vorgestellten LSD-Modell.

Alle Experten stimmen prinzipiell darin überein, dass Stores auf dem Konzept der künstlichen Verknappung basieren. Aspekte wie Standortwahl und Präsentationszeitraum werden von den Experten folglich als Erfolgsfaktoren beider Store-Formen identifiziert. Sie sehen aber auch deutliche **Differenzen** zwischen beiden Formen des Stores. Während Guerilla-Stores ihrer Ansicht nach vorwiegend Word-of-Mouth (WoM) erzeugen sollen und kommunikationspolitische Ziele aufweisen, haben Pop-up-Stores hauptsächlich distributionspolitische Ziele und dienen dem Unternehmen zur Absatzgenerierung. Diese Distributionsfunktion spiegelt sich auch darin wider, dass der Pop-up-Store als „räumlich ausgelagerte Sortiments-Aktion" eines Anbieters bezeichnet wird.

> Der Guerilla-Store zielt darauf ab, dass am Ende darüber und über die Marke geredet wird. Der Pop-up-Store dagegen bietet vordergründig eine Einkaufsmöglichkeit. (*Geschäftsführer einer Marketingberatungsagentur*)

Die künstliche Verknappung erzeugt einen **Kosteneffekt**. Je mehr ein Store verknappt (z. B. ländlicher Standort, spartanisches Interieur, geringe Mietkosten aufgrund kurzer Öffnungszeitspanne, wenige begleitende Maßnahmen), umso niedriger seine Kosten.

Beim Guerilla-Store entsteht die Verknappung im Hinblick auf den Standort, indem er an ungewöhnlichen Orten errichtet wird und selten in Shoppingmalls auftaucht. Er setzt somit – eher als der Pop-up-Store – auf den lokalen Überraschungseffekt, um Marken zu inszenieren. Pop-up-Stores hingegen machen sich das Prinzip der künstlichen Verknappung hauptsächlich in Bezug auf die Produkte bzw. den Öffnungszeitraum zu Nutze mit dem Ziel der Absatzgenerierung. Pop-up-Stores werden als Vertriebskanal verstanden, die eher als Ladenkonzept wahrgenommen werden. Die Verknappung hinsichtlich des Standortes und demnach der Erreichbarkeit bzw. des Zugangs zum Guerilla-Store bzw. das knappe Angebot des Pop-up-Stores erzeugt einen **Überraschungseffekt** beim Konsumenten, der einen Kaufwunsch auslösen soll. Eine intensive Verknappung trägt nach Meinung der Experten über den Überraschungseffekt maßgeblich zu einem intensiven Einkaufserlebnis bei.

> Ein Guerilla-Store bietet den Leuten, die die Produkte tatsächlich haben wollen, eine Herausforderung, überhaupt erst einmal zum Laden zu finden. Also wichtig ist, dass es etwas Verborgenes hat, dass es nicht von Anfang an offensichtlich ist, wer der Absender dieses Ladens ist und welche Produkte dort zu haben sind. Der Jagdinstinkt des Kunden muss angesprochen werden. (*Geschäftsführer einer Marketingberatungsagentur*)

Temporäre Stores lösen auch einen **Diffusionseffekt** aus. Um Aufmerksamkeit auf sich zu ziehen, nutzen sowohl Pop-up- als auch Guerilla-Stores begleitende Maßnahmen wie Viral-Kampagnen oder (klassische) Plakate an ausgesuchten Orten. Während Pop-up-Stores die Information stärker verbreiten wollen, sind Guerilla-Stores bestrebt, einen elitären (begrenzten) Nutzerkreis mit Informationen zu versorgen, um die Exklusivität zu steigern. Häufig muss die Zielgruppe die Information über einen Guerilla-Store zuerst „decodieren".

> Mit Pop-up-Stores wird versucht, einen viralen Effekt zu erzeugen, der mit viralen Kampagnen bewusst auf Multiplikatoren gelenkt wird, die dann wieder die breite Masse erreichen. (*Geschäftsführender Partner einer Kreativagentur*)

Aus den Angaben der Experten lässt sich ein Modell zur Guerilla-Wirkung von Store-Konzepten extrahieren (Abb. 9.4). Sowohl Pop-up- als auch Guerilla-Stores nutzen das Konzept der künstlichen Knappheit. Während Guerilla-Stores den Zugang zum Laden aufgrund des ungewöhnlichen Standorts reglementieren, bieten Pop-up-Stores vordergründig ein zeitlich begrenztes, knappes Sortiment an. Knappheit sorgt für Überraschung und resultiert in einem besonderen Kauferlebnis, das Guerilla-Stores aus kommunikativer und Pop-up-Stores aus absatzsteigernder Zielstellung heraus betreiben.

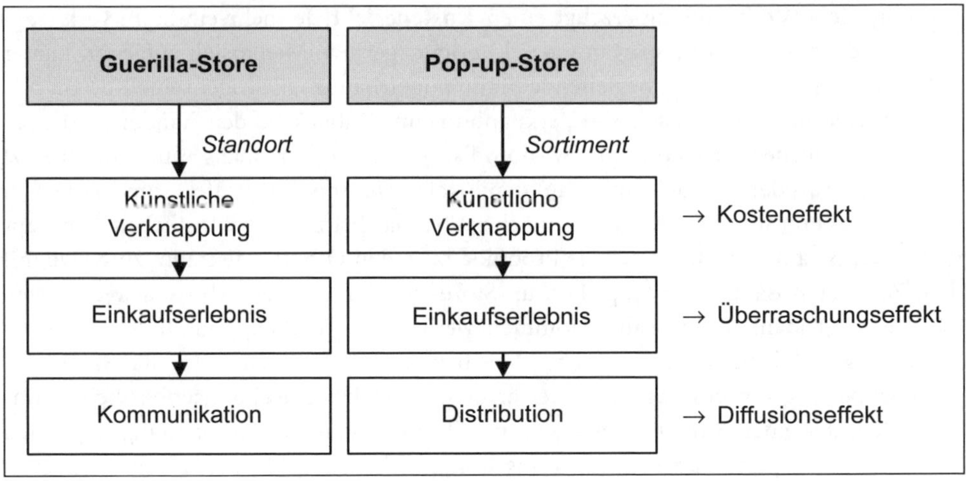

Abb. 9.4 Wirkungsmodelle der Store-Konzeptionen, in Anlehnung an Weiß und Hutter (2013)

9.4 Empfehlungen für die Unternehmenspraxis

Knappe Güter werden von Konsumenten als wertvoller erachtet und erzeugen Begehrlichkeiten (Brock 1968). Sowohl Pop-up- als auch Guerilla-Stores machen sich die Attraktion der Knappheit zu Nutze, um bei Konsumenten Aufmerksamkeit zu erregen und einen Kaufwunsch zu erzeugen. Da Konsumenten temporäre Ladeneinheiten nicht erwarten, sind sie überrascht (Alden et al. 2000). Das Gefühl der Überraschung kann als **emotionaler Zusatznutzen** für den Käufer interpretiert werden (Förster und Kreuz 2006). Der Grad der Überraschung hängt von folgenden Faktoren ab:

- **Standort:** Je weiter entfernt eine temporäre Ladeneinheit von einer festen Ladeneinheit angesiedelt ist, desto überraschender wirkt sie.
- **Ausstattung:** Je weniger eine temporäre Ladeneinheit einer festen Ladeneinheit ähnelt, desto überraschender wirkt sie.

Pop-up- und Guerilla-Stores bieten dem Konsumenten ein Einkaufserlebnis, das Produkte inszeniert und ihren Absatz fördert. Pop-up-Stores verfolgen vordergründig die Umsatzgenerierung, weshalb die künstliche Verknappung auf das Produktangebot angewandt wird. Guerilla-Stores beabsichtigen eher eine Kommunikationswirkung (in Form einer Inszenierung), weshalb der Zugang zum Store verknappt wird (z. B. durch exklusive Informationen über den Standort). Guerilla-Stores bieten Unternehmen ein adäquates Mittel, um das Image ihrer Marken innovativ zu inszenieren. Mit Hilfe von Pop-up-Stores können Vertriebsmanager neue Impulse setzen und ihre Distributionsreichweite erhöhen. Insbesondere der **Kommunikation** der zeitlichen Begrenztheit kommt eine wichtige Rolle zu. Kommunizieren Unternehmen beispielsweise nicht klar, dass bzw. wann ein Store schließt, könnten Kunden glauben, der Store musste aus Wirtschaftlichkeitsgründen schließen, und mit negativem Word-of-Mouth (WoM) reagieren (Hurth und Krause 2010; Surchi 2011). Auch wenn vom Kunden erwartete Produkte im Store fehlen, besteht das Risiko eines negativen Diffusionseffektes (Norsig 2011).

Außerdem sollte nicht außer Acht gelassen werden, dass innovative Stores nur dann in der Lage sind, einen Überraschungseffekt zu erzeugen, wenn sie unerwartet und unkonventionell sind. Neue Store-Ideen erfordern allerdings ein hohes **Kreativitätspotenzial**, das gegebenenfalls mit Kosten (z. B. Beratung, Kreation) verbunden ist. Diese Kosten könnten den Kosteneffekt der Stores (wie geringere Mietkosten aufgrund der zeitlich begrenzten Öffnung bzw. aufgrund eines unkonventionellen Standortes oder aufgrund spartanischer Ladenausstattung) kompensieren. Zudem besteht das Risiko, dass Konsumenten besonders ausgefallene Stores nicht eindeutig einem Absender zuordnen (Esch et al. 2009) und somit nachgelagerte Effekte wie die Steigerung der Bekanntheit und die Verbesserung des Images ausbleiben. Für die Unternehmenspraxis ist es deshalb wichtig, nicht ausschließlich auf ausgefallene Store-Ideen abzuzielen, um einen Überraschungseffekt und ein Einkaufserlebnis für den Kunden zu erzeugen. Unternehmen können vom Überraschungseffekt nur dann profitieren, wenn Konsumenten den Store mit dem Unternehmen und seinem Produkt in Verbindung bringen.

Kernaspekt im Hinblick auf den Diffusionseffekt ist der **Standort** des Stores. Eine passende Standortwahl (z. B. in stark frequentierten Einkaufsgebieten vs. in unkonventioneller Lage) entscheidet über die wahrgenommene Exklusivität und die Akzeptanz des Stores beim Kunden (Surchi 2011). Die Konsumenten innerhalb kürzester Zeit auf einen Store aufmerksam zu machen, ist besonders herausfordernd, wenn er fernab großer Städte in dörflichen Regionen liegt (Norsig 2011). Die geringere Einwohnerzahl sowie die geringe Bekanntheit des Konzepts sprechen gegen Stores in dünn besiedeltem Raum (Hurth und Krause 2010; Niehm et al. 2007). Zudem sehen Konsumenten etablierte Einkaufsgegenden (z. B. 5th Avenue in New York) häufig als Bühne für neue Trends (Law et al. 2004). Das Image eines solchen Hotspots ließe sich auf den Store und seine Produkte transferieren, und auch die vorhandene Infrastruktur (z. B. Verkehrsanbindungen) und mögliche Erfahrung des Centermanagements im Umgang mit ungewöhnlichen Ladenbaukonzepten ließen sich nutzen. Andererseits könnten gerade die unkonventionelle Lage fernab typischer Einkaufsmöglichkeiten und mögliche Kostenvorteile Stores abseits der typischen Einkaufsmeile zum Erfolg verhelfen, sofern es gelingt, genügend Aufmerksamkeit beim Zielpublikum zu wecken (Norsig 2011). Pop-up-Stores mit dem Ziel, den Absatz zu steigern, sollten besser in zentraler Innenstadtlage platziert werden, während Guerilla-Stores zur Inszenierung einer Marke mit einer außergewöhnlichen Lage (z. B. Lagerhalle, Garage, Hangar) eher dazu beitragen, ein „Underground-Image" zu erreichen (Marciniak und Budnarowska 2009; Shiers 2009).

Bei der Produktinszenierung spielen neben der Store-Lage die Gestaltung (Einrichtung) der Verkaufsräume sowie das Auftreten des Verkaufspersonals eine große Rolle. In Pop-up-Stores sollten unbedingt Mitarbeiter eingesetzt werden, die mit dem innovativen Konzept vertraut sind (Norsig 2011). Die **Ausgestaltung** eines Pop-up-Stores bietet hingegen viel Spielraum zum Experimentieren. Nicht selten werden Räume ungewöhnlich aufgeteilt, aus Kosten- oder Gestaltungsgründen im improvisierten Rohbauzustand belassen (Marciniak und Budnarowska 2009) oder Bars und Clubs direkt ins Ladenkonzept integriert, um einer Marke ein innovatives Image zu verleihen. Kontrovers wird diskutiert, ob und wie die Schaufenster – das Aushängeschild konventioneller Ladenkonzepte – gestaltet sein sollen. Während einige eine Gestaltung befürworten (z. B. Surchi 2011), lehnen andere eine aufwändige Schaufensterdekoration eher ab (z. B. Norsig 2011), um die Einzigartigkeit des Konzeptes zu gewährleisten.

9.5 Kapitel in Kürze

In a Nutshell

- Die Begriffe Pop-up-Store und Guerilla-Store werden häufig synonym für temporäre Ladenkonzepte verwendet, bezeichnen streng betrachtet jedoch unterschiedliche Zielsetzungen. Pop-up-Stores dienen in erster Line der Absatzförderung, während Guerilla-Stores die Markeninszenierung zum Ziel haben.
- Pop-up- und Guerilla-Stores nutzen die künstliche Verknappung, um ein Kauferlebnis zu erzeugen. Die Verknappung spiegelt sich sowohl in einer zeitlich als auch einer mengenmäßig begrenzten Verfügbarkeit wider.
- Bei der Umsetzung eines Stores sollten sich Marketer insbesondere über das vorrangige Ziel (Distribution vs. Kommunikation) klar werden und gezielt den Standort und die Ausstattung des Stores definieren.

Reflexionsfragen

Wo würden Sie einen Pop-up- oder einen Guerilla-Store eröffnen? Warum dort?

Wie würden Sie Ihren Pop-up- bzw. Guerilla-Store ausstatten?

In welcher Branche ist Ihrer Meinung nach ein Pop-up-/Guerilla-Store weniger gut als Distributionskanal geeignet? Weshalb ist das so?

Further Readings

Baumgarth, C., & Kastner, O. L. (2012). Pop-up-Stores im Modebereich – Erfolgsfaktoren einer vergänglichen Form der Kundeninspiration. *Marketing Review St. Gallen, 29*(5), 34–45.

Hurth, J., & Krause, M. (2010). Ortswechsel – Pop-Up-Stores als innovativer Betriebstyp. *transfer – Werbeforschung & Praxis, 1,* 33–39.

Hutter, K. (2013). Temporäre Kundeninspiration. *Absatzwirtschaft, 56*(1/2), 38–40.

Weiß, C., & Hutter, K. (2013). Theoretische Fundierung und Abgrenzung innovativer Ladenkonzepte: Eine explorative Untersuchung von Pop-up- und Guerilla-Stores. *Dresdner Beiträge zur Betriebswirtschaftslehre,* Nr. 170/13, Dresden.

Literatur

Alden, D. L., Mukherjee, A., & Hoyer, W. D. (2000). The effects of incongruity, surprise and positive moderators on perceived humor in television advertising. *Journal of Advertising, 29*(2), 1–16.

Baumgarth, C., & Kastner, O. L. (2012). Pop-up-Stores im Modebereich - Erfolgsfaktoren einer vergänglichen Form der Kundeninspiration. *Marketing Review St. Gallen, 29*(5), 34–45.

Belk, R. W. (1988). Possessions and the extended self. *Journal of Consumer Research, 15*(2), 139–168.

Brehm, J. W. (1966). *A theory of psychological reactance* (2. Aufl.). New York: Academic Press.

Brock, T. C. (1968). Implications of commodity theory for value change. In A. G. Greenwald (Hrsg.), *Psychological foundations of attitudes* (S. 243–275). New York: Academic Press.

Cambie, S. (2010). Pop-ups. Part 1: Creating micro tourism. http://www.insights.org.uk/articleitem.aspx?title=Pop-ups.%20Part%201:%20Creating%20Micro%20Tourism#References. Zugegriffen: 10. Juli 2012.

Cosmetic, B. (2011). Pop-up stores—a fleeting and fanciful concept? http://www.cosmeticsbusiness.com/technical/article_page/Popup_stores__A_fleeting_and_fanciful_concept/61906. Zugegriffen: 19. Nov. 2012.

Deutsche, P.-A. (2009). Neue Shops: Pop-Ups, Guerilla-Stores, Tarnläden. http://www.focus.de/panorama/boulevard/gesellschaft-neue-shops-pop-ups-guerilla-stores-tarnlaeden_aid_421516.html. Zugegriffen: 10. Juli 2012.

Eggert, U. (2012). Quo Vadis, Deutscher Handel. http://www.ulricheggert.de/kostenlose-studien/index.php. Zugegriffen: 23. Mai 2012.

Electrolux. (2012). A unique experience where gastronomy meets astronomy. http://www.electrolux.co.uk/cube/. Zugegriffen: 6. Juli 2012.

ELLE. (2011). Tommy Hilfiger: Pop-up-Store auf Sylt. http://www.elle.de/News/Tommy-Hilfiger-Pop-up-Store-auf-Sylt_1549759.html. Zugegriffen: 20. Mai 2012.

Esch, F.-R., Krieger, K. H., & Strödter, K. (2009). Durchbrechen des Gewohnten durch Below-the-line-Kommunikation. In M. Bruhn, F.-R. Esch, & T. Langner (Hrsg.), *Handbuch Kommunikation* (S. 85–107). Wiesbaden: Gabler.

Exhibitoronline.com. (o. J.). Four problems, one solution: Pop-Up events. http://www.exhibitoronline.com/corpevent/summer07/portfolio.asp#.UI5aFYb65mM. Zugegriffen: 29. Okt. 2012.

Förster, A., & Kreuz, P. (2006). *Marketing-Trends: Innovative Konzepte für Ihren Markterfolg* (2. Aufl.). Wiesbaden: Gabler.

Grubb, B. (2012). Samsung ambushes Apple's iPhone 4S launch in Sydney. http://www.smh.com.au/digital-life/mobiles/samsung-ambushes-apples-iphone-4s-launch-in-sydney-20111012-1lk0d.html. Zugegriffen: 9. Juli 2012.

Gureala. (2003). Interview with Russ Miller. http://www.gureala.com/interviews/vacant/vacant.html. Zugegriffen: 28. Juni 2012.

Handelsverband Deutschland e. V. (2011). Zahlenspiegel 2011. http://www.einzelhandel.de/pb/site/hde/node/47770/Lde/index.html. Zugegriffen: 20. Mai 2012.

Hurth, J., & Krause, M. (2010). Ortswechsel - Pop-Up-Stores als innovativer Betriebstyp. *Transfer - Werbeforschung & Praxis, 1*, 33–39.

Hutter, K. (2013a). Temporäre Kundeninspiration. *absatzwirtschaft, 56*(1/2), 38–40.

Hutter, K. (2013b). Knapp inszeniert: Guerilla-Stores im Handel. *Markenartikel, 75*(3), 100–101.

Kim, H., Fiore, A. M., Niehm, L. S., & Jeong, M. (2010). Psychographic characteristics affecting behavioral intentions towards pop-up retail. *International Journal of Retail & Distribution Management, 38*(2), 133–154.

Kloss, I. (2007). *Werbung: Handbuch für Studium und Praxis* (4. Aufl.). München: Vahlen.

Law, K. M., Zhang, Z. M., & Leung, C. S. (2004). Fashion change and fashion consumption: The chaotic perspective. *Journal of Fashion Marketing and Management, 8*(4), 362–374.

Lazarowitz, E. (2006). Uniqlo making city debut in containers. http://articles.nydailynews.com/2006-09-01/news/18341270_1_cargo-containers-clothing-flagship-store. Zugegriffen: 5. Juli 2012.

Long, K. (2004). Guerrilla retailing. http://www.iconeye.com/read-previous-issues/icon-012-%7C-may-2004/guerrilla-retailing-%7C-icon-012-%7C-may-2004. Zugegriffen: 28. Juni 2012.

Lüschper, P. (2007). Pop-up Stores: vom „point of sale" zum point of contact. http://www.bcsd.de/upload/tagung/PeterLueschper.pdf?PHPSESSID=12b5vl6rsn4jstuc0uioch79j1. Zugegriffen: 20.Mai 2012.

Lynn, M. (1991). Scarcity effects on value: A quantitative review of the commodity theory literature. *Psychology and Marketing, 8*(1), 43–57.

Lynn, M., & Snyder, C. R. (2002). Uniqueness seeking. In C. R. Snyder & S. J. Lopez (Hrsg.), *Handbook of positive psychology* (S. 395–410). Oxford: Oxford University Press.

Marciniak, R., & Budnarowska, C. (2009). Marketing approaches to pop up stores: An exploration of social networking. Conference paper. Surrey: University of Surrey.

Miller, R. (2011). K-Swiss popup shop | Santa Monica. http://govacant.com/kswiss/. Zugegriffen: 29. Juni 2012.

NewYorkology. (2007). New pop-up stores: Wired, illy, Mishka, Toys ‚R' Us. http://www.newyorkology.com/archives/2007/11/new_popup_store.php. Zugegriffen: 6. Juli 2012.

Niehm, L. S., Fiore, A. M., Jeong, M., & Kim, H. (2007). Pop-up retail's acceptability as an innovative business strategy and enhancer of the consumer shopping experience. *Journal of Shopping Center Research, 13*(2), 1–30.

Norsig, C. (2011). *Pop up retail: How you can master this global marketing phenomen*. New York: Bauhaus Press.

o.V. (2011a). Köln: Adidas ObyO Pop Up Store. http://www.lesmads.de/blogs/okcool/2011/03/kolnadidas-obyo-pop-up-store.html. Zugegriffen: 9. Juli 2012.

o.V. (2011b). Pop-Up stores flourishing as new trend in consumer marketing. http://buytheway.uscannenberg.org/pop-up-stores-flourishing-as-new-trend-in-consumer-marketing/. Zugegriffen: 5. Juli 2012.

Parker, J. R., & Lehmann, D. R. (2011). When shelf-based scarcity impacts consumer preferences. *Journal of Retailing, 87*(2), 142–155.

Retailintelligence. (2012). Warum funktionieren Pop-up-stores? http://www.retailintelligence.de/tag/guerilla-store/. Zugegriffen: 10. Juli 2012.

Samsung. (2011): Samsung Galaxy S II pop up shop. http://www.samsung.com/au/pop-up-shop/. Zugegriffen: 9. Juli 2012.

Schulte, T. (2007). *Guerilla-Marketing für Unternehmertypen* (3. Aufl.). Sternenfels: Wissenschaft & Praxis.

Shiers, L. (2009). Pop retail. http://leslieshiers.tumblr.com/post/175062118/pop-retail. Zugegriffen: 30. Juni 2012.

Sneakerb0b. (2011). Adidas pop up store im hotel Chelsea. http://sneakerb0b.de/adidas-originals-pop-up-store-in-koln/4131. Zugegriffen: 9. Juli 2012.

Snyder, C. R., & Fromkin, H. L. (1980). *Uniqueness: The human pursuit of difference*. New York: Plenum Press.

Stumpf, J. (2010). Einzelhandelsentwicklung und ihre Umfeldbedingungen in Deutschland. In K. Gutknecht, J. Stumpf, & D. Funck (Hrsg.), *Erfolgreich im mittelständischen Handel* (S. 3–5). Wolnzach: Kastner.

Surchi, M. (2011). The temporary store: A new marketing tool for fashion brands. *Journal of Fashion Marketing and Management, 15*(2), 257–270.

Tholl, G. (2009). Luxusläden in Bruchbuden. http://www.manager-magazin.de/lifestyle/artikel/0,2828,638943,00.html. Zugegriffen: 10. Juli 2012.

Vacant. (2011). About vacant. http://govacant.com/about.html. Zugegriffen: 26. Juni 2012.

Verhallen, T. M. (1982). Scarcity and consumer choice behavior. *Journal of Economic Psychology, 2*(4), 299–322.

Verhallen, T. M., & Robben, H. S. (1994). Scarcity and preference: An eExperiment on unavailability and product evaluation. *Journal of Economic Psychology, 15*(2), 315–331.

Weiß, C., & Hutter, K. (2013). Theoretische Fundierung und Abgrenzung innovativer Ladenkonzepte: Eine explorative Untersuchung von Pop-up- und Guerilla-stores. *Dresdner Beiträge zur Betriebswirtschaftslehre*, Nr. 170/13, Dresden.

Welt, O. (2008). Bitte, was ist eigentlich ein Pop-up-Store? http://www.welt.de/lifestyle/article2334707/Bitte-was-ist-eigentlich-ein-Pop-up-Store.html. Zugegriffen: 9. März 2012.

Winterhalter, C. (2011). Tracing the change of fashion: Luxury malls vs. Guerrilla stores. http://www.inter-disciplinary.net/critical-issues/ethos/fashion/project-archives/3r/session-10b-selling-fashion-retail-space-flagships-ecommerce/. Zugegriffen: 10. Juli 2012.

Worchel, S., Lee, J., & Adewole, A. (1975). Effects of supply and demand on ratings of object value. *Journal of Personality and Social Psychology, 32*(5), 906–914.

Carrotmob als Guerilla-Variante des ethischen Konsums

10

Nach der Lektüre dieses Kapitels können Sie ...

- das Konzept des Carrotmob als inversen Boykott verstehen.
- Motivatoren und Inhibitoren der Carrotmob-Partizipation erkennen.
- einen Carrotmob so planen, dass er auf das Interesse von Konsumenten und Presse stößt.

10.1 Ausgangssituation: Gutes tun, ohne zu verzichten

Fiktives Beispiel: Manager folgen der Karotte

Der letzte Boykott-Aufruf von *Greenworld e. V.* zeigte mangels Teilnehmern nicht die gewünschte Wirkung. Die Aktivisten möchten deshalb etwas Neues ausprobieren, um Unternehmen und Konsumenten gleichermaßen für umweltfreundliches Verhalten zu begeistern. Sie initiieren einen Shopping-Flashmob, bei dem ein Geschäft zu einem festgelegten Zeitpunkt von zahlreichen Konsumenten besucht wird. Das Zielunternehmen verpflichtet sich im Vorfeld, einen Beitrag zum Umweltschutz zu leisten, indem es einen verabredeten Prozentsatz des Umsatzes in energiesparende Geräte investiert. Die Konsumenten belohnen das Unternehmen für dieses Versprechen durch ihr Einkaufsverhalten. Wird es den Aktivisten so gelingen, Unternehmen und Konsumenten zu mehr Engagement für die Umwelt zu bewegen?

In den wohlhabenden Industrienationen versuchen immer mehr Menschen, Aspekte der sozialen Gerechtigkeit und des Umweltschutzes bei ihren Kaufentscheidungen zu berücksichtigen (Harrison et al. 2005; Pape et al. 2011; Vanclay et al. 2011). Eine naheliegende Konsequenz wäre es, bestimmte Produkte oder Marken nicht mehr zu erwerben oder gar

K. Hutter, S. Hoffmann, *Professionelles Guerilla-Marketing*,
DOI 10.1007/978-3-658-02268-6_10, © Springer Fachmedien Wiesbaden 2013

bestimmte Unternehmen zu boykottieren (Friedman 1999; Hoffmann 2011, 2013a). Da dies mit Verzicht verbunden ist, betrachten viele Konsumenten diese Art des ethischen Konsums als nicht attraktiv (Hutter und Hoffmann 2013). Aber auch andere Formen des ethischen und umweltbewussten Konsumverhaltens sind denkbar: Wenn Konsumenten Unternehmen für ethisches Verhalten (z. B. umweltschonende Produktion) belohnen, bezeichnet man dies als Buykott (auch „Girlkott" oder „Anti-Boykott"; Friedman 1996, S. 440).

Im Jahr 2008 wurde in San Francisco eine neue Spielart des Buykotts entwickelt, die auch Guerilla-Taktik einsetzt und deshalb hier näher betrachtet wird (Hoffmann und Hutter 2012). Sie trägt den Kunstnamen Carrotmob. Der erste Bestandteil dieses Begriffs verweist auf eine motivierende Art, wie man störrische Esel in Bewegung setzen kann. Man könnte versuchen, den Esel mit einem Stock zu traktieren, was einer Bestrafungsstrategie gleichkommt. Alternativ kann man dem Esel aber auch eine Karotte vor die Nase halten und hoffen, dass er dieser freiwillig nachläuft. Man stellt folglich für ein wünschenswertes Verhalten eine Belohnung in Aussicht. Ein Carrotmob macht sich die letztgenannte Strategie zu Nutze, um Manager zu einem verantwortungsvolleren Handeln zu bewegen. Der zweite Teil des Namens verweist auf die Guerilla-Taktik. Im Sinne des Sensation-Marketing wird ein kommerzieller Flash*mob* organisiert, bei dem eine Personengruppe zu einem vorbestimmten Zeitpunkt an einem festgelegten Ort kollektiv und unerwartet das gleiche Verhalten ausübt: Die Personen strömen in ein Geschäft und kaufen die dort angebotenen Produkte. Als Gegenleistung engagiert sich das Zielunternehmen in einer zuvor mit den Organisatoren des Carrotmob vereinbarten Weise. Beispielsweise könnten Aktivisten und Management gemeinsam festlegen, dass Letzteres einen Anteil des Carrotmob-Umsatzes in die Erneuerung der Kühlgeräte investiert, um den Energieverbrauch zu senken.

10.2 Theoretischer Hintergrund: Der Event-Effekt

10.2.1 Guerilla-Taktiken des ethischen Konsums

Wie Teil I, Kap. 3 darlegt, basieren Guerilla-Taktiken auf Methoden der Kriegsführung, die insbesondere auf das Überraschungsmoment und Angriffe aus dem Hinterhalt setzen. Nach dem wettbewerbsorientierten Ansatz sollen Guerilla-Methoden dem kleineren bzw. finanziell unterlegenen Wettbewerber (z. B. einem mittelständischen Unternehmen) helfen, sich gegenüber einem mächtigeren Konkurrenten (z. B. Großkonzern) zu behaupten (Hutter und Hoffmann 2011). Der so verstandene Guerilla-Ansatz lässt sich auch sehr gut auf den ethischen Konsum übertragen, da hier die Akteure oft einem übermächtigen Konzern gegenüberstehen (Richard und Ruhl 2008). **Aktivistengruppen** (z. B. *Greenpeace*), die sich für die Durchsetzung bestimmter Ziele einsetzen (z. B. Umweltschutz), können ebenso als benachteiligte Gruppe gegenüber mächtigen Konzernen betrachtet werden.

Beim „Adbusting" und „Culture Jamming" nutzen Aktivisten den Überraschungseffekt von Guerilla-Taktiken, um auf Missstände in großen Konzernen hinzuweisen und um den ethischen Konsum zu forcieren (Carducci 2006; Handelman 1999; Kozinets und

Abb. 10.1 Abgeänderte Logovariante des Kaffeehauses *Starbucks*, die die Macht des Unternehmens anprangert, Kieron Dwyer

Handelman 2004; Rumbo 2002). Adbusting richtet sich ebenso wie Cultural Jamming gegen herkömmliche Werbung, indem Produktwerbung auf absurde Weise umgestaltet wird. **Adbusting** entstellt den Sinn von Werbeplakaten im öffentlichen Raum und kann dem Kommunikations-Guerilla zugeordnet werden. Beispielsweise wurde ein *SPD*-Wahlplakat zur Bundestagswahl 2005 überklebt, so dass der Originaltext: „Wir stehen für soziale Gerechtigkeit. Aber wofür stehen die anderen?" in „Wir stehen für sozialen Abbau. Aber dafür stehen die anderen auch." geändert wurde (o.V. 2012). Beim **Cultural Jamming** werden häufig die Logos oder Schriftzüge großer Konzerne so umgestaltet, dass sie den Werbenden anklagen und erst auf den zweiten Blick als unecht identifiziert werden (Abb. 10.1).

Auch beim **Carrotmob** nutzen Aktivisten eine Guerilla-Taktik, um mit einer kleinen Aktion eine vergleichsweise große Wirkung zu erzielen. Der Carrotmob nutzt mit dem **Flashmob** ein typisches Element des Sensation-Marketing (Teil I, Abschn. 2.3). Bei einem Flashmob zeigt eine Gruppe von Personen unerwartet gleichzeitig ein bestimmtes Verhalten (z. B. Singen und Tanzen in der Fußgängerzone). Beim Carrotmob strömt eine Gruppe von Carrotmobbern zu einem verabredeten Zeitpunkt in ein Geschäft und kauft dessen Produkte. Man unterscheidet kommerzielle und nichtkommerzielle Flashmobs. Kommerzielle Flashmobs werden von Unternehmen initiiert, um die Aufmerksamkeit auf das Unternehmen zu lenken. Professionelle Schauspieler getarnt als „gewöhnliche Personen" treten vermeintlich spontan als Chor, Tanzgruppe etc. auf. Nicht-kommerzielle Flashmobs rufen dagegen meist jedermann über Social-Media auf, zu einem bestimmten Termin an einem verabredeten Ort zu sein. Die (neugierigen) Teilnehmer fangen dann gleichzeitig an zu tanzen, zu singen etc., wobei der Spaßfaktor im Mittelpunkt steht. Flashmobs sind je nach Teilnehmerzahl und Art der Aktivität in der Lage, viel Aufmerksamkeit (bei Passanten und den Medien) zu erregen (Hutter und Hoffmann 2011). Der Carrotmob enthält sowohl Elemente des nichtkommerziellen Flashmob (z. B. beteiligen sich gewöhnliche Konsumenten) als auch des kommerziellen Flashmob (z. B. erhält das Zielunternehmen des Carrotmob einen Vorteil wie erhöhten Umsatz oder positive Publicity).

Aufgrund seiner unkonventionellen Art ist der Carrotmob zudem (eher als Boykottaufrufe) in der Lage, Teilnehmer zu mobilisieren und das Interesse der Medien auf sich zu ziehen. Auf diese Weise profitieren sowohl Aktivisten und Konsumenten als auch das Zielunternehmen von einem Carrotmob. Die Aktivisten erreichen ein Ziel. So könnten sie beispielsweise bewirken, dass das Zielunternehmen umweltverträglicher produziert. Zudem rücken sie den Umweltschutz in das Bewusstsein der Gesellschaft, falls die Medien über den Carrotmob berichten. Die Konsumenten nutzen ihre Macht, um mit ihrem Einkauf Unternehmen zu sozial-/umweltverträglichem Handeln zu bewegen. Das Zielunternehmen erzeugt am Carrotmob-Tag ein Umsatzplus und einen Imagegewinn, da es beispielsweise als umweltfreundlich wahrgenommen wird.

10.2.2 Definition und Ablauf eines Carrotmob

Hoffmann und Hutter (2012) definieren einen Carrotmob als zeitlich begrenzten Buykott in Form eines Shopping-Flashmob, der von Konsumenten ausgeführt und von Aktivisten organisiert wird. Zum Wesen des Carrotmob gehört, dass sich das Zielunternehmen vorab verpflichtet, eine gewisse Gegenleistung zu bieten. Die Ziele der Aktivisten und damit auch die eingeforderte Gegenleistung können je nach Carrotmob unterschiedlich festgelegt werden (z. B. Umweltschutz, Unterstützung sozialer Projekte). Jeder Carrotmob folgt aber einem charakteristischen Ablauf (Hoffmann und Hutter 2012), der sich in die drei Phasen Vorbereitung, Aktion und Ergebnis unterteilen lässt (Abb. 10.2). In den drei Phasen spielen die drei am Carrotmob beteiligten Parteien (Aktivisten, Zielunternehmen und Konsumenten) unterschiedlich wichtige Rollen.

- **Vorbereitung:** Die Aktivisten initiieren einen Carrotmob, indem sie Unternehmen einer Region und/oder Branche zu einer Auktion um einen Carrotmob einladen. Dasjenige Unternehmen, das das beste Gebot abgibt (z. B. das bereit ist, den höchsten Prozentsatz des Umsatzes am Carrotmob-Tag in energieeffiziente Geräte zu investieren), wird Ziel des Carrotmob.
- **Aktion:** Gemeinsam mit dem Zielunternehmen setzen die Aktivisten den Carrotmob-Termin fest und rühren kräftig die Werbetrommel. Meist verbreiten Aktivisten die Idee des Carrotmob hauptsächlich über soziale Netzwerke wie *Facebook* und *Twitter* (Albinsson und Perera 2012), da insbesondere junge Erwachsene potenzielle Teilnehmer sind (Pezzullo 2011). Während des Carrotmob-Events strömen die Konsumenten („Carrotmobber") in einem Shopping-Flashmob in das Zielunternehmen und kaufen dessen Produkte.

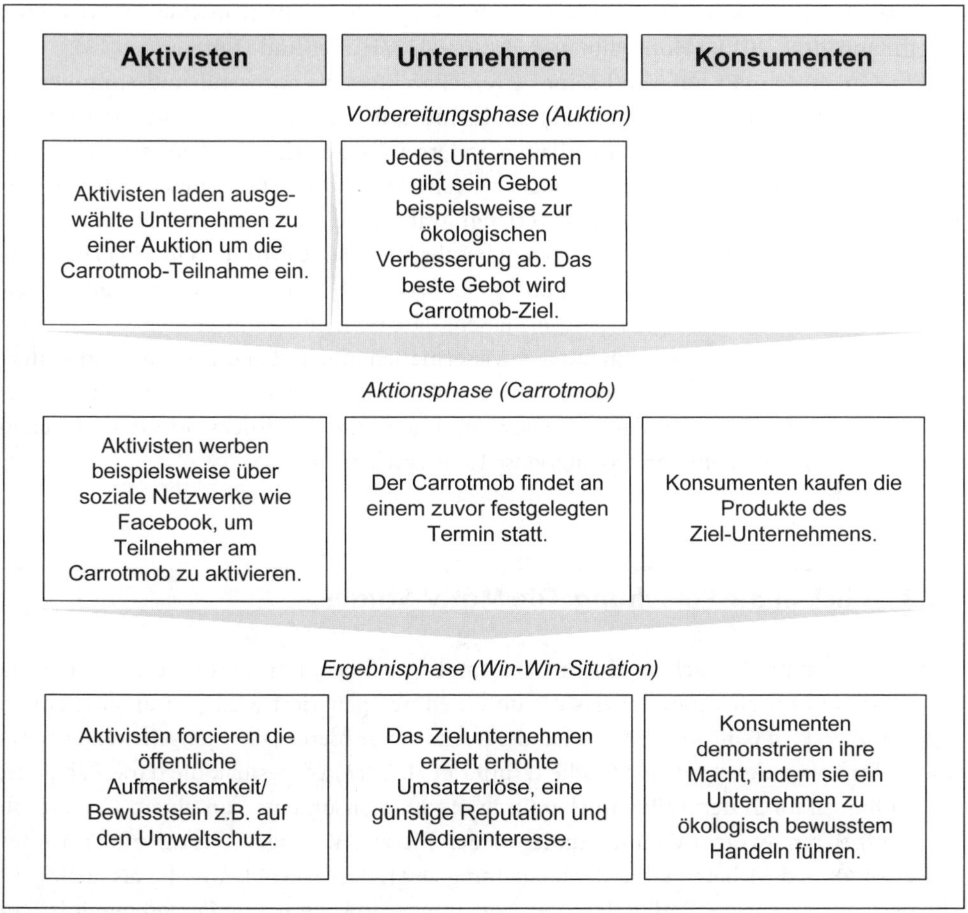

Abb. 10.2 Carrotmob-Ablauf, in Anlehnung an Hoffmann und Hutter (2012)

- **Ergebnis:** Das Unternehmen erfüllt die ausgehandelten Auflagen. Auch wenn die meisten Carrotmobs bis jetzt aus Umweltschutzgründen durchgeführt wurden, sind andere soziale Ziele wie soziale Vergünstigungen für Mitarbeiter oder eine Lieferantenauswahl nach Fair-Trade-Kriterien denkbar. Da Konsumenten soziale und ökologische Schritte des Unternehmens würdigen, indem sie dem Unternehmen das geben, wonach es am meisten strebt (Umsatz), profitieren alle Beteiligten von einem Carrotmob, weshalb er oft als „Win-win-Situation" bezeichnet wird (Hutter 2013).

10.2.3 Carrotmob als Guerilla-Alternative zum Boykott

Der Erfolg von kollektiven Formen des ethischen Konsums hängt stark von der Anzahl der teilnehmenden Verbraucher ab. Aus vielerlei Gründen scheint die Unterstützung eines Carrotmob für Konsumenten attraktiver zu sein als die Partizipation an Boykotten (Hoffmann 2011, 2013a; Hoffmann und Hutter 2012; Hutter und Hoffmann 2013).

Ein Carrotmob gilt aufgrund seines Eventcharakters als anregend und stimulierend (Heiskanen et al. 2010; Pezzullo 2011). Auch müssen Carrotmobber nicht wie Boykott-Teilnehmer ihr früheres Konsumverhalten ändern (Klein et al. 2004; Sen et al. 2001). So wiesen Hutter und Hoffmann (2013) nach, dass ein Boykott vom Teilnehmer Opfer im Sinne eines eingeschränkten Konsums abverlangt, während die Carrotmob-Teilnahme nicht mit Verzicht assoziiert wird. Konsumenten beschreiben den Carrotmob mit Begriffen wie „warm", während ein Boykott mit „kühl" assoziiert wird. Schließlich profitieren von einem Carrotmob alle Beteiligten gleichermaßen, da Unternehmen ihren Umsatz und ihre Reputation steigern und Konsumenten gewissermaßen Macht demonstrieren und Unternehmen zum „Umdenken" bewegen können (Hoffmann und Hutter 2012). Angesichts dessen verwundert es nicht, dass der Carrotmob als neue Ausdrucksform des ethischen Konsums künftig eine immer bedeutendere Rolle spielen wird.

10.3 Blick in die Forschung: Die Motiv-Studie

Je mehr Konsumenten sich an einem Carrotmob beteiligen, umso erfolgreicher ist er, da einerseits ein hoher Umsatz für das Zielunternehmen generiert wird (der anteilig einem sozialen Zweck zu Gute kommt) und andererseits ein größerer Diffusionseffekt zu erwarten ist. Im Folgenden wird eine Studie (Hutter et al. 2013) vorgestellt, die darauf abzielte, die Einflussfaktoren der Teilnahmebereitschaft von Konsumenten an einem Carrotmob zu identifizieren. In einer Online-Studie wurden hierzu 337 junge Konsumenten im Alter zwischen 18 und 31 befragt. Die Untersuchung zeigt, dass sowohl ethische als auch psychologische und soziale Einflussfaktoren bestimmen, inwiefern eine Person bereit ist, an einem Carrotmob teilzunehmen (Abb. 10.3).

- **Ethische Motive:** Bei den meisten Konsumenten liegt der Teilnahme an einem Carrotmob eine ethische und politische Motivation zugrunde. Wer beispielsweise ökologischen Themen große Bedeutung beimisst und wer sich von der Verschmutzung der Umwelt betroffen fühlt, der ist verstärkt zur Teilnahme bereit (Hoffmann und Hutter 2012; Hoffmann und Schlicht 2013). Zudem sind „Carrotmobber" meist mehr als andere davon überzeugt, dass Konsumenten durch gezieltes und gebündeltes Kaufverhalten das Verhalten von Unternehmen beeinflussen können (Hoffmann 2011).
- **Psychologische Motive:** Auch psychologische Aspekte beeinflussen, ob sich ein Konsument an einem Carrotmob beteiligt. Konsumenten partizipieren dann, wenn sie die Aktion als effektiv einschätzen und sie sich moralisch zur Teilnahme verpflichtet fühlen (Hoffmann 2013b; Klein et al. 2004; Sen et al. 2001; Schwartz 1977). Zudem unterstützen sie den Carrotmob eher, wenn sie erwarten, dass sie dadurch ihren Selbstwert erhöhen können (Hoffmann 2011; Kozinets und Handelman 1998).

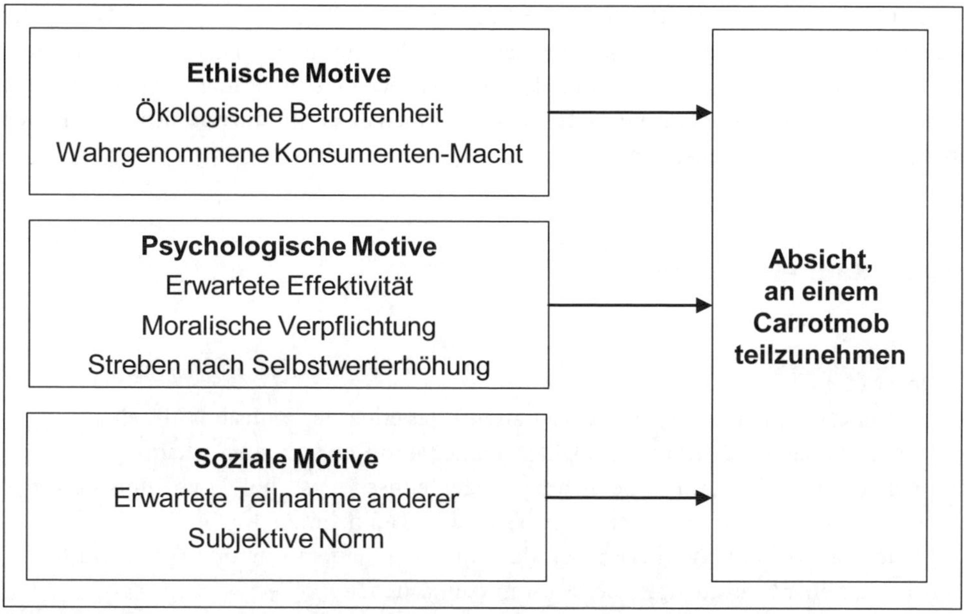

Abb. 10.3 Modell der Carrotmob-Teilnahme, in Anlehnung an Hutter et al. (2013)

- **Soziale Motive:** Schließlich hat das soziale Umfeld einen Einfluss auf die Teilnahmeabsicht. Konsumenten partizipieren eher an einem Carrotmob, wenn sie erwarten, dass ihre Freunde und Bekannte auch mitmachen (Hoffmann 2011; Sen et al. 2001). Verstärkt wird dieser Effekt durch die subjektive Norm, d. h. durch die individuelle Einschätzung, welches Verhalten das soziale Umfeld erwartet und inwiefern die Person dieser Erwartung Folge leisten möchte (Ajzen 1991).

10.4 Empfehlungen für die Unternehmenspraxis

Der Carrotmob als innovative Variante des ethischen Konsums erfreut sich steigender Beliebtheit (Hoffmann und Hutter 2012). Dies liegt daran, dass der Carrotmob eine Win-win-Situation schafft, von der neben den Aktivisten sowohl Konsumenten als auch das Zielunternehmen profitieren. Der Carrotmob könnte angesichts seiner Event-Orientierung und seiner stimulierenden Wirkung künftig eine Alternative zu Boykotten oder konventionellen Buykotten sein. Ein erfolgreicher Carrotmob setzt eine ausreichend hohe Teilnehmerzahl voraus. Für Aktivisten und Zielunternehmen ist es demnach obligatorisch, die Teilnahmemotive potenzieller Carrotmobber zu kennen. Je eher Konsumenten erwarten, dass andere an einem Carrotmob teilnehmen, umso eher werden sie sich auch selbst engagieren. Demnach sollten Unternehmen und Aktivisten möglichst glaubwürdig vermitteln, dass sich viele Personen am Carrotmob beteiligen. Je höher die Anzahl der Carrotmobber, umso mehr Einnahmen kann das Zielunternehmen generieren, die anteilig in ökologische oder prosoziale Projekte investiert werden. Ein erfolgreicher Carrotmob kann ferner als positives Beispiel andere Unternehmen dazu stimulieren, sich künftig auch für soziale Belange einzusetzen.

10.5 Kapitel in Kürze

In a Nutshell

- Der Carrotmob ist eine Guerilla-Variante des ethischen Konsums, die eine Win-win-Situation für Aktivisten, Unternehmen und Konsumenten schafft.
- Potenzielle Carrotmob-Teilnehmer wägen ethische, psychologische und soziale Motive ab, bevor sie entscheiden, ob sie daran teilnehmen.
- Je eher Konsumenten erwarten, dass andere an einem Carrotmob teilnehmen, umso eher beabsichtigen sie, selbst mitzumachen.

Reflexionsfragen

Bei welchen Unternehmen und mit welchen Zielen würden Sie als Aktivist einen Carrotmob initiieren?

Wann würden Sie als Konsument an einem Carrotmob teilnehmen? Was könnte Sie davon abhalten?

Welche Chancen und Risiken birgt das innovative Konzept des Carrotmob Ihrer Meinung nach?

Further Readings

Albinsson, P. A., & Perera, B. Y. (2012). Consumer activism through social media: Carrots versus sticks. In A. G. Close (Hrsg.), *Online consumer behavior: Theory and research in social media, advertising and E-Tail* (S. 101–132). New York: Taylor & Francis.

Hoffmann, S., & Hutter, K. (2012). Carrotmob as a new form of ethical consumption. The nature of the concept and avenues for future research. *Journal of Consumer Policy, 35*(2), 215–236.
Hutter, K., & Hoffmann, S. (2013). Carrotmob and anti-consumption. Same motives, but different willingness to make sacrifices? *Journal of Macromarketing, 33*(3), 217–231.

Literatur

Ajzen, I. (1991). *The theory of planned behavior, organizational behavior and human decision processes, 50,* 179–211.
Albinsson, P. A., & Perera, B. Y. (2012). Consumer activism through social media: Carrots versus sticks. In A. G. Close (Hrsg.), *Online consumer behavior: Theory and research in social media, advertising and E-Tail* (S. 101–132). New York: Taylor & Francis.
Carducci, V. (2006). Culture jamming. A sociological perspective, *Journal of Consumer Culture, 6*(1), 116–138.
Friedman, M. (1996). A positive approach to organized consumer action: The „Buycott" as an alternative to the boycott. *Journal of Consumer Policy, 19*(4), 439–451.
Friedman, M. (1999). *Consumer boycotts: Effecting change through the marketplace and the media.* London: Routledge.
Handelman, J. M. (1999). Culture jamming: Expanding the application of the critical research project. In E. Arnould & L. M. Scott (Hrsg.), *Advances in consumer research* (Vol. 26, S. 399–404). Provo: Association for Consumer Research.
Harrison, R., Newholm, T., & Shaw. D. (2005). *The ethical consumer.* London: Sage.
Heiskanen, E., Johnson, M., Robinson, S., Vadovics, E., & Saastamoinen, M. (2010). Low-carbon communities as a context for individual behavioural change. *Energy Policy, 38*(12), 7586–7595.
Hoffmann, S. (2011). Anti-Consumption as a means of saving jobs. *European Journal of Marketing, 45*(11/12), 1702–1714.
Hoffmann, S. (2013a). Are boycott motives rationalizations? *Journal of Consumer Behaviour, 12*(3), 214–222.
Hoffmann, S. (2013b). Home country bias in the moral obligation to boycott offshoring companies. *Journal of Marketing Theory and Practice.* (forthcoming).
Hoffmann, S., & Hutter, K. (2012). Carrotmob as a new form of ethical consumption. The nature of the concept and avenues for future research. *Journal of Consumer Policy, 35*(2), 215–236.
Hoffmann, S., & Schlicht, J. (2013). The impact of different types of concernment on the consumption of organic food. *International Journal of Consumer Studies, 37*(6), 625–633. doi:10.1111/ijcs.12044.
Hutter, K. (2013). Carrotmob: Gemeinsam für eine gute Sache. *Markenartikel, 75*(9), 100–101.
Hutter, K., & Hoffmann, S. (2011). Guerilla-Marketing. Marketing - eine nüchterne Betrachtung einer viel diskutierten Werbeform. *International Journal of Marketing, 50*(2), 121–135.
Hutter, K., & Hoffmann, S. (2013). Carrotmob and anti-consumption. same motives, but different willingness to make sacrifices? *Journal of Macromarketing, 33*(3), 217–231.
Hutter, K., Hoffmann, S., & Mai, R. (2013). Carrotmob as an example of a positive marketing approach which creates benefits for consumers, business, and society (submitted).
Klein, J. G., Smith, N. C., & John, A. (2004). Why we boycott: Consumer motivations for boycott participation. *Journal of Marketing, 68*(3), 92–109.

Kozinets, R., & Handelman, J. M. (1998). Ensouling consumption: A netnographic exploration of the meaning of boycotting behavior. In J. W. Alba & J. W. Hutchinson (Hrsg.), *Advances in consumer research* (Vol. 25, S. 475–480). Provo: Association for Consumer Research.

Kozinets, Robert V. & Jay M. Handelman (2004). Adversaries of Consumption: Consumer Movements, Activism, Ideology. *Journal of Consumer Research, 31 (3)*, 691–704

o.V. (2012). Adbusting SPD-Wahlplakat Bundestagswahl September 2005, Wikipedia. http://de.m.wikipedia.org/wiki/Datei:Adbusting_SPD-Wahlplakat_Bundestagswahl_September_2005.jpg. Zugegriffen: 12. Jun. 2013.

Pape, J., Rau, H., Fahy, F., & Davies, A. (2011). Developing policies and instruments for sustainable household consumption: Irish experiences and futures. *Journal of Consumer Policy, 34*(1), 25–42.

Pezzullo, P. C. (2011). Contextualizing boycotts and buycotts: The impure politics of consumer-based advocacy in an age of global ecological crises. *Communication and Critical/Cultural Studies, 8*(2), 124–145.

Richard, B., & Ruhl, A. (Hrsg.). (2008). *Konsumguerilla Widerstand gegen die Massenkultur?* Frankfurt a. M.: Campus.

Rumbo, J. D. (2002). Consumer resistance in a world of advertising clutter: The case of adbuster. *Psychology & Marketing, 19*(2), 127–148.

Schwartz, S. H. (1977). Normative influence on altruism. In L. Berkowitz (Hrsg.), *Advances in experimental social psychology* (Vol. 10, S. 221–279). New York: Academic Press.

Sen, S., Gürhan-Canli, Z., & Morwitz, V. (2001). Withholding consumption: A social dilemma perspective on consumer boycotts. *Journal of Consumer Research, 28*(3), 399–417.

Vanclay, J., Shortiss, J., Aulsebrook, S., Gillespie, A., Howell, B., Johanni, R., Maher, M., Mitchell, K., Stewart, M., & Yates, J. (2011). Customer response to carbon labelling of groceries. *Journal of Consumer Policy, 34*(1), 153–160.

Teil III
Controlling des Guerilla-Marketing

Methoden zur Messung der Effizienz klassischer Maßnahmen

11

Nach der Lektüre dieses Kapitels können Sie . . .

- einen Überblick über Input- und Output-Größen der Werbeeffizienzmessung geben.
- Werbewirkung und Werbeerfolg von Marketing-Maßnahmen abgrenzen.
- Methoden zur Messung der Effizienz an Guerilla-Maßnahmen anpassen.

11.1 Notwendigkeit der Effizienzmessung

„Wenn Marketer nicht belegen können, wofür ihre Arbeit gut ist, fallen ihre Etats in wirtschaftlich schwierigen Zeiten als Erste dem Rotstift zum Opfer" (Hermes 2011, S. 32). Diese Warnung erinnert an die oft vernachlässigte Notwendigkeit, den Erfolg von Guerilla-Maßnahmen auch quantitativ nachzuweisen. Die **Kosten** einer Kommunikationsmaßnahme sind zwar ein wichtiger und vergleichsweise leicht zu bestimmender Faktor für die Bewertung der Güte einer Maßnahme (Pergelova et al. 2010). Sie müssen jedoch in Bezug gesetzt werden zum **Nutzen** der Maßnahme, welcher ungleich schwieriger zu erfassen ist. Dies gilt für innovative Kommunikationsmaßnahmen in noch stärkerem Maße als für klassische Kommunikation. Im Folgenden wird deshalb zunächst ein Überblick über Methoden zur Messung der Effizienz klassischer Kommunikation gegeben. Danach werden Besonderheiten und Methoden zur Bestimmung der Effizienz von Guerilla-Maßnahmen aufgezeigt.

Der Erfolg einer Werbemaßnahme sollte nicht nur anhand monetärer Erfolge (z. B. Umsatzzahlen) bemessen werden. Aus der Marketingperspektive sind auch nicht-monetäre Größen wie eine Verbesserung der Einstellung der Konsumenten gegenüber dem Produkt oder dem Unternehmen erstrebenswerte Ziele. Viele dieser **psychologischen** „Zwischen"-Ziele wirken sich langfristig positiv auf die **ökonomischen** Ziele des Unternehmens aus. Die Werbewirkungsmessung kennt daher zahlreiche Kennzahlen und Messinstrumente,

K. Hutter, S. Hoffmann, *Professionelles Guerilla-Marketing*,
DOI 10.1007/978-3-658-02268-6_11, © Springer Fachmedien Wiesbaden 2013

um die Wirkung und die Effizienz von Werbemaßnahmen zu bewerten (Reinecke und Janz 2006).

11.2 Effektivität vs. Effizienz

Um Methoden der Effizienzmessung besprechen zu können, gilt es zunächst, die Begriffe Effektivität und Effizienz voneinander abzugrenzen. Während Effektivität eine Maßgröße der Zielerreichung ist, beschreibt Effizienz die Wirtschaftlichkeit der Zielerreichung (Bauer et al. 2000; Reinecke und Janz 2006; Steffenhagen 2004).

Die **Werbeeffektivität** bezieht sich demnach auf das **Ziel-Output-Verhältnis** einer Kommunikationsmaßnahme. Wenn sich ein Marketingverantwortlicher beispielsweise das Ziel setzt, mit einer Kampagne 10.000 Personen zu erreichen, und mindestens 10.000 Personen sehen die geschaltete Werbemaßnahme, so ist dieses Ziel erreicht und die Maßnahme war effektiv.

Die **Werbeeffizienz** beschreibt dagegen das **Output-Input-Verhältnis** und somit die Wirtschaftlichkeit einer Kommunikationsmaßnahme. Sie ist die zentrale Prüfgröße für Guerilla-Maßnahmen. Wenn ein Unternehmen beispielsweise 100 € investieren muss, damit 10.000 Personen die Werbemaßnahme wahrnehmen konnten, so beträgt der sogenannte Tausenderkontaktpreis (TKP) als eine mögliche Kenngröße der Effizienz 10 €. Zieht man den TKP konventioneller Maßnahmen heran, sollte man feststellen, dass Guerilla-Maßnahmen vergleichsweise günstig und damit effizient sind.

Um effizient zu kommunizieren, können Unternehmen einerseits dem **Minimalprinzip** folgen und versuchen, ein bestimmtes Ziel mit minimalen Mitteln zu erreichen. Oder sie folgen andererseits dem **Maximalprinzip** und streben an, mit gegebenen Mitteln den maximal möglichen Output zu erwirtschaften (Bruhn 2010) (vgl. auch Teil I, Abschn. 3.1.)

Zusammengefasst: Wird ein geplantes Werbeziel erreicht, ist die Werbemaßnahme effektiv. Wird das geplante Werbeziel mit geringstmöglichem Mitteleinsatz (= Minimalprinzip) bzw. ein größtmögliches Werbeziel mit gegebenen Mitteln (= Maximalprinzip) erreicht, ist die Werbemaßnahme effizient. Demnach ist Effektivität eine notwendige, aber nicht hinreichende Bedingung für Effizienz (Bauer et al. 2000; Reinecke und Janz 2006).

11.3 Messung der Effizienz klassischer Kommunikation

Da Effizienz das Output- zu Input-Verhältnis beschreibt, werden nun zunächst einige relevante Input- und Output-Maße vorgestellt, bevor Methoden zur Messung der Effizienz besprochen werden.

Tab. 11.1 Input-Größen der Werbeeffizienzmessung

Input-Größe		Beschreibung	Beispielstudie
Monetär	Gesamtwerbekosten	Gesamtausgaben für eine Werbekampagne bzw. den Werbeträger (z. B. Print, TV, Radio)	Büschkens (2007); Pergelova et al. (2010); Luo und Donthu (2001, 2005, 2006)
Non-Monetär: Print-Bereich	Werbefläche	Größe des Werbemittels bzw. der Werbefläche (z. B. in m^2, m^3)	Bauer et al. (2006a)
	Bilder	Anzahl, Qualität und Emotionalität der Grafiken/Bilder einer Werbemaßnahme; Verhältnis der Bildfläche (Bildanteil) bzw. Farbfläche (Farbanteil) zur Gesamtwerbefläche	Bauer et al. (2006a); Lohtia et al. (2007); Luo und Donthu (2001)
	Text	Informationsgehalt und Wortanzahl sowie Emotionalität der Botschaft einer Werbemaßnahme (z. B. Text, Angabe von Telefonnummer)	Lohtia et al. (2007); Luo und Donthu (2001)
Non-Monetär: Online-Bereich	Animation	Verwendung bewegter Elemente (z. B. aufleuchtender oder sich bewegender Werbebanner)	Bauer et al. (2010); Lohtia et al. (2007)
	Interaktion	Verwendung interaktiver Elemente (z. B. Social-Media-Elemente)	Bauer et al. (2010); Lohtia et al. (2007)

11.3.1 Input-Größen

Input-Größen der Werbeeffizienzmessung (WEM) beeinflussen die Wirkung bzw. den Erfolg einer Werbemaßnahme. Neben monetären Größen findet eine Vielzahl nicht-monetärer Kriterien Anwendung. Tabelle 11.1 gibt exemplarisch am Beispiel des Print- und Online-Bereichs Auskunft über häufig verwendete monetäre und nicht-monetäre Input-Variablen (Bruhn 2010; Hug und Poscheschnik 2010).

Monetäre Input-Größen lassen sich oft nicht eindeutig pro Maßnahme erfassen, da beispielsweise der Personalaufwand im Kreationsprozess einer Maßnahme nur schwer abgrenzbar ist. Damit ist jedoch die Effizienz-Berechnung von Einzel-Maßnahmen nicht mehr möglich. Nicht-monetäre Inputfaktoren beschreiben Gestaltungsparameter wie Bilder, Texte von Printmaßnahmen oder beziffern Animations- und Interaktionsanteile von Online-Maßnahmen.

11.3.2 Output-Größen

Output-Größen beziehen sich auf die Wirkung und den Erfolg einer Werbemaßnahme. **Werbewirkung** umfasst psychologische Variablen wie Markenbekanntheit, Erinnerung, Einstellung zu Marke und Unternehmen, Image, Kaufabsicht etc. Es lassen sich kognitive, affektive und behaviorale Ziele differenzieren (Bruhn 2010). Von **Werbeerfolg** spricht man, wenn eine ökonomisch messbare Veränderung beispielsweise messbar in Absatz- und Umsatzzahlen zu verzeichnen ist. Tabelle 11.2 zeigt die in der Marketing-Praxis gängigen Output-Größen, die sich in vier Gruppen unterteilen lassen (z. B. MacKenzie et al. 1986).

- **Kognitive** Maße erfassen, inwieweit Personen die Werbemaßnahme bemerken (Awareness), sich an die Aktion erinnern (Recall) oder die Aktion wiedererkennen (Recognition). Auch der Grad der Markenvertrautheit ist eine kognitive Output-Größe.
- **Affektive** Kriterien versuchen, im Rezipienten ablaufende Prozesse und Emotionen zu erfassen. Einstellungen werden meist auch den affektiven Kriterien zugeordnet (Bruhn 2010).
- **Behaviorale** Maße beschreiben Änderungen im Kaufverhalten des Konsumenten. Aus Praktikabilitätsgründen wird oftmals die Kaufabsicht als Indikator für den tatsächlichen Kauf herangezogen (Hutter und Hoffmann 2013).
- **Ökonomische** Maße zeigen die aggregierte Sicht des Unternehmens auf. Sowohl Absatz- als auch Umsatzzahlen können darunter zusammengefasst werden. Sie sind eng mit behavioralen Maßen wie dem Kaufverhalten verbunden. Durch die Berücksichtigung von Preisen sind sie allerdings mit Bezug auf die Effizienz noch aussagekräftiger.

11.3.3 Verfahren der Effizienzmessung

Die Werbeeffizienzmessung kombiniert Output- und Input-Variablen (Reichmann 2006; Reinecke und Eberharter 2010). Dabei lassen sich nach Reinecke und Janz (2006) mehrere Klassen von Verfahren unterscheiden (Abb. 11.1). Einige Verfahren betrachten nur Input- oder nur Output-Kriterien. Die **Input-Betrachtung** (Klasse I) misst Kenngrößen wie investierte Kosten und Arbeitsstunden. Die **Output-Betrachtung** (Klasse II) fokussiert auf Kenngrößen wie Absatz- und Umsatzzahlen. Bei einer ausschließlichen Betrachtung von In- oder Output Größen kann de facto keine Effizienzbewertung stattfinden (Bauer et al. 2006a).

Somit sind nur jene Verfahren für die Effizienzmessung interessant, die Output-Größen in Bezug zu den Input-Größen setzen. Sie werden wiederum in absolute und relative Verfahren unterschieden. Verfahren der **absoluten Effizienzmessung** (Klasse III) nutzen einzelne Output-Input-Relationen ohne Bezug zu anderen Werten. Als einfaches Beispiel sei die Advertising-to-Sales-Ratio (ASR) genannt. Mehrere dieser simplen Kennzahlen lassen sich in Kennzahlensystemen verknüpfen und ermöglichen so eine differenzierte Effizienzbewertung (Bauer et al. 2006b). Kennzahlensysteme sind weniger komplex und deren

Tab. 11.2 Output-Größen der Werbeeffizienzmessung

Output-Größe		**Beschreibung**	**Beispielstudie**
Kognitiv	Awareness	Aufmerksamkeit, die eine Person einer Werbeaktion entgegenbringt	Bauer et al. (2006a)
	Recall und Recognition	Erinnerung an eine Werbemaßnahme (ungestützt bzw. gestützt)	Bauer et al. (2006a); Lothia et al. (2007); Luo und Donthu (2001)
	Markenvertrautheit	Kenntnis bzw. Grad der Vertrautheit mit einer Marke	Büschkens (2007)
Affektiv	Emotionalität/ Kreativität	Grad der wahrgenommenen Emotionalität bzw. Kreativität einer Werbemaßnahme	Luo und Donthu (2001)
	Reputation	Unter anderem Glaubwürdigkeit der Werbebotschaft bzw. des werbenden Unternehmens	Luo und Donthu (2001)
	Image	Vor allem Sympathie bzw. Antipathie gegenüber der Marke	Büschkens (2007)
	Produktinteresse	Interesse an dem Produkt	Bauer et al. (2006a); Büschkens (2007)
	Einstellung gegenüber Aktion, Marke und Unternehmen	Einstellung gegenüber der Werbe maßnahme, der beworbenen Marke bzw. dem werbenden Unternehmen	Bauer et al. (2006a); Lothia et al. (2007)
Behavioral	Kaufabsicht	Absicht, das beworbene Produkt zu kaufen	Bauer et al. (2006a); Büschkens (2007)
	Kauf	Kauf des beworbenen Produktes	Hutter und Hoffmann (2013)
Ökonomisch	Absatz(-Änderung)	(Veränderte) Menge verkaufter Produkte (im Vergleich zur Vorperiode)	Büschkens (2007); Luo und Donthu (2001, 2006); Pergelova et al. (2010); Schonberg et al. (2000)
	Umsatz(-Änderung)	(Veränderter) monetärer Umsatz aus dem Absatz des beworbenen Produktes (im Vergleich zur Vorperiode)	Luo und Donthu (2001, 2006)

Berechnung ist meist nicht zeit- und kostenintensiv, was sie für die Unternehmerpraxis interessant macht.

Bei **relativen Verfahren** werden die ermittelten Kennzahlen in Bezug zu einem Referenzwert betrachtet bzw. simultan bewertet (Reinecke und Janz 2006). Ein Referenzwert könnte beispielsweise der maximal erzielbare Wert der Output-Input-Relationen sein.

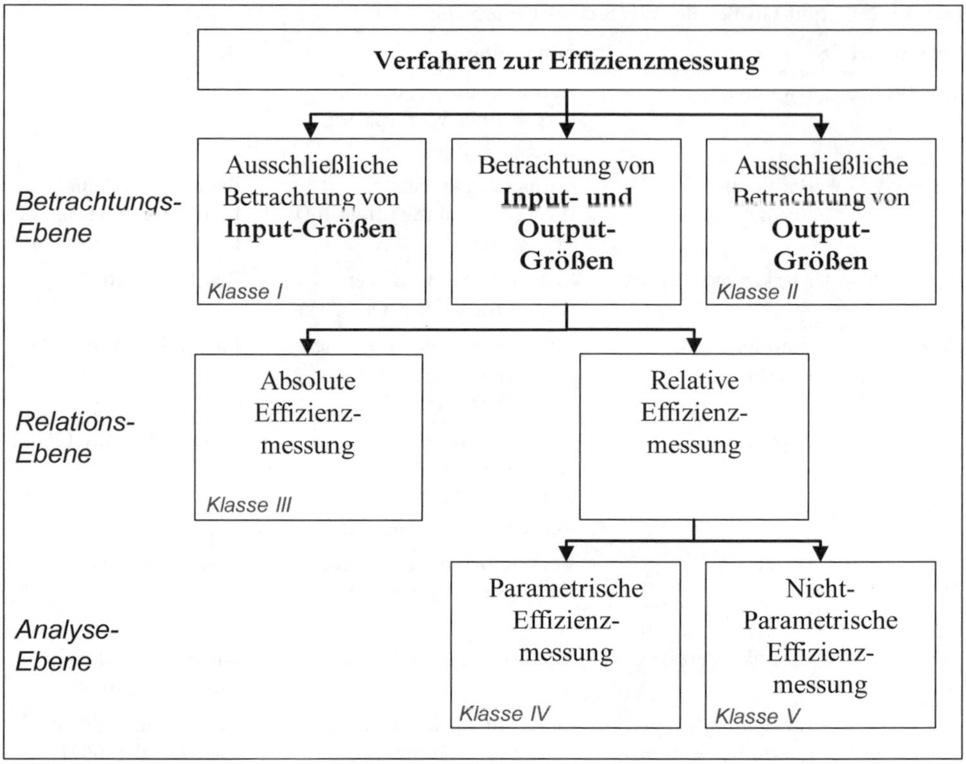

Abb. 11.1 Systematisierung von Effizienzmessverfahren, auf Basis von Reinecke und Janz (2006)

In Bezug auf die Analysetechnik differenziert man relative Verfahren weiter in verteilungsgebundene (parametrische) und nicht-verteilungsgebundene (nicht-parametrische) Verfahren. Zu den parametrischen Verfahren (Klasse IV) gehört beispielsweise die Stochastic Frontier Analysis (SFA) (z. B. Kumbhakar und Lovell 2000), und zu den nicht-parametrischen Verfahren (Klasse V) zählt die Data Envelopment Analysis (DEA) (Bauer et al. 2006a, 2006b; Boles et al. 1995).

11.3.4 Zeitpunkt der Messung

Schließlich kann je nach Zeitpunkt der Messung zwischen Prognose-, Tracking- und Kontrollverfahren differenziert werden (Link und Weiser 2011; Newstead et al. 2009). In der Praxis werden zumeist Posttest-Verfahren eingesetzt, um den Erfolg bereits durchgeführter Maßnahmen zu kontrollieren.

- **Prognoseverfahren** (auch Pretest-Verfahren genannt) dienen der ex ante-Abschätzung des möglichen Erfolgs. Sie werden bereits vor dem Start einer Werbeaktion durchgeführt und sollen Erfolgsindikatoren prognostizieren, wenn Änderungen noch einfach umsetzbar sind. Insbesondere bei großflächigen Werbeaktionen lohnt sich der Einsatz. Die Durchführung von Pretests ist oft nur eingeschränkt möglich (z. B. in einzelnen Regionen), weshalb von den Ergebnissen nur bedingt auf eine Gesamtkampagne geschlossen werden kann.

- **Kontrollverfahren** (auch Posttest-Verfahren genannt) kommen bei der ex post-Erfolgskontrolle zum Einsatz. Dabei ist zwischen Ergebnis- und Ablaufkontrolle zu unterscheiden (Reinecke und Janz 2006). Die Ergebniskontrolle prüft die Erreichung der Zielgrößen (Effektivität) unter vorgegebenen Bedingungen. Die Ablaufkontrolle untersucht, inwieweit sich die Maßnahmen auf die strategische Ausrichtung eines Unternehmens auswirken.
- **Tracking-Verfahren** (auch In-between-Tests genannt) werden durchgeführt, während eine Werbemaßnahme läuft. Sie sind oftmals eine Ergänzung zu Pre- und/oder Posttests. Sie dienen der Feinsteuerung von Maßnahmen (Link und Weiser 2011).

11.4 Adaption der Effizienzmessung für Guerilla-Marketing

Die für klassische Maßnahmen entwickelten Indikatoren bilden den Ausgangspunkt für die Effizienzmessung von Guerilla-Maßnahmen. Wie Tab. 11.3 am Beispiel von Ambient-Media illustriert, sind die meisten Output-Größen uneingeschränkt übertragbar, während bei Input-Größen oft Adaptionen nötig sind. So lässt sich der Interaktionsgrad, der als Input-Größe für Online-Media verwandt wird, auch auf Ambient-Marketing anwenden, wenn die Einbeziehung von Passanten in Ambient-Maßnahmen betrachtet wird. Insgesamt sollten Output-Größen, die ausschließlich auf monetären Aspekten beruhen, bei der Bewertung von emotional-aktivierenden Aktionen wie Ambient-Media mit Vorsicht interpretiert werden.

Angesichts der Neuartigkeit von Guerilla-Maßnahmen liegt die Vermutung nahe, dass bekannte Input- und Output-Größen der Effizienzmessung nicht ausreichen, um die Ziele und Besonderheiten einer Ambient-Maßnahme umfassend abzubilden. Mit Blick auf den Überraschungseffekt ist zu empfehlen, verwandte emotionale Wirkungen (z. B. Grad der ausgelösten Neugier) als Output-Größe aufzunehmen. Ambient-Marketing soll neben einem Überraschungs- und Kosteneffekt, die sich in affektiven Output- und monetären Input-Größen bereits widerspiegeln, auch möglichst viele Kontaktpersonen erreichen (Diffusionseffekt), um effizienter als klassische Kommunikationsmaßnahmen zu sein (Hutter und Hoffmann 2011). Dafür bietet sich beispielsweise die Messung des Diffusionseffektes mithilfe von Social-Media-Instrumenten an. So können *Facebook*-Likes sowie andere Bewertungen die Effizienzmessung ebenso ergänzen wie Views bei *YouTube*. Für die Effizienzbewertung von Ambient-Marketing sollten unbedingt zusätzliche Output-Größen wie die Anzahl der erreichten Personen oder die Intensität der „Nutzung" der Ambient-Maßnahme (Interaktion) berücksichtigt werden. Eine nicht zu vernachlässigende Größe des Diffusionseffektes ist, inwieweit und in welcher Form Personen und Medien über die Ambient-Maßnahme kommunizieren (Word-of-Mouth, mediale Wirkung). *Face-*

Tab. 11.3 Übertragbarkeit von Input- und Output-Größen auf Ambient-Media, eigene Darstellung

Input-Größen			**Output-Größen**		
Monetär	Gesamtwerbekosten → *Gesamtkosten der Ambient-Maßnahme*	o	Kognitiv	Awareness	+
				Recall/Recognition	+
Non-Monetär: Printbereich	Werbefläche → *Gesamtgröße der Ambient-Maßnahme*	o		Markenvertrautheit	+
			Affektiv	Emotionalität/Kreativität	+
	Bilder → *Größe der Bildflächen der Ambient-Maßnahme*	o		Reputation	+
				Image	+
	Text → *Größe der Textflächen der Ambient-Maßnahme*	o		Produktinteresse	+
				Einstellung gegenüber Aktion, Marke, Unternehmen	+
Non-Monetär: Onlinebereich	Animation → *Größe bewegter Flächen der Ambient-Maßnahme*	o	Behavioral	Kaufabsicht	+
				Kauf	+
	Interaktion → *Größe interaktiver Flächen der Ambient-Maßnahme*	o	Ökonomisch	Absatz(-Änderung)	+
				Umsatz(-Änderung)	+

o mit Anpassungen für Ambient-Media geeignet, + uneingeschränkt für Ambient-Media geeignet

book-Shares und Kommentare können hier Auskunft über die Empfehlungsintensität geben. Die Diffusionswirkung von Guerilla-PR lässt sich anhand von Clipping-Analysen verdeutlichen. Aufgrund der zeitverzögerten Wirkung des Diffusionseffekts kann eine Post-Messung direkt nach der Implementierung den Erfolg einer Maßnahme aber nicht adäquat abbilden. Die Werbewirkungsforschung ist immer mit der Frage konfrontiert, ob die Wirkung einer Aktion überhaupt zeitnah erfassbar ist oder ob die Wirkung aufgrund sogenannter Carry-Over-Effekte nicht erst viel später eintritt und auch dann erst gemessen werden sollte. Allerdings können andere externe Faktoren wie frühere Werbeaktionen die Messung der Effizienz verzerren. Man spricht hierbei von Spill-Over-Effekten. Die Werbeeffizienzmessung ist folglich stets mit verschiedenen Zurechnungsproblemen konfrontiert (Bauer et al. 2010; Binet und Field 2007; Rust et al. 2004).

Die Werbeeffizienzmessung sollte auch ermitteln, welche Inputfaktoren die Werbewirkung und den Werbeerfolg verursachen. Deshalb wird häufig der Zusammenhang zwischen Input- und Output-Größen quantifiziert. Sowohl in der Unternehmenspraxis als auch in wissenschaftlichen Studien werden häufig Werbekosten (Input) und Absatz (Output) in Relation gesetzt (z. B. Luo und Donthu 2001, 2005, 2006; Büschkens 2007; Pergelova et al. 2010) ohne jedoch die sogenannte Chain-of-Effects, d. h. weitere nachgelagerte Wirkungsstufen der Kommunikation, zu berücksichtigen (Bruhn 2010). Ein signifikant positiver Zusammenhang zwischen Werbeausgaben und Markenimage (Büschkens 2007) lässt jedoch vermuten, dass weitere nicht berücksichtigte Mediationsvariablen eine Rolle spielen. Absatzzuwächse sind möglicherweise eher auf die psychologische Ebene (z. B. Einstellung zur Marke) der Konsumenten als auf monetäre Input-Größen des Unternehmens zurückzuführen. Solche Scheinkorrelationen können nur bedingt Auskunft über die wahren Input-Größen geben und führen womöglich zu Fehlinterpretationen. Grundsätzlich sollte beachtet werden, dass in der Unternehmenspraxis herangezogene Output-Input-Relationen eine Ursachen-Wirkungs-Beziehung lediglich vermuten lassen. Ein kausaler Zusammenhang kann häufig nicht nachgewiesen werden, wodurch die ermittelten Kennzahlen mit Vorsicht zu interpretieren sind (Daum 2001; Krafft und Frentzen 2006; Luo und Donthu 2006). Für kausale Aussagen sind kontrollierte experimentelle Untersuchungen nötig.

11.5 Kapitel in Kürze

In a Nutshell

- Verfahren der Effizienzbewertung setzen Output- und Input-Größen in Beziehung zueinander.
- Input- und Output-Kriterien der Werbeeffizienzmessung klassischer Maßnahmen sind nur bedingt auf das Guerilla-Marketing übertragbar.
- Zur Effizienzbewertung emotionaler Ambient-Maßnahmen sollte auf die ausschließliche Betrachtung monetär-orientierter Input- und Output-Größen verzichtet werden.

Reflexionsfragen

Welche Input-Größen halten Sie als besonderes gut für die Effizienzbewertung von Ambient-Maßnahmen geeignet? Weshalb sind andere weniger gut geeignet?

Weshalb ist es wichtig, nachgelagerte Wirkungsstufen der Kommunikation bei der Effizienzbewertung zu berücksichtigen?

Wie würden Sie bei der Effizienzbewertung vorgehen?

Further Readings

Pergelova, A., Prior, D., & Rialp, J. (2010). Assessing advertising efficiency. *Journal of Advertising, 39*(3), 39–54.

Reinecke, S., & Eberharter, J. (2010). Marketingcontrolling 2010: Einsatz von Methoden und Verfahren des Marketingcontrollings in der Praxis. *Controlling, 22*(8/9), 438–447.

Literatur

Bauer, H. H., Meeder, U., & Jordan, J. (2000). Eine Konzeption des Werbecontrollings, *Wissenschaftliche Arbeitspapiere*, Nr.: W46, Mannheim: Universität Mannheim – Institut für Marktorientierte Unternehmensführung.

Bauer, H. H., Garde, U., & Hammerschmidt, M. (2006a). Effizienz von Bannerwerbung im Internet. In H. H. Bauer, M. Staat, & M. Hammerschmidt (Hrsg.), *Marketing-Effizienz: Messung und Steuerung mit der DEA – Konzept und Einsatz in der Praxis* (S. 187–204). München: Vahlen.

Bauer, H. H., Stokburger, N., & Hammerschmidt, M. (2006b). *Marketing Performance: Messen – Analysieren – Optimieren*. Wiesbaden: Gabler.

Bauer H. H., Hammerschmidt, M., Hartung, R., & Shenawai, N. (2010). Messung und Analyse der Online-Werbeeffizienz. *Controlling, 22*(2), 83–88.

Binet, L., & Field, P. (2007). *Marketing in the era of accountability: Identifying the marketing practices and metrics that truly increase profitability*. Henley-on-Thames: World Advertising Center.

Boles, J. S., Donthu, N., & Lothia, R. (1995). Salesperson evaluation using relative performance efficiency: The application of data envelopement analysis. *Journal of Personal Selling & Sales Management, 15*(3), 31–49.

Bruhn, M. (2010). *Kommunikationspolitik: Systematischer Einsatz der Kommunikation für Unternehmen* (6. Aufl.). München: Vahlen.

Büschkens, J. (2007). Determinants of brand advertising efficiency. *Journal of Advertising, 36*(3), 51–73.

Daum, D. (2001). *Marketing-Produktivität: Konzeption, Messung und empirische Analyse*. Wiesbaden: Gabler.

Hermes, E. (2011). Die Macht der harten Zahlen. *Absatzwirtschaft, 4*, 32–33.

Hug, T., & Poscheschnik, G. (2010). *Empirisch Forschen*. Konstanz: UVK.

Hutter, K., & Hoffmann, S. (2011). Guerilla-Marketing – eine nüchterne Betrachtung einer viel diskutierten Werbeform. *International Journal of Marketing, 50*(2), 121–135.

Hutter, K., & Hoffmann, S. (2013). Surprise, surprise. Ambient media as promotion tool for retailers. *Journal of Retailing*. doi:10.1016/j.jretai.2013.08.001.

Krafft, M., & Frentzen, H. (2006). Vertriebscontrolling. In S. Reinecke & T. Tomczak (Hrsg.), *Handbuch Marketing-Controlling* (S. 611–639). Wiesbaden: Gabler.

Kumbhakar, S., & Lovell, C. (2000). *Stochastic frontier analysis*. Cape Town: Cambridge University Press.

Link, J., & Weiser, C. (2011). *Marketing-Controlling: Systeme und Methoden für mehr Markt- und Unternehmenserfolg* (3. Aufl.). München: Vahlen.

Lohtia, R., Donthu, N., & Yaveroglu, I. (2007). Evaluating the efficiency of internet banner advertisements. *Journal of Business Research, 60*(4), 365–370.

Luo, X., & Donthu, N. (2001). Benchmarking advertising efficiency. *Journal of Advertising Research, 41*(6), 7–18.

Luo, X., & Donthu, N. (2005). Assessing advertising media spending inefficiencies in generating sales. *Journal of Business Research, 58*(1), 28–36.

Luo, X., & Donthu, N. (2006). Marketing's credibility: A longitudinal investigation of marketing communication productivity and shareholder value. *Journal of Marketing, 70*(4), 70–91.

MacKenzie, S. B., Lutz, R. J., & Belch G. E. (1986). The role of attitude toward the ad as a mediator of advertising effectiveness: A test of competing explanations. *Journal of Marketing Research, 23*(2), 130–43.

Newstead, K., Taylor, J., Kennedy, R., & Sharp, B. (2009). The total long-term sales effects of advertising: Lessons from single source. *Journal of Advertising Research, 49*(2), 207–210.

Pergelova, A., Prior, D., & Rialp, J. (2010). Assessing advertising efficiency. *Journal of Advertising, 39*(3), 39–54.

Reichmann, T. (2006). *Controlling mit Kennzahlen und Managementberichten – Grundlagen einer systemgestützten Controlling-Konzeption* (7. Aufl.). München: Vahlen.

Reinecke, S, & Janz, S. (2006). *Marketingcontrolling: Sicherstellen von Marketingeffektivität und –effizienz.* Stuttgart: Kohlhammer.

Reinecke, S., & Eberharter, J. (2010). Marketingcontrolling 2010: Einsatz von Methoden und Verfahren des Marketingcontrollings in der Praxis. *Controlling, 22*(8/9), 438–447.

Rust, R. T., Ambler, T., Carpenter, G. S., Kumar, V., & Srivastava, R. K. (2004). Measuring marketing productivity: Current knowledge and future directions. *Journal of Marketing, 68*(4), 76–89.

Schonberg, E., Cofino, T., Hoch, R., Podlaseck, M., & Spraragen, S. L. (2000). Measuring success. *Communications of the ACM, 43*(8), 53–57.

Steffenhagen, H. (2004). Effektivität und Effizienz in der Markenkommunikation. In C. Baumgarth (Hrsg.), *Marktorientierte Unternehmensführung: Grundkonzepte, Anwendungen und Lehre* (S. 165–179). Frankfurt a. M.: Europäischer Verlag der Wissenschaften.

Berechnung des Guerilla-Effekts 12

Nach der Lektüre dieses Kapitels können Sie ...

- die Elemente der Guerilla-Formel verstehen und messbar machen.
- den Unterschied zwischen direkten und indirekten Effekten begreifen.
- den Guerilla-Effekt berechnen.

12.1 Algorithmus des Guerilla-Effekts

Wie im vorangegangenen Kapitel erläutert, lässt sich die Effizienz einer Marketing-Maßnahme aus betriebswirtschaftlicher Sicht anhand ihres Output/Input-Verhältnisses bewerten (Reichmann 2006; Reinecke und Janz 2006; Steffenhagen 2004). Es wurde aber auch deutlich, dass Verfahren zur Messung der Effizienz klassischer Maßnahmen nur bedingt auf das Guerilla-Marketing angewandt werden können. Hutter und Hoffmann (2011a) schlagen deshalb vor, bei der Bewertung des Guerilla-Effekts auf das in Teil I, Abschn. 3.1 einführte **LSD-Modell** (Hutter und Hoffmann 2011b) zurückzugreifen und eine absolute Effizienzmesszahl zu ermitteln (Reichmann 2006), die sich sowohl ex ante als auch ex post anwenden lässt. Neben dem generellen **Guerilla-Effekt** lassen sich die Subeffekte zu Überraschung, Diffusion und Kostengünstigkeit bestimmen. Es gilt folglich, die Stärke der hervorgerufenen Überraschung, die Anzahl der erreichten Kontaktpersonen in der Zielgruppe und die Kosten zu bewerten. Dabei sollte noch zwischen direkten und indirekten Effekten unterschieden werden. Direkte Effekte sind jene, die durch die Maßnahme unmittelbar bei den Zielpersonen hervorgerufen werden. Indirekte Effekte entstehen insbesondere dadurch, dass die Maßnahme auf das Interesse der Medien stößt und dass durch die Berichterstattung eine noch breitere Schicht erreicht wird. Tabelle 12.1 gibt einen Überblick über die in den folgenden Berechnungsvorschriften verwendeten Indizes.

Um den **direkten Guerilla-Effekt** zu bewerten, ist es zunächst nötig, die direkten Effekte zu bestimmen. Der direkte Nutzen ergibt sich daraus, wie stark die Überraschung ist,

K. Hutter, S. Hoffmann, *Professionelles Guerilla-Marketing*,
DOI 10.1007/978-3-658-02268-6_12, © Springer Fachmedien Wiesbaden 2013

Tab. 12.1 Indizes der Berechnungsvorschrift, Hutter und Hoffmann (2011a)

Abkürzungen		Nähere Spezifikation
G	Guerillaeffekt	G_d = direkter G
Ü	Überraschungseffekt ($Ü_d + Ü_i$)	$Ü_d$ = direkter Ü; $Ü_i$ = indirekter Ü
P	Kontaktpersonen ($P_d + P_i$)	P_d = direkte P; P_i = indirekte P
K	Kosten einer Maßnahme ($K_d + K_i$)	K_d = direkte K; K_i = indirekte K

Tab. 12.2 Formale Berechnung des Guerilla-Effektes, Hutter und Hoffmann (2011a)

Direkter Guerilla-Effekt	Gesamter Guerilla-Effekt
$G_d = \frac{Ü_d * P_d}{K_d}$	$G = \frac{Ü_d * P_d + Ü_i * P_i}{K_d + K_i}$

die bei einer Person hervorgerufen werden kann, multipliziert mit der Anzahl erreichter Kontaktpersonen. Je mehr Personen mit der Maßnahme in Berührung kommen und je größer damit der aggregierte Überraschungseffekt ist, umso höher ist die gesamte Aufmerksamkeitswirkung der Maßnahme. Die direkten Kosten umfassen jene Kosten, die im direkten Zusammenhang mit der Entwicklung, Herstellung und Schaltung der Maßnahme stehen (z. B. Material, Konzeption). Sie werden dem Nutzen gegenübergestellt, um den direkten Guerilla-Effekt zu errechnen (Tab. 12.2, linke Spalte).

Um die Erfolgsabschätzung zu präzisieren, sollte auch der **indirekte Guerilla-Effekt** beachtet werden. Der mediale Nutzen, der unter anderem über Guerilla-PR entsteht, ist das Produkt des medialen bzw. indirekten Überraschungseffektes ($Ü_i$) und der von den Medien erreichten Kontaktpersonen (P_i). An dieser Stelle sei darauf hingewiesen, dass Überraschung eine neutrale Emotion ist. Es ist demnach empfehlenswert, die nachgelagerte Wirkung der Überraschung (z. B. Ausmaß der erzeugten Freude, Unterhaltungswert) als indirekten Effekt in die Berechnungsvorschrift einfließen zu lassen. Ebenfalls berücksichtigt werden müssen die für solche Effekte eingesetzten Kosten (K_i). Der **Gesamteffekt** ergibt sich aus der Summe des direkten und indirekten Nutzens in Bezug zur Summe der direkten und indirekten Kosten (Tab. 12.2, rechte Spalte).

12.2 Blick in die Forschung: Die Guerilla-Effekt-Studie

Die im Folgenden berichtete Untersuchung von Hutter und Hoffmann (2011a) illustriert anhand exemplarischer Maßnahmen, inwiefern verschiedene Guerilla-Instrumente ein vorteilhaftes Verhältnis von Nutzen und Kosten erzielen. Hierfür wurden für jedes der sechs Instrumente Moskito-, Ambush-, Buzz-, Viral-, Ambient- und Sensation-Marketing jeweils zwei Maßnahmen aus der Werbepraxis ausgewählt und bewertet. Die Maßnahmen sind in Tab. 12.3 aufgelistet.

Tab. 12.3 Ausgewählte Guerilla-Maßnahmen, Hutter und Hoffmann (2011a)

Beispielmaßnahme	**Beschreibung**	**Instrument**
Möbelaufbau	Kampagne eines heimischen Tischlers zur Aufbauhilfe für *IKEA*-Möbel	Moskito
Qualitätsmerkmal	Kampagne einer Fleischerei für handgemachte Qualitätsprodukte und gegen industrielle Fertigung von Wurstwaren (Bsp.: „Abgepackte Wurst ist für den Arsch"-Kampagne)	Moskito
Auffällige Sportler	Unternehmen ohne offizielle Sponsorlizenz schickt außergewöhnlichen Sportler ins Rennen und sorgt für Berichterstattungen (Bsp.: GoHeinrichGo-Kampagne von *Nike* beim Berlin-Marathon 2006)	Ambush
Fangruppe im Stadion	Ein Unternehmen ohne offizielle Sponsorlizenz schickt Models ins Fußballstation. Die Gruppe bewegt sich in auffälliger Weise und zieht so die Fernsehkameras auf sich. Die Kleidung der Models weckt Assoziation zum Unternehmen (Bsp.: *Bavaria*-Brauerei bei der WM 2010)	Ambush
Online Videoclip	Kurze Videoclips mit überraschendem Inhalt werden via *YouTube* oder als E-Mail-Anhang im Internet in Umlauf gebracht (Bsp.: Ronaldinho zeigt Fußballtricks, *Nike*)	Viral
Forum-/Chat-Einträge	Kommunikationsstrategen positionieren gezielt Einträge in thematischen Chats oder Foren, um die Diskussion über ein bestimmtes Thema anzuregen und zu steuern	Viral
Körper-Tattoo	Personen stellen ihren Körper als Werbefläche zur Verfügung und platzieren an sichtbarer Stelle beispielsweise das Logo eines Unternehmens oder Produkts	Buzz
Buzz-Fan	Musikproduzenten rekrutieren Fans, die gezielt auf Konzerten über CDs von Bands diskutieren. Sie bekommen als Gegenleistung beispielsweise Konzertkarten oder Merchandisingmaterial	Buzz
Gigantismus	Platzierung ungewöhnlich großer Objekte im direkten Lebensumfeld der Konsumenten (Bsp.: Stuhl der *XXL-Möbelhäuser*, *Adidas*-Fußballschuh vor dem Reichstag in Berlin während der Fußball-WM 2006)	Ambient
Floor-/Wash-Away-Graffiti	Der Fußboden oder die Straße wird als Werbemittel genutzt (z. B. wirbt der Kaffeeanbieter *Folgers Coffee Company* 2007 in New York mit einem rauchenden, als Kaffeetasse bemalten Kanaldeckel)	Ambient
Schauspieler	Verkleidete Schauspieler in der Fußgängerzone, die ein Produkt oder ein Unternehmen inszenieren	Sensation
Kommerzieller Flashmob	Kurzer, scheinbar spontaner Auflauf von Menschen im öffentlichen Raum, die überraschende Dinge tun (z. B. Tanzen, Singen)	Sensation

Zehn Marketingexperten wurden gebeten, für diese **Beispielmaßnahmen** die erwarteten Effekte einzuschätzen. Die Experten sind in Agenturen, Marketingabteilungen von KMU und Großkonzernen sowie in der Marketingforschung tätig. Sie bewerteten die Stärke des direkten und indirekten Überraschungseffekts ($Ü_d$, $Ü_i$), die direkt und indirekt zu erreichende Anzahl der Kontaktpersonen (P_d, P_i) sowie die direkten und indirekten Kosten (K_d, K_i) jeweils auf einer Skala von 0 (gar nicht) bis 100 (sehr hoch). Im Folgenden werden zunächst die Beurteilungen einzelner Maßnahmen dargestellt. Anschließend wird noch berichtet, in welcher Spanne nach Ansicht der Experten Effekte der verschiedenen Guerilla-Instrumente erwartet werden können.

Für alle bewerteten Maßnahmen wurde mit Hilfe der in Tab. 12.2 dargestellten Formel der Gesamte Guerilla-Effekt berechnet (siehe ausführlich bei Hutter und Hoffmann 2011a). Das Ergebnis ist in Tab. 12.4 für je eine Maßnahme pro Instrument dargestellt. Demnach schätzen die Experten die Gesamtwirkung des *Flashmob*, des *auffälligen Sportlers* und des *Viralclips* deutlich besser ein als jene der *Floor-Graffiti*, des *Körper-Tattoos* und des *Qualitätsmerkmals*. Die Bewertung der Beispielmaßnahmen verdeutlicht, dass ein großer Überraschungseffekt allein nicht genügt, um einen hohen Guerilla-Effekt zu generieren. Vielmehr ist das Verhältnis zwischen Kosten und Nutzen (Überraschung und Kontaktpersonen) dafür ausschlaggebend, ob eine Maßnahme als effizient eingeschätzt werden kann oder nicht. Hohe Kosten für eine Maßnahme bedeuten indes noch nicht, dass es sich um eine ineffiziente Maßnahme handelt. Wenn es einer kostenintensiven Maßnahme gelingt, einen hohen Überraschungseffekt zu generieren und viele Kontaktpersonen zu erreichen, kann diese bei genauer Betrachtung sogar effizienter sein als eine günstige Maßnahme, der es weniger gut gelingt, ihre Zielgruppe zu überraschen. Dies zeigt sich sehr deutlich bei den Maßnahmen *Flashmob* und *auffälliger Sportler*. Die Befragten schätzen sie zwar als vergleichsweise kostenintensiv ein; sie sind aber insgesamt effizienter als die günstigste Maßnahme *Körper-Tattoo*. Grund dafür ist der hohe Überraschungseffekt, der durch die vergleichsweise große Anzahl an erreichten Kontaktpersonen verstärkt wird.

Im zweiten Teil der Studie von Hutter und Hoffmann (2011a) bewerteten die zehn Marketingexperten nicht Einzelmaßnahmen, sondern das **Potenzial der sechs Instrumente** Moskito-, Ambush-, Viral-, Buzz-, Ambient- und Sensation-Marketing. Sie gaben den ihrer Meinung nach minimal und maximal erreichbaren Wert pro Element der Formel auf einer Bewertungsskala von 0 (gar nicht) bis 100 (sehr hoch) an. Sie bestimmten folglich, welches Potenzial die Guerilla-Instrumente besitzen, um Konsumenten zu überraschen (= Überraschungseffekt), wie groß die zu erwartende Reichweite ist (= Diffusionseffekt) und wie hoch der finanzielle Aufwand (= Kosteneffekt) ihrer Meinung nach ist.

Die Experteneinschätzung wurde in eine **Sensitivitätsanalyse** überführt, bei der für jedes der sechs Instrumente eine Aussage über die mögliche Spannbreite des Guerilla-Effektes getroffen wurde. Die Befunde bieten eine Orientierung für den potenziellen Einsatz der Instrumente. Abbildung 12.1 veranschaulicht, dass die einzelnen Instrumente sehr unterschiedlich abschneiden. Offenkundig schreiben die Experten insbesondere Ambush-, Viral- und Sensation-Maßnahmen ein hohes Guerilla-Potenzial zu. Die erwartete Effizienz von Buzz- und Moskito-Marketing ist dagegen deutlich geringer. Das Ergebnis

Tab. 12.4 Bewertung exemplarischer Guerilla-Maßnahmen, Hutter und Hoffmann (2011a)

Beispielmaßnahme	Beurteilung direkte Effekte[a]			Beurteilung indirekte Effekte[b]			Guerilla-Effekt[c]
	$Ü_d$ M (SD)[d]	P_d M (SD)	K_d M (SD)	$Ü_i$ M (SD)	P_i M (SD)	K_i M (SD)	G
Flash mob	88,5 (12,9)	52,9 (19,8)	35,0 (18,9)	70,0 (15,6)	60,5 (18,9)	30,0 (17,5)	136,0
Auffällige Sportler	65,0 (20,3)	63,5 (17,6)	32,5 (19,6)	58,5 (18,9)	54,5 (19,8)	22,0 (19,3)	134,2
Online Videoclip	53,0 (20,6)	81,5 (17,3)	47,5 (19,5)	47,0 (19,5)	65,0 (19,6)	19,0 (15,6)	110,9
Floor-Graffiti	56,0 (21,2)	41,5 (12,5)	34,5 (16,7)	32,0 (19,5)	20,0 (14,7)	21,0 (16,1)	53,4
Körper-Tattoo	42,5 (19,3)	22,0 (16,5)	19,0 (15,8)	19,5 (10,9)	21,0 (16,5)	16,5 (10,8)	37,9
Qualitätsmerkmal	24,5 (11,7)	23,0 (14,2)	44,5 (20,9)	32,5 (20,4)	25,0 (18,9)	44,0 (21,1)	15,5

[a] auf Basis von Expertenurteilen (jeweils von 0 = „gar nicht" bis 100 = „sehr hoch"); $Ü_d$: direkter Überraschungseffekt; P_d: direkter Kontaktpersonenkreis; K_d: direkte Gesamtkosten der Maßnahme
[b] auf Basis von Expertenurteilen (jeweils von 0 = „gar nicht" bis 100 = „sehr hoch"); $Ü_i$: indirekter Überraschungseffekt; P_i: indirekter Kontaktpersonenkreis; K_i: indirekte Kosten im Zusammenhang mit der Maßnahme
[c] G: Guerilla-Effekt $= (Ü_d * P_d + Ü_i * P_i)/(K_d + K_i)$
[d] M: Mittelwert
SD standardabweichung

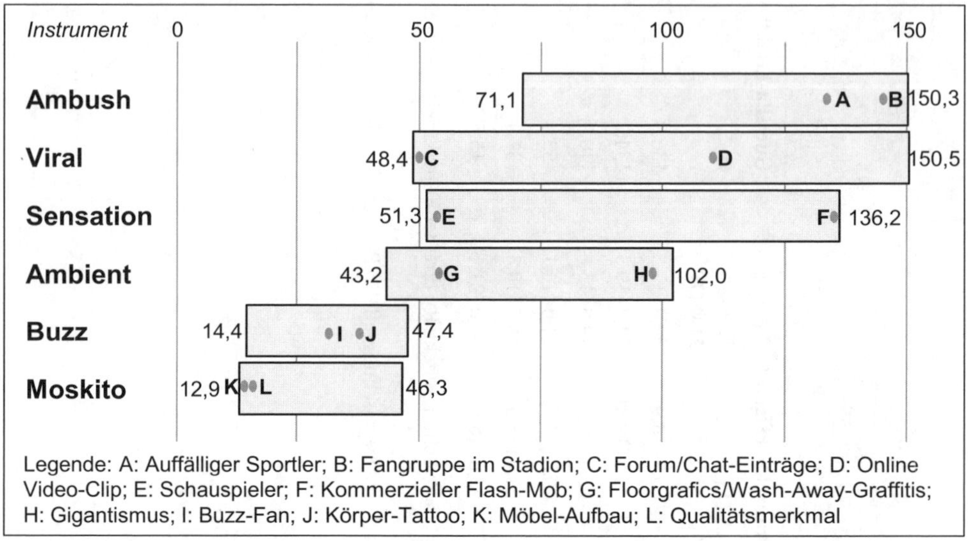

Abb. 12.1 Bewertung exemplarischer Guerilla-Maßnahmen, Hutter und Hoffmann (2011a)

der bewerteten Einzelmaßnahmen ist in der Abbildung ebenfalls zum Vergleich abgetragen. Bei der Interpretation der Befunde muss berücksichtigt werden, dass keine klassische Maßnahme zum Vergleich herangezogen wurde. Bei allen Instrumenten handelt es sich um Guerilla-Instrumente, die untereinander konkurrierend bewertet wurden. Demnach sind geringere Effizienzen nicht per se als gering einzustufen. Lediglich im Vergleich zu den anderen untersuchten Guerilla-Instrumenten sind Buzz- und Moskito-Marketing weniger effizient.

Die große **Spannweite** zwischen Minimal- und Maximalwerten bei Viral-, Ambush- und Sensation-Marketing veranschaulicht, dass sich der Guerilla-Effekt bei diesen Instrumenten nur schwer allgemein vorhersagen lässt. Daher empfiehlt es sich, nicht das Instrument generell, sondern konkret geplante Guerilla-Maßnahmen ex ante hinsichtlich ihrer Überraschungswirkung, ihrer Reichweite und ihres Kosteneffektes zu beurteilen.

Die Betrachtung der **Subeffekte** (Tab. 12.5) macht wiederum deutlich, dass Maßnahmen, die lediglich einen hohen Überraschungseffekt erzielen, nicht zwangsläufig auch einen guten Guerilla-Effekt generieren. Vielmehr ist das Verhältnis zwischen Kosten und Nutzen (Überraschung und Kontaktpersonen) entscheidend. Die Analyse zeigt zudem, dass bei Trittbrettfahrer-Methoden (z. B. Ambush-Marketing) im Vergleich zu anderen Guerilla-Instrumenten insbesondere die geringen Kosten (= Kosteneffekt) ein effizientes Nutzen-Kosten-Verhältnis herbeiführen. An dieser Stelle sei aber nochmals darauf hingewiesen, dass manche Formen des Ambush-Marketing, bei denen die oft exklusiven Werberechte der offiziellen Sponsoren verletzt werden, nicht immer mit dem geltenden Recht vereinbar sind und deshalb zusätzlich zu den hier aufgezeigten Kosten strafrechtliche „Zusatzkosten" anfallen können. Empfehlungs-Methoden (z. B. Viral-Marketing)

Tab. 12.5 Ergebnisse der Sensitivitätsanalyse (Subeffekte), Hutter und Hoffmann (2011a)

Instrument	Beurteilung direkte Effekte[a]						Beurteilung indirekte Effekte[b]						Guerilla-Effekt[c]	
	$Ü_d$		P_d		K_d		$Ü_i$		P_i		K_i		G	
	Min	Max	Min	Max	Min	Max	Min	Max	Min	Max	Min	Max	Min	Max
Ambush	40,0	83,5	23,0	73,0	13,0	53,0	25,0	75,5	21,5	79,5	7,5	27,5	71,1	150.3
Viral	15,0	81,0	30,5	87,5	16,1	63,5	21,5	80,0	28,5	83,5	6,0	28,0	48,4	150,5
Sensation	39,0	88,0	25,0	57,0	18,5	48,0	25,0	72,5	18,5	67,0	9,5	24,5	51,3	136,2
Ambient	35,0	81,0	25,5	60,5	19,0	60,5	14,0	65,0	19,5	65,1	8,0	29,0	43,2	102,0
Buzz	13,5	39,5	15,5	43,0	15,1	37,0	10,5	35,0	18,5	41,5	13,0	45,9	14,4	47,4
Moskito	12,0	48,0	15,5	45,5	25,0	65,0	19,0	49,5	20,5	57,0	19,5	43,0	12,9	46,3

[a] auf Basis von Expertenurteilen (jeweils von 0 = „gar nicht" bis 100 = „sehr hoch"); $Ü_d$: direkter Überraschungseffekt; P_d: direkter Kontaktpersonenkreis; K_d: direkte Gesamtkosten der Maßnahme

[b] auf Basis von Expertenurteilen (jeweils von 0 = „gar nicht" bis 100 = „sehr hoch"); $Ü_i$: indirekter Überraschungseffekt; P_i: indirekter Kontaktpersonenkreis; K_i: indirekte Kosten im Zusammenhang mit der Maßnahme

[c] G: Guerilla-Effekt = $(Ü_d * P_d + Ü_i * P_i)/(K_d + K_i)$

hingegen profitieren in erster Linie von der hohen Reichweite (= Diffusionseffekt) und Lebensumfeld-Methoden (z. B. Ambient-Marketing) erzeugen einen ausgesprochen hohen Überraschungseffekt. Zusammenfassend bleibt festzuhalten, dass beispielsweise virale Kampagnen sehr gut geeignet sind, um viele Kontaktpersonen zu erreichen. Ist es das Ziel, die Zielgruppe in besonderem Maße zu überraschen, sollten Sensation- oder Ambient-Aktionen eingesetzt werden. Bei sehr geringem Budget empfiehlt sich der Einsatz von Ambush-Maßnahmen.

12.3 Kapitel in Kürze

In a Nutshell

- Vor der Implementierung einer Guerilla-Maßnahme sollte der zu erwartende Guerilla-Effekt ex ante abgeschätzt werden, um Fehlinvestitionen zu vermeiden.
- Die Effizienz einer Guerilla-Maßnahme lässt sich mit einer Formel abschätzen. Die Formel basiert auf der erwarteten Überraschungswirkung, der Anzahl der zu erreichenden Kontaktpersonen und den eingesetzten Kosten.
- Neben direkten Wirkungen sollten auch indirekte Effekte durch Guerilla-PR in die Berechnungsvorschrift einfließen.
- Die Bewertung kann ex ante oder ex post über Expertenurteile erfolgen. Der Auswahl der Experten kommt dabei eine große Bedeutung zu.

Reflexionsfragen

Welche Faktoren sind bei der Berechnung des Guerilla-Effektes zu berücksichtigen?

Welche Personen sind in der Lage, die zu erwartende Überraschungswirkung, die Diffusion der Maßnahme und die verursachten Kosten realistisch einzuschätzen?

In welcher Weise wird der mediale Effekt von Guerilla-Maßnahmen in der Berechnungsvorschrift berücksichtigt?

Further Readings

Hutter, K., Hoffmann, S. (2011). Guerilla-Marketing – eine nüchterne Betrachtung einer viel diskutierten Werbeform. *International Journal of Marketing, 50*(2), 121–135.

Literatur

Hutter, K., & Hoffmann, S. (2011a). Guerilla-Marketing – eine nüchterne Betrachtung einer viel diskutierten Werbeform. *International Journal of Marketing, 50*(2), 121–135.

Hutter, K., & Hoffmann, S. (2011b). Guerrilla marketing: The nature of the concept and propositions for further research. *Asian Journal of Marketing, 5*(2), 39–54.

Reichmann, T. (2006). *Controlling mit Kennzahlen und Managementberichten – Grundlagen einer systemgestützten Controlling-Konzeption* (7. Aufl). München: Vahlen.

Reinecke, S, & Janz, S. (2006). *Marketingcontrolling: Sicherstellen von Marketingeffektivität und -effizienz.* Stuttgart: Kohlhammer.

Steffenhagen, H. (2004). Effektivität und Effizienz in der Markenkommunikation. In C. Baumgarth (Hrsg.), *Marktorientierte Unternehmensführung: Grundkonzepte, Anwendungen und Lehre* (S. 165–179). Frankfurt a. M.: Europäischer Verlag der Wissenschaften.

Emotional Mapping als grafisches Kontrollinstrument

13

Nach der Lektüre dieses Kapitels können Sie . . .

- Nutzen und Einsatzgebiete des Emotional Mapping erkennen.
- Emotional Mapping für Ambient-Maßnahmen anwenden und interpretieren.
- Ambient-Media anhand menschlicher Emotionen kategorisieren.

13.1 Emotional Mapping als alternative Bewertungsmethode

Die in Kap. 12 vorgestellte formale Berechnung des Guerilla-Effektes ist eine Bewertungsmethode zur Effizienzmessung. Bei der im Folgenden eingeführten Methode des Emotional Mapping handelt es sich um eine grafische Bewertung der Effektivität (Reinecke und Eberharter 2010), welche der emotionalen Wirkung eine zentrale Rolle zukommen lässt (Richins 1997). Das Verfahren ermöglicht es beispielsweise, überraschende Ambient-Maßnahmen anhand ihrer Ähnlichkeit bzw. Unähnlichkeit in einem mehrdimensionalen Raum zu visualisieren und Rückschlüsse auf ihre zugrunde liegenden Eigenschaften und ihre emotionale Wirkung zu ziehen. Aus den Ergebnissen lässt sich die emotionale Wirkung von Kommunikationsmaßnahmen grafisch veranschaulichen und Ambient-Media in Kategorien einteilen. Ex ante bieten die Ergebnisse Orientierung bei der Kreation künftiger Aktionen. Beispielsweise lassen sich Entscheidungen zur emotionalen Wirkung potenzieller Maßnahmen unter Berücksichtigung von Rahmenbedingungen (z. B. Produktart, Zielgruppe) treffen. Zudem können die Ergebnisse herangezogen werden, um die emotionale Wirkung einer künftigen Maßnahme klar der Werbeagentur zu kommunizieren, die für die Gestaltung der Maßnahme verantwortlich ist. Ex post lässt sich mithilfe der Emotional Map die tatsächliche emotionale Wirkung überprüfen, um relevante Stellschrauben für die emotionale Wirkung künftiger Ambient-Maßnahmen zu identifizieren.

K. Hutter, S. Hoffmann, *Professionelles Guerilla-Marketing*,
DOI 10.1007/978-3-658-02268-6_13, © Springer Fachmedien Wiesbaden 2013

Das Emotional Mapping basiert auf der **Multidimensionalen Skalierung (MDS)** (Torgerson 1958). Dieses Verfahren ordnet mehrere Objekte anhand ihrer Ähnlichkeit in einem mehrdimensionalen Raum (Backhaus et al. 2011, S. 235). Ziel ist es, dass die Nähe (bzw. Distanz) zwischen jeweils zwei Objekten im Raum ihrer Ähnlichkeit (bzw. Unähnlichkeit) entspricht. Dabei sollen so wenig Dimensionen wie möglich benötigt werden. Die Dimensionen werden rein statistisch bestimmt und müssen anschließend vom Forscher interpretiert, d. h. mit Bedeutung belegt werden. Eine MDS lässt sich mit Statistik-Softwarepaketen wie SPSS durchführen. Um die Ähnlichkeit bzw. Distanz zwischen Objekten zu bestimmen, werden Probanden befragt und Ratingverfahren, Rangreihungen oder Ankerpunktmethoden genutzt. Beim Ratingverfahren werden Objektpaare anhand ihrer Ähnlichkeit (vollkommen ähnlich bis vollkommen unähnlich) eingestuft. Das Verfahren ist vergleichsweise schnell durchführbar, liefert jedoch weniger genaue Ergebnisse, da viele Werte mehrfach vorkommen können. Bei der Methode der Rangreihung werden Objektpaare anhand ihrer Ähnlichkeit in eine Rangreihe gebracht und entsprechend ihrer Rangfolge mit Rangwerten versehen. Bei der Ankerpunktmethode dient jedes Objekt einmal als Vergleichsobjekt (= Ankerpunkt) für alle restlichen Objekte, um diese gemäß ihrer Ähnlichkeit zum Ankerpunkt in Reihenfolge zu bringen.

13.2 Blick in die Forschung: Die Ambient-Emotion-Studie

Die nun vorgestellte empirische Untersuchung (Hutter 2012) zielte darauf ab, verschiedene Ambient-Maßnahmen anhand ihrer wahrgenommenen (Un-)Ähnlichkeit mithilfe der Methode des Emotional Mapping zu kategorisieren. Ferner sollen die Ambient-Kategorien anhand ihrer emotionalen Wirkung näher beschrieben werden.

Aus der Vielzahl existierender Ambient-Maßnahmen wurden charakteristische Beispiele ausgewählt. Um sicherzustellen, dass es sich um tatsächlich umgesetzte Ambient-Aktionen handelt, wurden in einer Onlinerecherche nur jene Maßnahmen ausgewählt, für die umfassende Hintergrundinformationen (z. B. werbendes Unternehmen, Durchführungszeitraum und -ort) verfügbar waren. Insgesamt gingen die folgenden 18 Ambient-Maßnahmen aus 13 verschiedenen Ländern in die Analyse ein:

1. **Legosteinhaufen:** Der dänische Spielbausteine-Fabrikant *Lego Group* positioniert 2007 in Procolor (Singapur) überdimensionale Legosteine aufgetürmt zu einem Haufen an stark frequentierten Orten (z. B. Bahnhof, Flughafen).
2. **Antike Möbel:** *Absolut Vodka* stattet 2010 in Chicago (USA) Bushaltestellen mit antiken wertvollen Sitzmöbeln für Wartende aus.
3. **Kaffeelaterne:** Die Fastfood-Kette *McDonald's* funktioniert 2009 in Vancouver (Kanada) eine Straßenlaterne als überdimensionale Kaffeekanne um. Die Leuchte symbolisiert eine Kaffeekanne, der Laternenpfosten stellt den fließenden Kaffee dar, der in einen überdimensionalen Pappbecher am Fuße der Laterne fließt.

4. **Bierdosenhaltegriff:** Das Brauerei-Unternehmen *Baltic Beverages Holding* montiert 2007 in Santiago de Chile (Chile) in öffentlichen Verkehrsmitteln Haltegriffe in Form einer Baltic Bierdose.
5. **Kartoffelbeet:** Der zu *PepsiCo*-Konzern gehörende amerikanische Lebensmittelhersteller *Frito Lay* installiert 2009 in mehreren Städten in den USA an der Decke von Metrostationen ein Kartoffelbeet, aus dem Kartoffeln zu wachsen scheinen.
6. **Roulette-Gepäckband:** Das *Casino di Venezia* installiert 2009 am Flughafen Rom (Italien) ein Gepäckband in Form eines überdimensionalen Rouletterades.
7. **Fußball-Fernsehturm:** Die *Deutsche Telekom* gestaltet 2006 die Turmkugel des Alex, d. h. des Berliner Fernsehturms, als magentafarbenen Fußball.
8. **Krebstumor:** Die *New Zealand Breast Cancer Foundation* platziert 2009 in Auckland (Neuseeland) ein überdimensionales Objekt in Form eines Krebstumors in der Fußgängerzone.
9. **Kreuze am Straßenrand:** *Ärzte ohne Grenzen* gestalten 2006 in Paris Begrenzungspfosten am Straßenrand in Form von Kreuzen um.
10. **Torwart:** Der Sportartikelhersteller *Adidas* installiert 2006 während der Fußball-Weltmeisterschaft an der Münchner Flughafen-Autobahn eine 65 m breite Figur des Torwarts Oliver Kahn, die sich in Form eines Torbogens über die Fahrbahn lehnt, um einen Ball zu fangen.
11. **Bowlingbahn-Mund:** Die *Karstadt-Quelle-Versicherung (Arcandor AG)* gestaltet 2006 das Pindeck einer Hamburger Bowlingbahn so um, dass es einem geöffneten Mund mit Zähnen (Pins) gleicht. Umgeworfene Pins werden als ausgefallene Zähne wahrgenommen.
12. **Hundefloh:** Das auf Arzneimitteln für den Veterinärbedarf spezialisierte Pharmaunternehmen *Merial (Sanofi-Avensis Gruppe)* modifiziert 2008 in Jakarta (Indonesien) den Foyerboden eines Einkaufszentrums mit dem Bild eines riesigen Hundes, so dass Passanten, die darauf laufen, aus großer Höhe als Flöhe auf dem Hund wahrgenommen werden.
13. **Blitzlicht:** Das Unternehmen *Nikon,* das unter anderem Fotoapparate produziert, installiert 2008 in einer U-Bahnstation in Seoul (Südkorea) ein interaktives Plakat, das Fotografen abbildet, die ihre Kameras auf Passanten in der U-Bahnstation richten. Sobald Passanten das Plakat passieren, lösen sie durch eine Induktionsschleife im Boden Blitzlichter im Plakat aus.
14. **Zebrastreifen:** Der Konsumgüterhersteller *Procter & Gamble* hebt 2006 in Düsseldorf einen einzelnen Streifen eines ergrauten Zebrastreifens strahlend weiß hervor und versieht diesen mit dem Marken-Logo seines Haushaltsreinigers *Meister Proper.*
15. **Personenwaage:** Die Fitness-Studio-Kette *Fitness First* installiert 2008 in Rotterdam (Niederlande) an einer Bushaltestelle eine digitale Personenwaage. Sobald sich eine wartende Person auf die Bank der Bushaltestelle setzt, wird ihr Gewicht an der Seitenwand der Haltestelle angezeigt.
16. **Schwebender Nagellack:** Das britische Kosmetikunternehmen *Rimmel* positioniert 2009 in London in der Fußgängerzone eine überdimensionale Nagellackflasche, die in der Luft zu schweben und auszulaufen scheint.

17. **Rauchender Kaffee-Schacht:** Die *Folgers Coffee Company* nutzt 2007 in New York einen Schachtdeckel am Fahrbahnrand, aus dem Rauch aufsteigt. Der Schachtdeckel erhält mittels Graffiti das Aussehen einer Kaffeetasse aus der Vogelperspektive, aus der heißer Kaffeedampf aufzusteigen scheint.
18. **Bodenloser Fahrstuhl:** *Maxwell House Kaffee (Kraft Foods)* modifiziert 2008 in Peking (China) in einem Bürohaus den Boden eines Fahrstuhles, so dass der Eintretende den Eindruck bekommt, in einen tiefen Abgrund zu fallen.

Eine Gruppe von fünf Marketingexperten bewertete die 18 Ambient-Maßnahmen anhand ihrer Ähnlichkeit. Um die emotionale Wirkung dieser Maßnahmen auch im Vergleich zu traditionellen Maßnahmen einschätzen zu können, wurde eine klassische Außenwerbung in die Bewertung aufgenommen. Dabei handelte es sich um ein Plakat an einer Bushaltestelle. Zudem sollten die Experten sich eine aus ihrer Sicht fiktive „ideale" Ambient-Maßnahme vorstellen, ohne sie näher zu beschreiben, und diese in die Bewertung einbeziehen. Bei der Analyse diente jedes der insgesamt 20 Objekte einmal als Ankerpunkt, um die verbleibenden Objekte gemäß ihrer Ähnlichkeit zu diesem Ankerpunkt in eine aufsteigende Reihenfolge zu bringen. Mithilfe des Emotional Mapping können die ausgewählten Ambient-Media-Maßnahmen nun in einem zweidimensionalen Raum angeordnet werden, der ihre subjektive Wahrnehmung repräsentiert. Dabei werden die Objekte räumlich so angeordnet, dass die Distanzen zwischen Objekten im Raum möglichst exakt den empfundenen Unähnlichkeiten entsprechen.

Anhand Abb. 13.1 wird sichtbar, dass der Wahrnehmungsraum sich in fünf Gruppen von Ambient-Maßnahmen untergliedern lässt. Diese Gruppen sind in horizontaler Richtung von rechts nach links nach ihrer emotionalen Wertigkeit angeordnet (unangenehme Maßnahmen ganz links, angenehme Maßnahmen weiter rechts). In vertikaler Richtung schlägt sich offenbar das Aktivierungspotenzial nieder. Erregende Maßnahmen liegen weiter oben, beruhigende Maßnahmen liegen weiter unten. Es zeigt sich, dass der inhaltlichen Interpretation der Emotional Map die beiden Dimensionen menschlicher Emotionen (Wertigkeit und Aktivierung) des „Circumplex Model of Affects" (Russel 1980) (vgl. Teil II, Abschn. 6.2.1) zugrunde gelegt werden können. Das Modell scheint geeignet, um die emotionale Wirkung von Ambient-Maßnahmen ausgehend von menschlichen Emotionen zu beschreiben und zu kategorisieren.

Die Ergebnisse des Emotional Mapping zeigen, dass die folgenden vier Ambient-Gruppen in der Lage sind, eine emotionale Wirkung zu erzeugen (Hutter 2012). Diese vier Gruppen bilden die Ambient-Media-Kategorien, deren vordergründige Wirkung aus unterschiedlichen primären Eigenschaften resultieren (Abb. 13.2).

1. **Aktivierende** Ambient-Maßnahmen sollen Konsumenten stimulieren. Hierfür sind sehr originelle Ideen zielführend. Idealerweise nutzen aktivierende Maßnahmen interaktive Elemente, um den Passanten direkt in die Aktion einzubeziehen, oder sie überraschen ihn dadurch, dass er selbst die Maßnahme „auslöst". Auf diese Weise beschäftigen sich Konsumenten intensiver mit der Aktion, und sie locken gleichzeitig

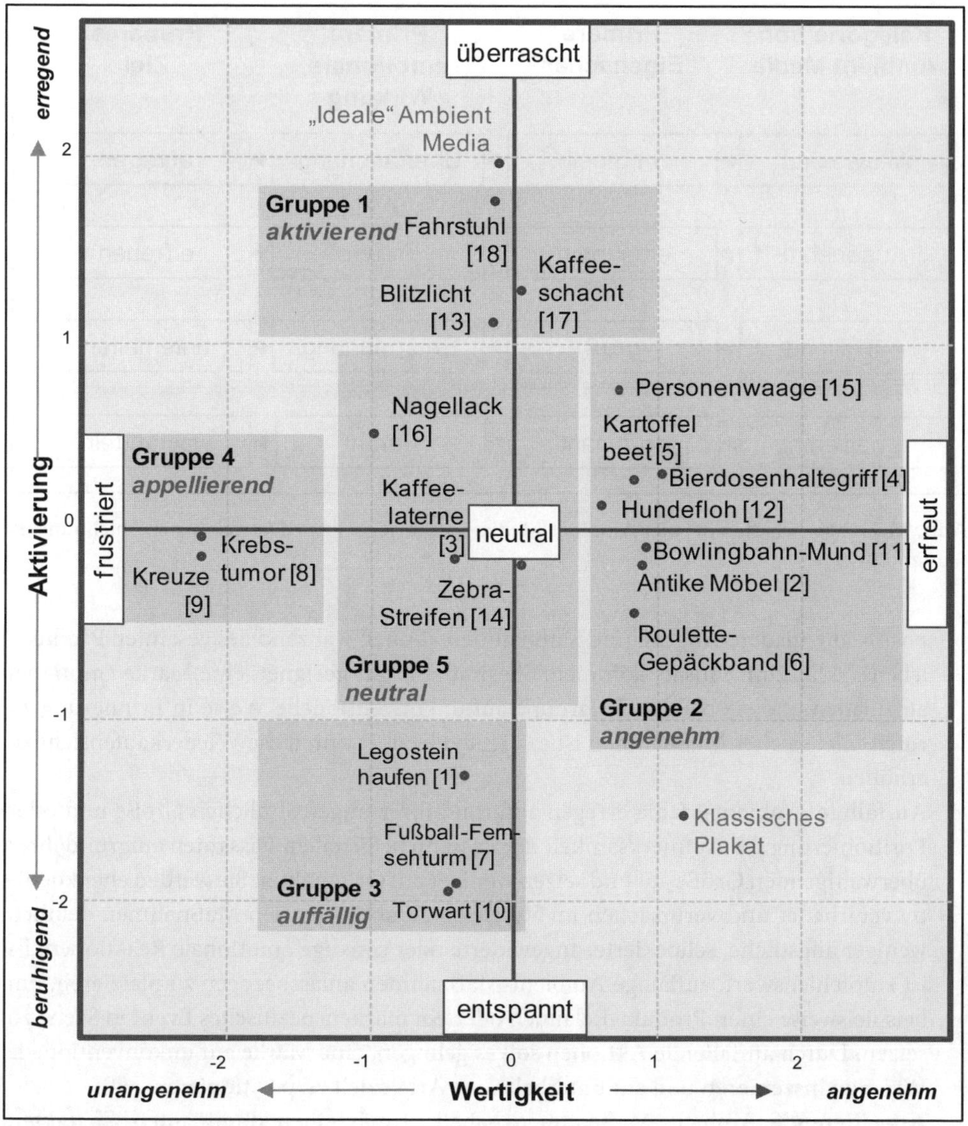

Abb. 13.1 Emotional Map der Ambient-Media-Maßnahmen, Hutter (2012)

weitere entfernte Personen an, deren Neugier geweckt wird. Aktivierende Ambient-Aktionen eignen sich besonders gut für die Einführung eines neuen Produktes. Ziel ist es, die Bekanntheit des Produktes zu steigern und den Diffusionseffekt anzuregen.

2. **Angenehme** Ambient-Maßnahmen dienen der Unterhaltung der Konsumenten. Sie werden als besonders erheiternd empfunden. Sie sollten dann eingesetzt werden, wenn die Kampagne den Konsumenten erfreuen soll, um beispielsweise das Markenimage

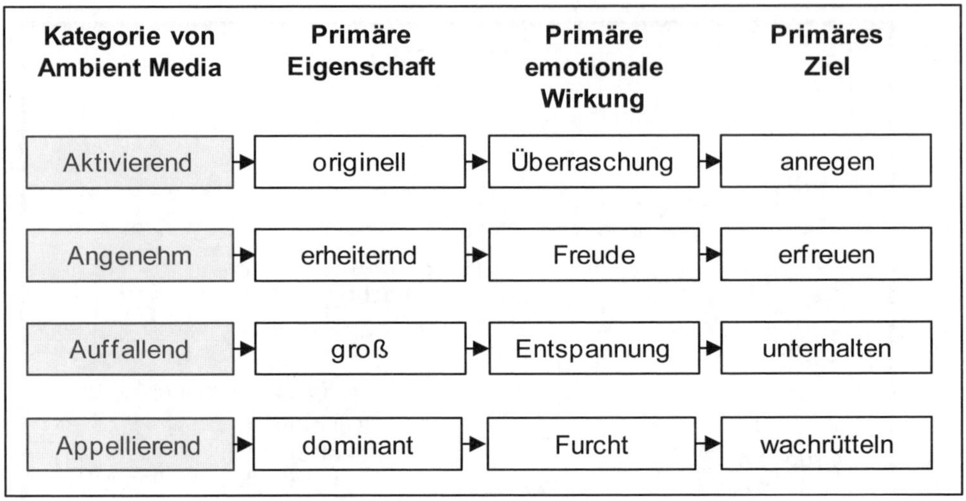

Abb. 13.2 Eigenschaften der vier Ambient-Media-Kategorien, eigene Darstellung in Anlehnung an Hutter (2012)

positiv aufzuladen. Angenehme Maßnahmen können während des gesamten Produktlebenszyklus zum Einsatz kommen. Sie sind sehr gut geeignet, eine Marke emotional aufzuladen und sie bei der Zielgruppe auf unkonventionelle Weise in Erinnerung zu rufen. Ziel solcher Maßnahmen ist es nicht zuletzt, dadurch die Wiederkaufabsicht zu erhöhen.

3. **Auffällige** Ambient-Media erregen aufgrund ihrer ungewöhnlichen Größe und/oder Positionierung die Aufmerksamkeit der Passanten. Sie fallen Passanten aufgrund ihrer überwältigenden Größe auf und setzen weniger auf Originalität. Sie werden eher kognitiv verarbeitet und verursachen im Vergleich zu aktivierenden Maßnahmen deutlich weniger ängstliche, schockierte, angewiderte oder sonstige emotionale Reaktionen. Es ist empfehlenswert, auffällige Ambient-Maßnahmen anlassbezogen zu platzieren, um beispielsweise einen Produkt-Relaunch oder ein markenspezifisches Event in Szene zu setzen. Durch auffallende Aktionen soll es gelingen, eine Marke auf unkonventionelle Weise zu inszenieren und auf unterhaltsame Art gezielt zu positionieren.
4. **Appellierende** Ambient-Maßnahmen haben primär einen dominanten Charakter, denn sie beabsichtigen, Konsumenten wachzurütteln. Appellierende Ambient-Maßnahmen nutzen häufig Furchtapelle, auf die Konsumenten zwar aufmerksam werden, jedoch dabei oft ein Gefühl des Unbehagens empfinden. Sie werden beispielsweise im Gesundheitsmarketing (Hoffmann et al. 2012) eingesetzt, um Konsumenten auf Gesundheitsrisiken aufmerksam zu machen und um sie zu präventivem Verhalten zu bewegen. Appellierende Aktionen sollten einen zeitlichen Bezugspunkt haben (z. B. Welt-Nichtrauchertag, Welt-Aids-Tag), um beim Rezipienten in einem nachvollziehbaren Kontext wahrgenommen zu werden. Ziel appellierender Ambient-Kampagnen ist es, ein häufig schwer kommunizierbares Thema ins Bewusstsein der Gesellschaft zu rücken.

Bei der Interpretation der Befunde muss berücksichtigt werden, dass die Emotional Map nur die relative Position der ausgewählten Beispielaktionen zueinander widerspiegelt. Bei Ambient-Media handelt es sich laut Definition um Werbemaßnahmen, die aufgrund eines Überraschungseffektes die Aufmerksamkeit der Passanten auf sich ziehen. Demnach ist die Torwart-Aktion (10) nicht absolut als entspannt einzustufen. Lediglich im Vergleich zu den anderen untersuchten Ambient-Aktionen hat die Torwart-Aktion relativ gesehen eine weniger aktivierende Wirkung. Anhand der Distanz zwischen der klassischen Außenwerbung und den Ambient-Maßnahmen in der Emotional Map wird zudem deutlich, dass es große Unterschiede zwischen Ambient-Media und klassischen Plakaten hinsichtlich ihrer emotionalen Wirkung gibt.

13.3 Kapitel in Kürze

In a Nutshell

- Das Emotional Mapping bietet einen grafischen Ansatz, um die Wirkung von Guerilla-Maßnahmen zu bewerten.
- Ambient-Maßnahmen lassen sich ähnlich wie menschliche Emotionen anhand der Dimensionen Aktivierung und Bewertung klassifizieren.
- Man kann vier Grundtypen von Ambient-Maßnahmen unterscheiden: aktivierende, angenehme, auffallende und appellierende. Sie sollten je nach Werbeziel eingesetzt werden.

Reflexionsfragen

Wie kann man Ihrer Meinung nach mittels Ambient-Media verschiedene Emotionen gleichzeitig ansprechen?

____

____

Wann sind appellierende Ambient-Maßnahmen zielführend, wann eignen sich eher aktivierende, auffällige oder angenehme Maßnahmen?

____

____

Inwiefern können Beispielmaßnahmen (aus der vorgestellten Studie) als Ideengeber herangezogen werden, um neue einzigartige Ambient-Maßnahmen zu entwickeln?

____

____

Further Readings

Hutter, K. (2012). Mit Emotional Mapping Ambient-Media messen und steuern. *transfer – Werbeforschung & Praxis, 58*(2), 58–65.

Richins, M. L. (1997). Measuring emotions in the consumption experience. *Journal of Consumer Research, 24*(2), 127–146.

Literatur

Backhaus, K., Erichson, B., Plinke, W., & Weiber, R. (2011). *Fortgeschrittene Multivariate Analysemethoden. Eine anwendungsorientierte Einführung.* Berlin: Springer.

Hoffmann, S., Schwarz, U., & Mai, R. (2012). *Angewandtes Gesundheitsmarketing.* Wiesbaden: Springer.

Hutter, K. (2012). Mit Emotional Mapping Ambient-Media messen und steuern. *transfer – Werbeforschung & Praxis, 58*(2), 58–65.

Reinecke, S., & Eberharter, J. (2010). Marketingcontrolling 2010: Einsatz von Methoden und Verfahren des Marketingcontrollings in der Praxis. *Controlling, 22*(8/9), 438–447.

Richins, M. L. (1997). Measuring emotions in the consumption experience. *Journal of Consumer Research, 24*(2), 127–146.

Russell, J. A. (1980). A circumplex model of affect. *Journal of Personality and Social Psychology, 39*(6), 1161–1178.

Torgerson, W. S. (1958). *Theory and methods of scaling.* New York: Wiley.

Vereinfachte Effizienzbewertung 14

Nach der Lektüre dieses Kapitels können Sie . . .

- die Wirkmechanismen von Guerilla-Maßnahmen messen.
- die Effizienz von Ambient-Maßnahmen auf vereinfachte Weise bewerten.

14.1 Einfache Messansätze

Die in den vorangegangenen Kapiteln vorgestellten Methoden der Effizienzmessung erfordern die Einschätzungen von Experten. Da es beispielsweise aus Kosten- und/oder Zeitgründen nicht immer möglich ist, ein Expertenteam mit der Beurteilung von Guerilla-Maßnahmen zu beauftragen, wird in diesem Kapitel eine alternative Bewertungsmethode vorgestellt. Diese stützt sich auf Aussagen der künftigen Zielgruppe der Guerilla-Maßnahme. Die Probanden sollten alle Kernkomponenten des Guerilla-Effekts, d. h. Überraschung, Diffusion und Kosten bewerten (Hutter und Hoffmann 2011a, b). Hierzu werden einfache Rating-Skalen oder semantische Differenziale genutzt.

Bei einer **Rating-Skala** geben Probanden an, inwieweit sie einer Aussage zustimmen bzw. diese ablehnen (Berekhoven et al. 2009; Kuß 2012; Porst 2011). Eine Aussage könnte beispielsweise lauten: „Diese Maßnahme ist unkonventionell." Die Probanden antworten auf einer mehrstufigen (meist fünf- oder siebenstufigen) Antwortskala. Eine siebenstufige Skala könnte die folgenden verbalen Anker aufweisen: − 3 „trifft überhaupt nicht zu", − 2 „trifft nicht zu", − 1 „trifft eher nicht zu", 0 „weder/noch", + 1 „trifft eher zu", + 2 „trifft zu", + 3 „trifft voll und ganz zu". Beim **semantischen Differenzial** werden dem Probanden gegensätzliche Eigenschaftspaare gezeigt (Osgood et al. 1957). Dies könnte beispielsweise „eintönig vs. ungewöhnlich" oder „konservativ vs. innovativ" sein. Der Proband bewertet, ob sich die Guerilla-Maßnahme eher über das eine oder das andere Adjektiv charakterisieren lässt. Dies ist in Abb. 14.1 beispielhaft veranschaulicht.

K. Hutter, S. Hoffmann, *Professionelles Guerilla-Marketing*,
DOI 10.1007/978-3-658-02268-6_14, © Springer Fachmedien Wiesbaden 2013

Wie schätzen Sie die Aktion ein? Bitte kreuzen Sie an.

	Die Maßnahme ist…	-3	-2	-1	0	+1	+2	+3	
Überraschung	nicht überraschend	☐	☐	☐	☐	☐	☐	☐	überraschend
	konventionell	☐	☐	☐	☐	☐	☐	☐	unkonventionell
	gewöhnlich	☐	☐	☐	☐	☐	☐	☐	ungewöhnlich
Diffusion	Die Maßnahme erreicht nur einen kleinen Personenkreis.	☐	☐	☐	☐	☐	☐	☐	Die Maßnahme erreicht einen sehr großen Personenkreis.
	Passanten werden Freunden/Bekannten nicht von der Maßnahme erzählen.	☐	☐	☐	☐	☐	☐	☐	Passanten werden Freunden/Bekannten ausführlich von der Maßnahme erzählen.
	Die Medien werden keinesfalls über diese Maßnahme berichten.	☐	☐	☐	☐	☐	☐	☐	Die Medien werden ausführlich über diese Maßnahme berichten.
Kosten	kostengünstig	☐	☐	☐	☐	☐	☐	☐	kostenintensiv
	billig	☐	☐	☐	☐	☐	☐	☐	teuer
	mit geringen Kosten verbunden	☐	☐	☐	☐	☐	☐	☐	mit sehr hohen Kosten verbunden

Abb. 14.1 Einfache Effizienzmessung, eigene Darstellung

Während sich Überraschungs- und Diffusionseffekt so relativ leicht einschätzen lassen, kann die zukünftige Zielgruppe die **Kosten** oftmals nur bedingt valide einschätzen. Hier bieten sich drei Alternativen an.

- Probanden können nach dem „wahrgenommenen Wert einer Maßnahme" gefragt werden, um den effizienten Kosteneinsatz aus Zielgruppenperspektive zu untersuchen. So könnte man erfragen, ob sie die Maßnahme als teuer vs. günstig oder als einfach vs. aufwändig einstufen.
- Sofern konkrete Kostenangaben zu den Guerilla-Maßnahmen vorliegen (z. B. aus der Abteilung Marketingcontrolling oder Material- und Stundeneinsatz in Agenturen), können die tatsächlichen Kosten (auch im Vergleich zu anderen Maßnahmen) zur Bewertung des Kosteneffektes herangezogen werden. Es lässt sich somit abschätzen, ob die Maßnahme in Relation zu anderen sehr teuer, teuer, günstig oder sehr günstig ist.
- Die Kosten könnten auch über eine verkürzte Expertenbefragung erfasst werden. So würden nur die Kosten aus der Expertenperspektive erhoben, während der Überraschungs- sowie der Diffusionseffekt aus der Sicht der Zielgruppe bestimmt werden. Dieses Vorgehen beschreibt durchaus die Realität, da Überraschung und Diffusion bei der Zielgruppe entstehen, während Marketingexperten fundierte Auskunft über Kosten geben können.

Tab. 14.1 Beispielhafte Messung des Guerilla-Effekts mittels Rating-Skalen

Konstrukt	Item	Skala
Überraschungseffekt	Diese Maßnahme ist überraschend	$-3\ldots+3$
	Diese Maßnahme ist unkonventionell	$-3\ldots+3$
	Diese Maßnahme ist ungewöhnlich	$-3\ldots+3$
Diffusionseffekt	Die Maßnahme erreicht einen großen Personenkreis	$-3\ldots+3$
	Die Passanten werden ihren Freunden und Bekannten von der Maßnahme erzählen	$-3\ldots+3$
	Die Medien werden über diese Maßnahme berichten.	$-3\ldots+3$
Kosteneffekt	Diese Maßnahme ist kostenintensiv	$-3\ldots+3$
	Diese Maßnahme ist teuer	$-3\ldots+3$
	Diese Maßnahme verursacht hohe Kosten	$-3\ldots+3$

Legende: Rating-Skala: − 3 „trifft überhaupt nicht zu", + 3 „trifft voll und ganz zu"

14.2 Blick in die Forschung: Die Ambient-Effizienz-Studie

Im Folgenden wird eine unveröffentlichte Studie der Technischen Universität Dresden berichtet, die den Einsatz der vereinfachten Effizienzmessung veranschaulichen soll. Für diese Studie wurden dieselben 18 beispielhaften Ambient-Maßnahmen verwendet, die auch beim bereits beschriebenen Emotional Mapping herangezogen wurden (vgl. Kap. 13). Auch in dieser Studie wurden als Vergleichsmaßstab eine klassische Außenwerbung (Plakat an einer Bushaltestelle) sowie eine fiktive „ideale" Ambient-Maßnahme in die Bewertung einbezogen.

38 Konsumenten im Alter zwischen 20 und 32 Jahren bewerteten jede Maßnahme anhand eines kurzen Fragebogens, der in Tab. 14.1 abgebildet ist, anhand mehrerer siebenstufiger Rating-Skalen. Um die Kosten einschätzen zu können, wurden die Probanden gebeten, anzugeben, wie „teuer" die Maßnahme auf sie wirkt. Zur Validierung wurden zusätzlich acht Marketingexperten aus dem Bereich Marketingcontrolling um eine Kosteneinschätzung gebeten.

Der **Überraschungsindex** (Abb. 14.2) zeigt, dass die traditionelle Maßnahme am schlechtesten und die „ideale" Ambient-Maßnahme am besten abschneidet. Mit Ausnahme des Torwarts stufen die Probanden alle Ambient-Maßnahmen als überraschend ein. Während der Bowlingbahn-Mund, der Zebrastreifen, der Fußball-Fernsehturm und das Roulette-Gepäckband moderat überraschend sind, werden insbesondere das Blitzlicht, der Krebstumor und das Kartoffelbeet als unerwartet wahrgenommen.

Eine ähnliche Rangfolge weist auch der **Diffusionsindex** (Abb. 14.3) auf. Dies belegt indirekt, dass Überraschung die Kommunikation zwischen Konsumenten stimuliert. Das traditionelle Plakat und die „ideale" Maßnahme markieren die jeweiligen Endpunkte der Diffusionsindizes. Zebrastreifen, Bowlingbahn-Mund, Gepäckband, Torwart und auch

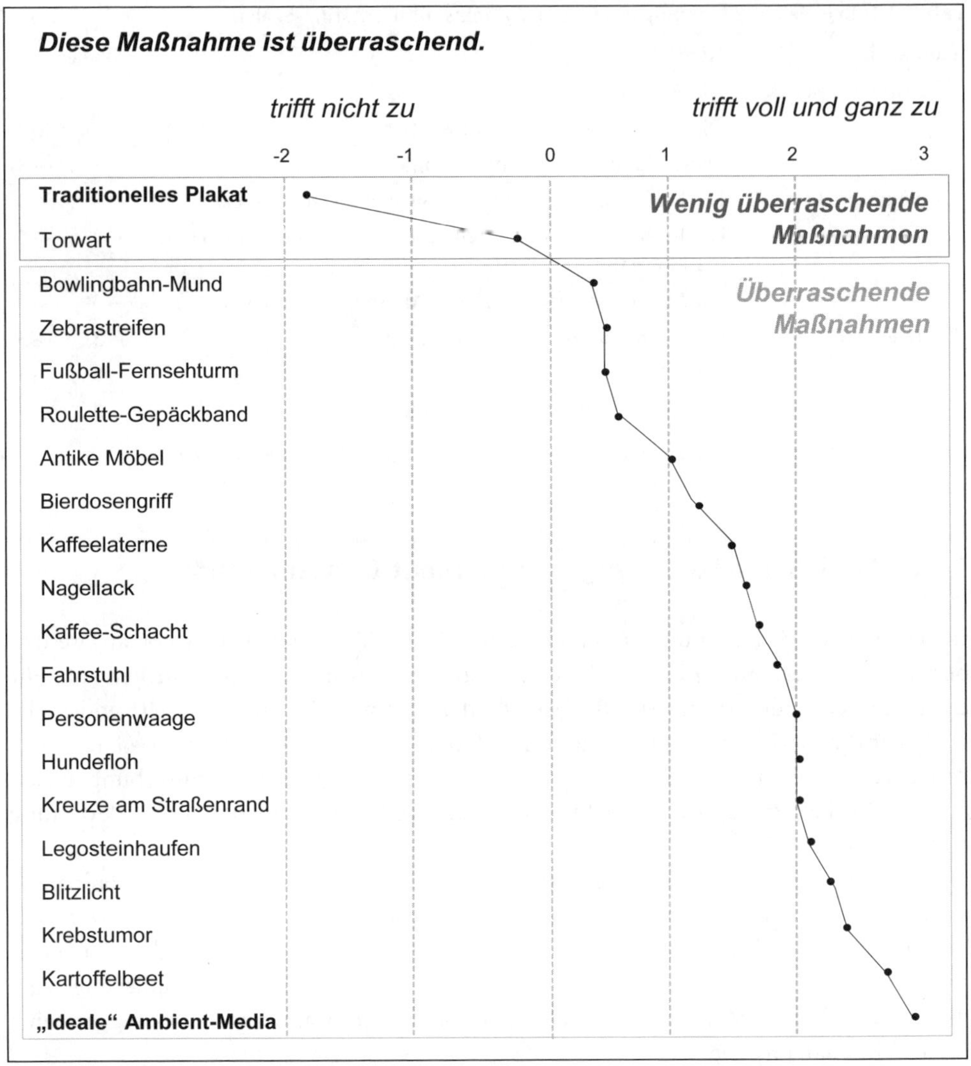

Abb. 14.2 Überraschungsindex, eigene Darstellung

Hundefloh kreisen um den Mittelpunkt Null, während die Kreuze am Straßenrand und der Krebstumor am ehesten in der Lage sind, einen großen Personenkreis zu erreichen.

Beim **Kostenindex** (Abb. 14.4) sind die traditionelle und die „ideale" Maßnahme im Mittelfeld der kostengünstigen Maßnahmen positioniert. Überraschend ist, dass die Hälfte der Ambient-Maßnahmen als z. T. stark kostenintensiv wahrgenommen wird. Hierbei ist zu berücksichtigen, dass die Probanden zur Zielgruppe von Ambient-Maßnahmen gehören und die Kosten nicht aus fachlicher Expertise, sondern anhand ihrer Wahrnehmung bewertet haben. Die Einschätzung der Expertenrunde dagegen weist lediglich den

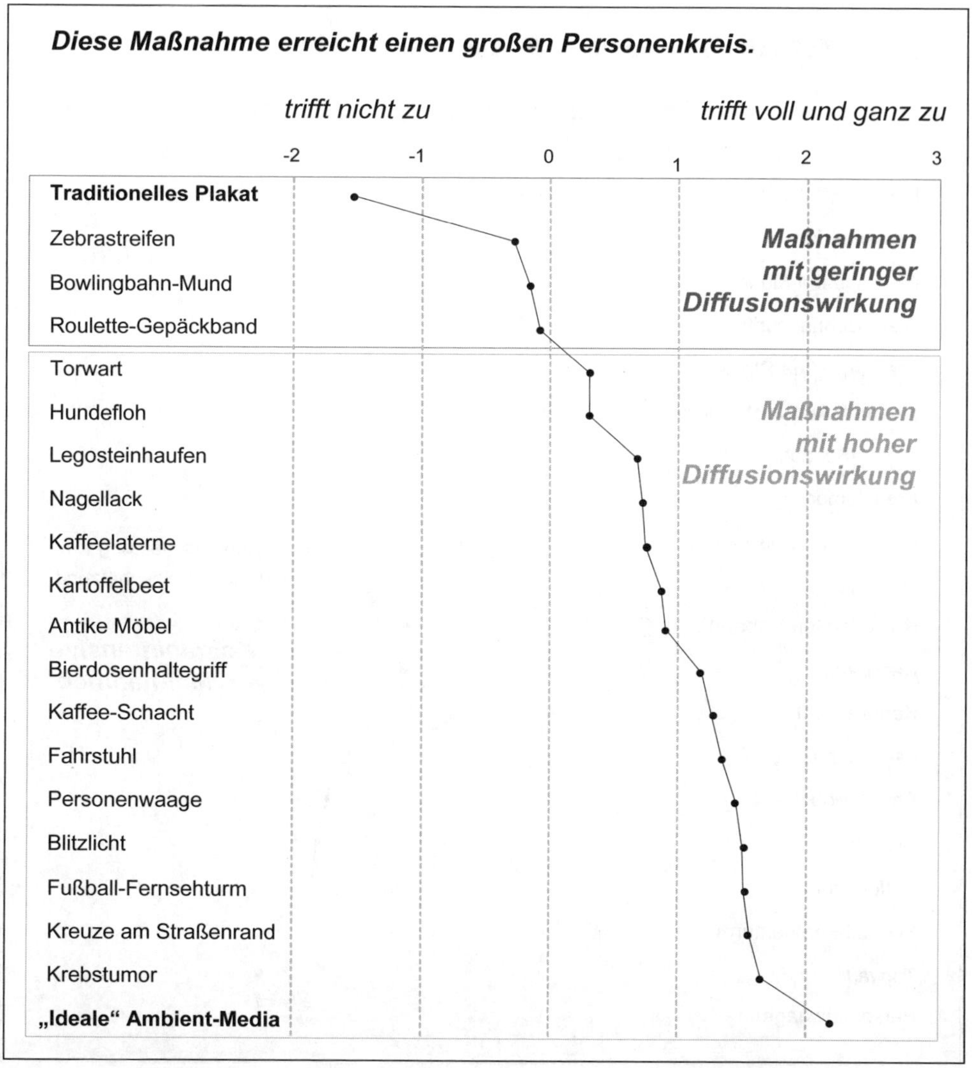

Abb. 14.3 Diffusionsindex, eigene Darstellung

Fußball-Fernsehturm und den Torwart als Kostentreiber aus. Kartoffelbeet und Blitzlicht sowie Kaffeelaterne und Personenwaage identifizieren die Experten als etwas kostenintensiver als den Rest der Maßnahmen, wobei insbesondere der Fahrstuhl, der Zebrastreifen und die „ideale" Maßnahme vernachlässigbare Kosten verursachen.

Problematisch ist die Bestimmung des generellen **Guerilla-Effekts** über einfache Rating-Skalen. Da für die Berechnung des Guerilla-Effektes keine negativen Werte verwendet werden dürfen, werden alle Werte auf den Bereich 0 bis 6 transformiert. Die Gesamteffizienz ergibt sich aus dem Verhältnis des Produktes aus Überraschungsindex

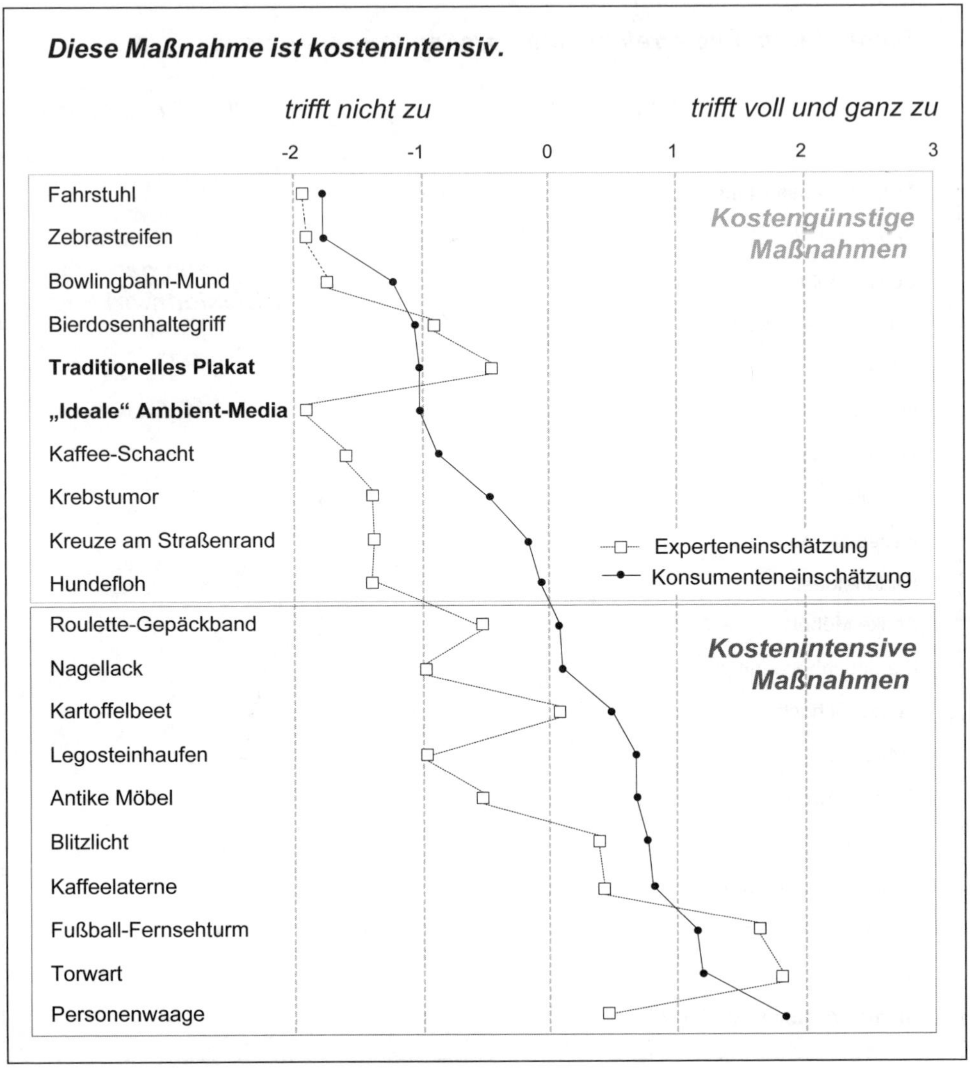

Abb. 14.4 Kostenindex, eigene Darstellung

und Diffusionsindex zum Kostenindex. Der errechnete **Index der Gesamteffizienz** kann Werte zwischen 0 und 36 annehmen und ist pro Maßnahme aus Abb. 14.5 ersichtlich.

Der Index der Gesamteffizienz zeigt, dass die traditionelle und die „ideale“ Maßnahme erneut den Rahmen markieren. Zudem ist ersichtlich, dass insbesondere der Torwart als Ambient-Maßnahme einen sehr mäßigen Effizienzwert aufweist. Grund dafür ist der hohe Kostenindex, der dem Nutzenindex gegenübersteht. Ambient-Maßnahmen, die einen Gesamteffizienz-Index zwischen 5 und 10 aufweisen, können als moderat effizient eingestuft werden. Der Fahrstuhl und die „ideale“ Ambient-Maßnahme sind dagegen

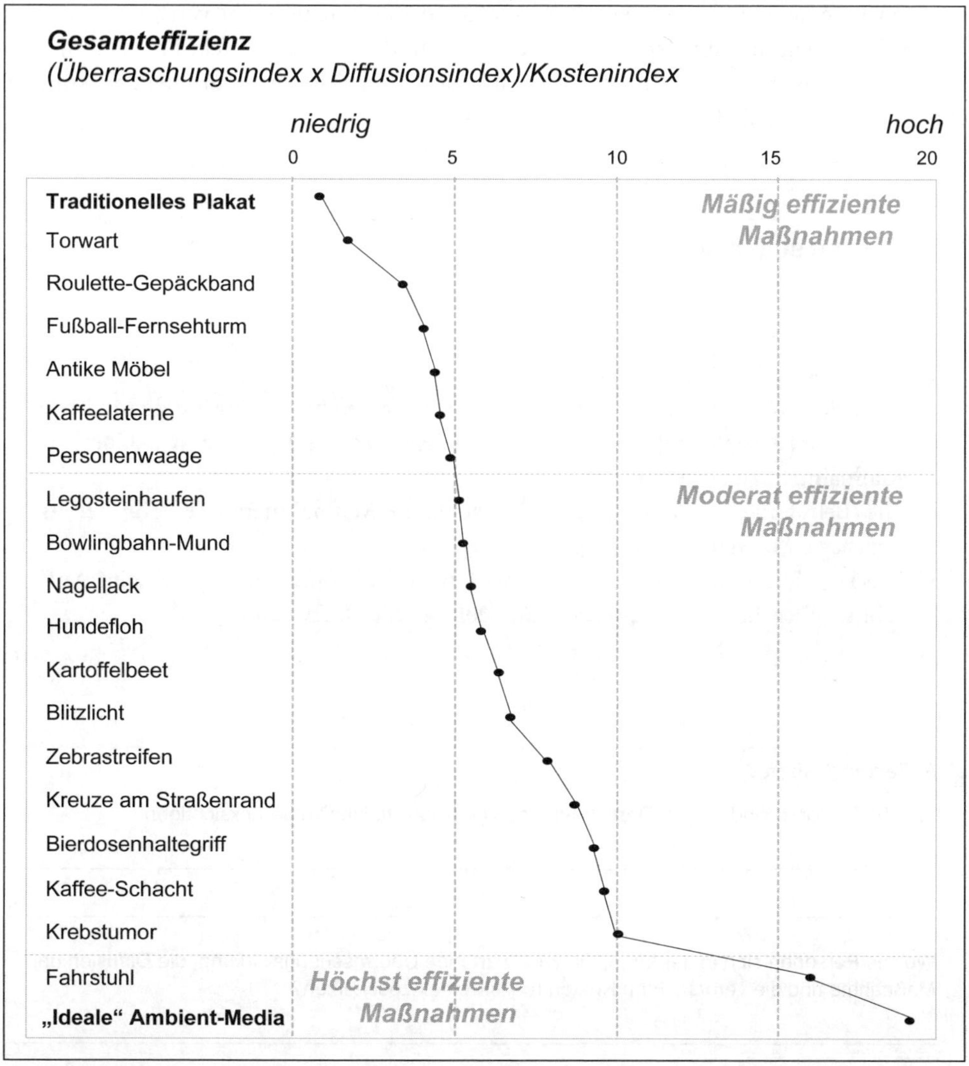

Abb. 14.5 Index der Gesamteffizienz, eigene Darstellung

höchst effizient. Um den errechneten Index der Gesamteffizienz zu validieren, sollten die Befragten zusätzlich die Aussage „Diese Maßnahme ist insgesamt sehr effizient" bewerten. Ein Korrelationskoeffizient zwischen diesem direkten Urteil und der berechneten Gesamteffizienz von $r = 0{,}7$ bekräftigt die vereinfachte Effizienzberechnung.

Zusammenfassend lässt sich festhalten, dass die Einschätzung der Zielgruppe einer Ambient-Maßnahme zur vereinfachten Effizienzbewertung herangezogen werden kann. Falls möglich bzw. nötig, sollten Expertenurteile unterstützend zur Bewertung einbezogen werden. Zudem lässt sich die Berechnung des Nutzen-Kosten-Verhältnisses basierend auf Konsumenteneinschätzungen als vereinfachte Effizienzmesszahl verstehen und zur Kontrolle gemeinsam mit Expertenbeurteilungen in den Guerilla-Effekt überführen. Die Maßnahmen lassen sich anschließend hinsichtlich ihrer Effizienz beurteilen. So können entsprechende Implikationen abgeleitet werden.

14.3 Kapitel in Kürze

In a Nutshell

- Anstelle von Expertenbeurteilungen lassen sich als weniger aufwändige Methode auch Konsumentenbefragungen heranziehen, um die Effizienz von Guerilla-Maßnahmen zu bewerten.
- Die Befragung kann wahlweise für geplante Maßnahmen oder für bereits realisierte Maßnahmen durchgeführt werden.
- Die Post-hoc-Befragung einer repräsentativen Konsumenten-Gruppe gibt Aufschluss über die tatsächliche Wirkung der Guerilla-Maßnahme.

Reflexionsfragen

Welche Faktoren sind bei der Berechnung des Guerilla-Effektes zu berücksichtigen?

Welche Personen sind in der Lage, die zu erwartende Überraschungswirkung, die Diffusion der Maßnahme und die verursachten Kosten realistisch einzuschätzen?

In welcher Weise wird der mediale Effekt von Guerilla-Maßnahmen in der Berechnungsvorschrift berücksichtigt?

Further Readings

Hutter, K., & Hoffmann, S. (2011). Guerilla-Marketing – eine nüchterne Betrachtung einer viel diskutierten Werbeform. *International Journal of Marketing, 50*(2), 121–135.

Kuß, A. (2012). *Marktforschung: Grundlagen der Datenerhebung und Datenanalyse* (4. Aufl.). Wiesbaden: Gabler.

Literatur

Berekhoven, L., Eckert, W., & Ellenrieder, P. (2009). *Marktforschung: Methodische Grundlagen und praktische Anwendung* (12. Aufl.). Wiesbaden: Gabler.

Hutter, K., & Hoffmann, S. (2011a). Guerilla-Marketing – eine nüchterne Betrachtung einer viel diskutierten Werbeform. *International Journal of Marketing, 50*(2), 121–135.

Hutter, K., & Hoffmann, S. (2011b). Guerrilla marketing: The nature of the concept and propositions for further research. *Asian Journal of Marketing, 5*(2), 39–54.

Kuß, A. (2012). *Marktforschung: Grundlagen der Datenerhebung und Datenanalyse* (4. Aufl.). Wiesbaden: Gabler.

Osgood, C. E., Suci, G., & Tannenbaum, P. (1957). *The measurement of meaning*. Urbana: University of Illinois Press.

Porst, R. (2011). *Fragebogen: Ein Arbeitsbuch* (3. Aufl.). Wiesbaden: Verlag für Sozialwissenschaften.

Wirksamkeit aus Sicht von Unternehmen und Agenturen 15

Nach der Lektüre dieses Kapitels können Sie . . .

- Motive zur Nutzung von Guerilla-Maßnahmen aus Unternehmersicht erkennen.
- Motive zur Nutzung von Guerilla-Maßnahmen aus Agentursicht benennen.
- die unterschiedlichen Sichtweisen von Unternehmen und Agenturen auf das Guerilla-Marketing vergleichen.

15.1 Überblick

An der Konzeption von Kommunikationskampagnen sind im Regelfall neben dem werbenden Unternehmen auch Beratungs- und Werbeagenturen beteiligt. Die Marketer und Manager des **Unternehmens** müssen zuerst die Notwendigkeit bzw. den Nutzen des Guerilla-Ansatzes erkennen. Sie treffen die Entscheidung, ob und in welchem Maße innovative Kommunikationsmaßnahmen zum Einsatz kommen. Sie nehmen somit eine zentrale Position ein. Das Unternehmen beauftragt in den meisten Fällen eine **Agentur** mit der Entwicklung und Umsetzung konkreter Guerilla-Maßnahmen. Ihnen kommt somit die Rolle eines Auftragnehmers zu.

Die integrative Analyse der Unternehmens- sowie Agentursicht ist aus zwei Gründen relevant. Erstens setzen sich – trotz einer zunehmenden Anwendung von Guerilla-Maßnahmen in der Unternehmenspraxis – bislang nur wenige wissenschaftliche Beiträge mit Guerilla-Marketing als Gesamtkonzept auseinander (z. B. Huber et al. 2009; Krieger et al. 2012). Obwohl sich Studien zwar mit einzelnen Instrumenten des Guerilla-Marketing beschäftigen (z. B. Ambush-Marketing: Crow und Hoek 2003; Hutter und Schwarz 2012; Viral-Marketing: Phelps et al. 2004; Hinz et al. 2011; Ambient-Marketing: Krieger et al. 2012; Hutter und Hoffmann 2013), gibt es derzeit keine empirischen Erkenntnisse über die Wirkmechanismen von Guerilla-Marketing als Gesamtkonzept. Zweitens fokussieren die

DOI 10.1007/978-3-658-02268-6_15,

meisten Studien auf die Reaktionen von Konsumenten. Die Perspektive von Unternehmen und Agenturen wird kaum thematisiert (Baltes und Leibing 2008). Angesichts der zentralen Bedeutung der Unternehmen bei der Durchsetzung von Kommunikationskampagnen ist die Bewertung alternativer Werbeformen aus Sicht von Marketingverantwortlichen maßgeblich für die künftige Entwicklung des Konzeptes. Daher ist es nötig, die derzeit vorherrschenden Meinungen in der Praxis zu erörtern.

Im Folgenden berichten zwei Studien, welche Sichtweise Unternehmen bzw. Agenturen zum Guerilla-Marketing als übergeordnetes Konzept innovativer Marketingkommunikation haben. Beiden Studien liegen folgende Forschungsfragen zugrunde:

- Was verstehen Unternehmen bzw. Werbeagenturen unter Guerilla-Marketing und welchen Stellenwert nimmt es derzeit in der Praxis ein?
- Welche Ziele verfolgen Unternehmen bzw. Werbeagenturen mit dem Einsatz von Guerilla-Marketing?
- Wie schätzen Unternehmen bzw. Werbeagenturen die Effizienz von Guerilla-Maßnahmen ein?
- Welches Entwicklungspotenzial hat Guerilla-Marketing aus Sicht der Unternehmen bzw. Werbeagenturen?

15.2 Die Unternehmensperspektive

Ziel der Studie (Hutter 2013) ist es, die Sicht von Managern und Marketern auf Guerilla-Marketing zu beleuchten. Dabei wird Guerilla-Marketing als übergeordnetes Prinzip betrachtet und nicht einzelne Instrumente. Hierzu wurden deutschlandweit zehn Marketing-Manager führender Unternehmen aus sechs verschiedenen Branchen interviewt. Die Befunde sind thematisch geordnet und werden stets mit O-Tönen illustriert.

Begriffsverständnis: Die Experten stimmen darin überein, dass der Einfluss klassischer Werbemaßnahmen sinkt. Sie begründen dies insbesondere mit der „Flut an Werbemaßnahmen" und der daraus resultierenden Informationsüberlastung der Konsumenten. Angesichts einer steigenden „Abwehrhaltung gegenüber Werbung" von Seiten der Konsumenten sowie der hohen Kosten konventioneller Werbung bewerten alle Experten klassische Kommunikationsmaßnahmen als immer weniger effizient. Neun der zehn Befragten sind davon überzeugt, der sinkenden Effizienz klassischer Maßnahmen mit alternativen Kommunikationsformen entgegenwirken zu können.

> Ich denke auch, dass wir deutlich besser und effizienter kommunizieren, weil wir uns nicht-klassischer Werbung bedienen [...]. Also wir denken uns kreative Maßnahmen aus und streuen sie dann über Presse und Internet punktgenau. (*Marketing-Manager, Dienstleistungssektor*)

Einsatzgebiete: Großkonzerne nutzen unkonventionelle Werbemaßnahmen eher strategisch zu herausragenden Anlässen wie einem Produkt-Relaunch. Dagegen verwenden KMU Guerilla-Aktionen eher aus taktischen Gründen. Sie setzen tagesaktuelle Anlässe in

Guerilla-Aktionen um. Dabei profitieren sie offensichtlich von ihrer Organisationsstruktur, die ihnen erlaubt, flexibel zu handeln und zu reagieren.

> Ich [bin] einfach der Überzeugung [...], dass gutes Guerilla-Marketing auch viel kürzere Entscheidungswege braucht, weil es häufig von der Tagesaktualität lebt. (*Marketing-Manager; Dienstleistungssektor*)

Guerilla-Effekt: Hinsichtlich der nachhaltigen Wirkung von Guerilla-Aktionen äußern sich die Experten ambivalent. Vier in Konzernen tätige Befragte gehen von einer langfristigen Wirkung aus. Dies mag auf das strategische Guerilla-Verständnis von großen Unternehmen zurückzuführen sein. Hingegen sind fünf Experten, die in KMU überwiegend im Versandhandel und der Dienstleistungsbranche tätig sind, der Meinung, Guerilla-Marketing habe eine eher kurzfristige Wirkung. Eine Erklärung dafür könnte wiederum die kurzfristige taktische Nutzung von Guerilla-Aktionen sein. Alle Interviewpartner sehen vielfältige Chancen des Guerilla-Marketing. Gleichzeitig thematisieren sie aber auch Gefahren. Als größtes Risiko sehen sie juristische Konsequenzen. Allerdings leitet lediglich ein Interviewpartner daraus einen Imageschaden für das Unternehmen ab. Die Mehrheit der Befragten prognostiziert einen Imagegewinn aufgrund ungewöhnlicher Aktionen.

Überraschungseffekt: Die Marketing-Manager thematisieren sowohl Überraschungs- und Diffusions-, als auch Low-Cost-Effekte. Es zeigt sich, dass das in Teil I Abschn. 3.1 beschriebene LSD-Modell in der Praxis bewusst oder unbewusst Berücksichtigung findet, wenn über den Einsatz von Guerilla-Maßnahmen entschieden wird. Aus der Sicht von Marketing-Managern erzeugt der Überraschungseffekt Aufmerksamkeit bei Konsumenten und steigert ihre Absicht, über die Aktion zu sprechen.

> Also mit Guerilla-Aktionen lässt sich ein enormer Aufmerksamkeitswert mit einem Überraschungsmoment erzielen [...]. Je überraschender dieser Effekt war, desto eher wird die Person mit jemandem darüber reden. (*Marketing-Manager, Lebensmittelbranche*)

Diffusionseffekt: Der Diffusionseffekt erhöht die Reichweite der Werbebotschaft und wirkt sich maßgeblich auf die Kostengünstigkeit aus. Neben quantitativen Auswirkungen des Diffusionseffektes wie höhere Reichweite oder Steigerung des Bekanntheitsgrades werden auch qualitative Faktoren wie die erhöhte Glaubwürdigkeit von Word-of-Mouth-Botschaften oder gesteigerte Kundeninteraktionen genannt.

> Guerilla-Marketing [...] lebt davon, dass es [...] Leute direkt oder über Medien mitbekommen. (*Marketing-Manager, Versandhandel*)

Low-Cost-Effekt: Der Kostengünstigkeitseffekt wird nach Ansicht der Marketing-Manager vorwiegend mit der erhöhten Reichweite der Werbebotschaft realisiert. Den Überraschungseffekt nennen sie seltener als Argument für die Kostenersparnis. Die zentrale Rolle von Überraschung darf deshalb jedoch nicht vernachlässigt werden, ist sie doch maßgeblich für die Diffusion einer Guerilla-Werbebotschaft verantwortlich. Einige Experten erwähnen hohe Recherchekosten (z. B. für die Entwicklung neuartiger Werbeaktionen und Prüfung von deren Neuigkeitswertes) und Skepsis bezüglich der

Kostengünstigkeit von Guerilla-Maßnahmen, da solche Zusatzkosten dem postulierten Kosteneffekt entgegenwirken.

> Mit Guerilla-Aktionen habe ich die Chance, mit einer guten Idee viele Menschen zu erreichen, und das für relativ wenig oder gar keine Mittel [...]. Wenn ich die Resultate mit einer großen Fernsehkampagne oder mit einer großen Anzeigenkampagne in einer Tageszeitung vergleiche, dann ist es halt ziemlich günstig. (*Marketing-Manager, Versandhandel*)

Entwicklungsprognose: Die Mehrheit der Marketingexperten prognostiziert, dass sich neuartige, unkonventionelle Werbeformen langfristig etablieren werden. Fünf Befragte erwarten, dass Guerilla-Marketing künftig einen gleichbleibenden Stellenwert in der Unternehmenskommunikation erhält, vier erwarten sogar einen höheren Stellenwert. Lediglich ein Interviewpartner stuft Guerilla-Marketing als „Modeerscheinung" ein. Trotz des wachsenden Potenzials von Guerilla-Aktionen aus Sicht der Praktiker bleibt die unkonventionelle Werbeform eine Kommunikationsmethode, die es in den Marketing-Mix zu integrieren gilt, um klassische Werbemaßnahmen zu ergänzen. Auch die wissenschaftliche Literatur stützt diese Ansicht, wonach Guerilla-Marketing seine volle Wirkung nur entfalten kann, wenn es integrativ geplant und in Verbindung mit anderen Kommunikationsmaßnahmen eingesetzt wird (Esch et al. 2009). Insbesondere bei erklärungsbedürftigen Produkten reichen die oft knappen oder versteckten Werbebotschaften einer Guerilla-Aktion nicht aus, so dass unterstützend auf traditionelle „Begleitmaßnahmen [z. B.] in Form eines Flyers" (Marketing & Sales Manager, Dienstleistungsbranche) zurückgegriffen werden sollte.

> Aber letztendlich ist es so, dass man den Impuls am POS ja neben Guerilla-Aktionen nochmals durch klassische Medien oder Aktionen auch verstärken muss, durch flankierende Maßnahmen. (*Marketing-Manager, Lebensmittelbranche*)

15.3 Die Agenturperspektive

Zum Vergleich wird abschließend eine unveröffentlichte Studie der Technischen Universität Dresden dargestellt, welche die Sicht von Werbe- und PR-Agenturen beleuchtet. Auch in dieser Studie wird Guerilla-Marketing als übergeordnetes Konzept und nicht einzelne Guerilla-Instrumente betrachtet. Es wurden Mitarbeiter, Geschäftsführer und Creative Direktoren von insgesamt 16 sächsischen Werbeagenturen befragt. Die umsatzstärksten Agenturen aus den Städten Dresden, Leipzig und Chemnitz wurden in die Analyse einbezogen. Insgesamt wurden vier kleine (bis 10 Mitarbeiter), sechs mittlere (11 bis 20 Mitarbeiter) und sechs große Agenturen (über 20 Mitarbeiter) befragt. Darunter waren nach eigenen Angaben acht Full-Service-Agenturen und acht Agenturen mit Schwerpunkt Markenbildung und Kommunikation.

Begriffsverständis: Den Begriff Guerilla-Marketing verbinden allen Befragten mit innovativem Marketing. Während die Mehrheit der Befragten positive Assoziationen wie „effektiv", „neu", „Wow-Effekt" oder „starke Wirkung" äußert, ist lediglich ein Interviewpartner gegenüber dem Guerilla-Konzept eher negativ eingestellt. Agenturen definieren Guerilla-Marketing als innovative Kommunikationsmaßnahmen, die durch ihr überraschendes Auftreten an ungewöhnlichen Orten die Aufmerksamkeit der Konsumenten zu erlangen versuchen.

> Guerilla-Marketing bedeutet für mich, mit Überraschung Aufmerksamkeit zu erzeugen [...], indem Aktionen dort stattfinden, wo man sie nicht erwartet. (*Creative Director einer Kommunikationsagentur*)

Werbepraktiker verfügen über ein ähnliches Verständnis von Guerilla-Marketing wie Marketing-Manager in Unternehmen. Sie subsummieren darunter unkonventionelle Aktionen, die eine aufmerksamkeitserzeugende Wirkung auf Konsumenten haben, da sie überraschend auftreten. Wie Unternehmen begreifen auch Agenturen Guerilla eher als „rebellisch" denn als „neutral überraschend". Werbepraktiker scheinen verglichen mit Unternehmern eine weiter eingeschränkte Sichtweise auf Guerilla-Instrumente zu haben, da sie sie auf Out-of-home-Aktionen reduzieren. Überraschend ist, dass Werbepraktiker Ambient-Media als „noble" Variante des Guerilla-Marketing betrachten (Mitarbeiter einer Kommunikationsagentur).

Einsatzgebiete: Lediglich drei der befragten Agenturen gestalten und implementieren im Auftrag ihrer Kunden regelmäßig Guerilla-Maßnahmen. Während weitere sieben Agenturen Guerilla-Marketing zumindest gelegentlich einsetzen, haben sechs Agenturen bislang noch keine Guerilla-Erfahrung in ihrem Agenturgeschäft gesammelt. Die Befragten würden gerne häufiger von innovativen Marketing-Instrumenten Gebrauch machen, die Auftraggeber (= werbende Unternehmen) stünden dem jedoch skeptisch gegenüber. Selbst den dafür anfangs aufgeschlossenen Auftraggebern fehlt letztendlich die Courage, Guerilla-Maßnahmen einzusetzen, oder sie erachten das Risiko, dass die Guerilla-Aktion nicht die erhoffte Wirkung erzeugt, als zu hoch. Dies erklärt, weshalb Agenturen nach eigenen Aussagen bei der Kampagnenentwicklung in erster Linie klassische Instrumente anbieten und Guerilla als „Zusatzleistung" verkaufen.

> In dem Zusammenhang spielt Guerilla bei uns manchmal eine Rolle, aber in den seltensten Fällen wird es dann auch eingesetzt. [...] Viele Marketingleiter wollen zwar im ersten Moment immer ganz innovative Sachen, aber sind am Ende dann doch, wenn man dann die Guerilla-Idee auspackt, [...] nicht bereit, [...] ihre Marke da aufs Spiel zu setzen. (*Geschäftsführer einer Kommunikationsagentur*)

Erstaunlicherweise verweisen die Vertreter der Agenturen darauf, vermehrt Guerilla-Aktionen einsetzen zu wollen, obwohl sie die Frage nach innovativen Instrumenten bei der Eigenwerbung verneinen. Der Geschäftsführer einer Full-Service-Agentur nennt dafür drei Gründe: Erstens betreiben Agenturen kaum Eigenwerbung, denn in der Regel erhalten sie Aufträge über Weiterempfehlungen, Netzwerke oder Beteiligung an Ausschreibungen. Zweitens akquirieren Agenturen häufig über Messebesuche, indem potenzielle Auftraggeber direkt angesprochen werden. Drittens ist das Agenturimage entscheidend. Demnach bieten sich „rebellische" Guerilla-Maßnahmen aus Sicht der Agenturen lediglich für solche Werber an, die für sich auch ein „rebellisches" Image aufbauen möchten. Agenturen betrachten Guerilla-Aktionen, basierend auf bisherigen Erfahrungen, sowohl hinsichtlich Eigenwerbung als auch als Leistungsangebot für Unternehmen eher skeptisch. Aus Vorsicht greifen sie deshalb hauptsächlich auf klassische Instrumente zurück. Agenturen bieten Guerilla-Maßnahmen dann offensiv an, wenn die entsprechenden Rahmenbedingungen erfüllt sind, beispielsweise wenn die Zielgruppe der Unternehmen gegenüber innovativen Kommunikationsmaßnahmen aufgeschlossen ist.

> Wir als Werbeagentur wollen nicht als *der* kreative Hotspot [. . .] wahrgenommen werden. Wir wollen dieses „abgedrehte" Image gar nicht aufbauen. [. . .] Wir arbeiten für Unternehmen im B2B-Bereich, die eher konservative Endverbraucher haben. [. . .] Guerilla-Marketing würde daher nicht zu uns passen. Wenn wir jetzt anfangen würden ein Guerilla-Hütchen aufzusetzen [. . .], würden wir unsere bestehenden Kunden verprellen. (*Mitarbeiter einer Werbeagentur*)

Die Befragten bezeichnen Guerilla-Aktionen aufgrund ihres Neuigkeitswertes als aufwändig und planungsintensiv. Die Befragten aus Agenturen bemerken, dass Guerilla-Marketing deshalb für Unternehmen nicht kostengünstig ist. Hier zeigt sich erneut, dass Guerilla-Marketing in der Praxis sehr häufig fälschlicherweise mit Low-Budget-Marketing gleichgesetzt wird und die absolute statt der relativen Kostengünstigkeit erwartet wird (Hutter und Hoffmann 2011). Diese Fehlinterpretation mag Grund dafür sein, dass Agenturen Guerilla-Marketing derzeit häufig als „i-Tüpfelchen" einer breit angelegten (klassischen) Werbekampagne für Unternehmen implementieren, anstatt es als eigenständige Marketing-Methode anzuwenden.

> Mit klassischen Maßnahmen kann man in der Regel nicht so hohe Reichweiten realisieren. Guerilla-Marketing wird deshalb zunehmend von großen Firmen nachgefragt, die ein zusätzliches Budget bereitstellen. Wir betrachten diesen Zusatz als Luxus, um klassische Kampagnen aufwerten zu können. (*Mitarbeiter einer Werbeagentur*)

Für Agenturen ist Guerilla-Marketing deshalb nur im Rahmen von Aufträgen großer Unternehmen relevant, die vor allem für kurzfristige Verkaufs- oder Imagepflegeaktionen beauftragen. Nach Meinung der Werbeexperten ist Guerilla-Marketing nicht für den langfristigen Markenaufbau geeignet, wie er von Markenagenturen betrieben wird. Auch bei kleinen Aufträgen von KMU spielt Guerilla-Marketing im Agenturalltag kaum eine Rolle. Ebenso wie Unternehmensvertreter sind Agenturen der Meinung, dass Guerilla-Marketing in den Kommunikations-Mix zu integrieren ist, um seine Wirkung zu entfalten.

> Guerilla-Marketing kann eigentlich nur in Kombination mit anderen Instrumentarien wirklich gut funktionieren. (*Mitarbeiter einer Werbeagentur*)

> Aber gerade wir [. . .], obwohl wir da echt auch Vorreiter sind und auch sein wollen, sagen trotzdem immer, es muss immer ein Mittel zum Zweck sein. Ich finde so losgelöste Guerilla-Aktionen [. . .] ist für mich verbranntes Geld. (*Geschäftsführer einer Kommunikationsagentur*)

Guerilla-Effekt: Die Wirkung von Guerilla-Maßnahmen beurteilen die Vertreter der Agenturen unerwartet verhalten. Sie prognostizieren zwar eine positive Wirkung bei Konsumenten, die mit Guerilla-Maßnahmen konfrontiert werden. Sie weisen aber deutlich darauf hin, dass sie klassische Methoden nie außer Acht lassen würden. Womöglich entscheiden sich die befragten ostdeutschen Agenturen gegen die Guerilla-Strategie aus Mangel an positiven Erfahrungen mit Guerilla-Aktionen oder weil sich ihr Leistungsspektrum eher auf klassische Methoden bezieht. Demnach wäre es für sie ungünstig zu behaupten, Guerilla-Maßnahmen seien überzeugend, wenn sie selbst diese Leistung nicht anbieten. Eine andere Erklärung liefert ein Agenturbetreiber, der den Kulturaspekt heranzieht. Die Tendenz der Deutschen, Unsicherheiten zu vermeiden (Hofstede 2001), könnte dazu führen, dass sie es weniger als andere Kulturen schätzen, überrascht zu werden.

> In Bezug auf Guerilla-Marketing sind mit Sicherheit auch Länder ganz verschieden. Also der Deutsche neigt da eher auch zur Vorsicht und fühlt sich ungern überrascht. (*Mitarbeiter einer Werbeagentur*)

Überraschungseffekt: Nach Agenturmeinung ist es möglich, mittels Guerilla-Marketing die Kontaktqualität zu erhöhen, was für sie ein entscheidender Vorteil gegenüber klassischen Maßnahmen ist. Da durch den Überraschungseffekt die Aufmerksamkeit der Konsumenten gesteigert wird, kann die Werbebotschaft überhaupt erst wahrgenommen bzw. gespeichert werden. Für die Werber ist dies ein Indiz für eine besonders hohe Kontaktqualität einer Kommunikationsmaßnahme.

> Die Chance, die Guerilla-Marketing bietet, ist, dass der Konsument zu einem ungewöhnlichen Zeitpunkt oder an einem ungewöhnlichen Ort mit einer Werbebotschaft überrascht wird. Und wenn das gut gemacht ist, dann dankt der Kunde einem das, indem er sich daran erinnert. [...] Es ist eindeutig der Überraschungs- und Ungewöhnlichkeitsaspekt. Das kann Guerilla-Marketing so gut wie kaum eine andere Disziplin. Klassische Werbung kann das nicht. (*Mitarbeiter einer Werbeagentur*)

Diffusionseffekt: Als übergeordnetes Ziel verfolgen Agenturen mit dem Einsatz von Guerilla-Aktionen die Verbreitung der Werbebotschaft. Der Diffusionseffekt ist für die Mehrzahl der Befragten das entscheidende Kriterium für den Erfolg einer Guerilla-Maßnahme. Dabei wird gezielt die Guerilla-PR eingesetzt, um die Wirkung einer Aktion zu „verlängern".

> Unser Ziel, wenn wir Guerilla-Maßnahmen einsetzen, ist, ein Weiter-Sagen [...] zu provozieren. Und da muss man schon etwas Überraschendes bieten – diesen Überraschungseffekt, diesen ‚Schau-dir-das-mal-an-Effekt'. (*Mitarbeiter einer Marketingagentur*)

> Die Presse verbreitet eine Guerilla-Aktion halt weiter. Ich denke, sie ist deswegen so wichtig, weil sie die Aktion ein Stück weit länger leben lässt. (*Mitarbeiter einer Kommunikationsagentur*)

Low-Cost-Effekt: Der Kostengünstigkeitseffekt wird insbesondere durch den Diffusionseffekt erreicht. Da es sich um eine einmalige Aktion handelt, die es zu entwickeln und umzusetzen gilt, gestehen die Werber Guerilla-Marketing nur dann eine relative Kostengünstigkeit zu, wenn der Diffusionseffekt in ausreichender Höhe einsetzt. Nach Meinung der Werber sollten innovative Kommunikationsmaßnahmen nur zusätzlich zu klassischen Maßnahmen Anwendung finden. Sie sehen die Kostengünstigkeit auch deshalb kritisch. Da Guerilla-Maßnahmen häufig ungewöhnliche Orte als Werbefläche nutzen, besteht die größte Kostenersparnis aus Sicht der Agenturen darin, dass keine Ausgaben für Werbemedien (z. B. Werbeflächen) zu zahlen sind.

> Guerilla-Aktionen sind nicht wiederholbar. Jede muss einzeln geplant werden. [...] Eine Firma, die nur Guerilla-Marketing macht, gibt es nicht und kann es auch nicht geben. Deshalb finde ich Guerilla als einzelnen Peak wunderbar. Einzeln betrachtet ist es sehr kostengünstig, wenn es weiterverbreitet wird [...]. Da es aber immer zusätzlich zu klassischen Maßnahmen umgesetzt wird, brauchen Unternehmen zusätzliches Budget. (*Mitarbeiter einer PR-Agentur*)

Entwicklungsprognose: Hinsichtlich der Entwicklungsprognose von Guerilla-Marketing lassen sich drei Meinungen unterscheiden. Eine kleine Gruppe der Agenturen sieht Guerilla-Marketing als Trend an, der in absehbarer Zeit durch eine neue Entwicklung abgelöst werden wird. Eine zweite Gruppe prognostiziert Guerilla-Marketing als Nischenstrategie und eine dritte Gruppe prophezeit, dass sich Guerilla-Marketing neben den klassischen Kommunikationsinstrumenten fest etablieren wird.

> Es gibt immer hochgejubelte Trends in der Kommunikationsbranche. ‚Viral' ist so ein Wort, und ‚Guerilla' gehört meiner Meinung nach auch dazu. (*Mitarbeiter einer Kommunikationsagentur*)

15.4 Vergleich der Unternehmens- und Agenturperspektive

Basierend auf den Experteninterviews lassen sich die Ansichten von Unternehmen und Agenturen vergleichend bewerten. Tabelle 15.1 verdeutlicht die unterschiedlichen Sichtweisen unter Berücksichtigung der Kriterien, die sich aus den Experteninterviews extrahieren lassen.

Unternehmensvertreter verstehen unter Guerilla-Marketing vor allem Low-Budget-Aktionen zur Effizienzsteigerung. Dies wird insbesondere daran deutlich, dass Unternehmen Guerilla-Marketing strategisch einsetzen, um sowohl kurzfristige als auch langfristige Effekte zu erzielen. Sie sehen im Überraschungseffekt eine Möglichkeit, die Aufmerksamkeit der Konsumenten zu erlangen und die Empfehlungsbereitschaft zu erhöhen. Der Diffusionseffekt dient dabei der Reichweitenerhöhung (insbesondere Bekanntheitssteigerung). Dem Kosteneffekt stehen Unternehmen ambivalent gegenüber, da Recherchekosten nicht außer Acht gelassen werden dürfen. Perspektivisch sehen Unternehmen Guerilla-Marketing als ergänzende Maßnahme zur klassischen Kommunikation.

> Also ich glaube, dass eine Guerilla-Aktion [...] durch klassische Werbemittel oder Werbeformen begleitet werden muss. (*Chief Marketing Officer, Dienstleistungssektor*)

Hingegen sehen **Agenturvertreter** vor allem aufwändige, kreative und aufmerksamkeitsstarke Maßnahmen als Guerilla an, um einen Rebellionsgedanken zu verdeutlichen. Für sie ist Guerilla-Marketing ein Spezialinstrument innerhalb ihres Leistungsspektrums,

Tab. 15.1 Vergleich der Unternehmens- und Agenturperspektive zu Guerilla-Marketing

	Unternehmenssicht	**Agentursicht**
Bedeutung innovativer Kommunikation	Effizienzsteigerung	Rebellion
Einsatzgebiete	Strategisches Marketing, Instrument zur WoM-Stimulation, innovative Kundenansprache	Spezialinstrument, abrechenbare Agenturleistung, kreative Methode der Eigenwerbung
Guerilla-Effekt	Kurz- und langfristiger Effekt	Neutrale oder positive Wirkung
Überraschungseffekt	Erzeugt Aufmerksamkeit und WoM	Erhöht Kontaktqualität
Diffusionseffekt	Erhöht Reichweite und Bekanntheitsgrad	Entscheidendes Erfolgskriterium
Kosteneffekt	Hohe Recherchekosten	Kostengünstig aufgrund des Diffusionseffektes
Entwicklungsperspektive	Ergänzend zu konventionellen Kommunikationsmaßnahmen	Ergänzend zu konventionellen Kommunikationsmaßnahmen, Nischenstrategie

das eine positive Wirkung hat. Ihrer Meinung nach erhöhen überraschende Maßnahmen die Kontaktqualität, d. h., Konsumenten werden gezielter angesprochen als mit konventionellen Maßnahmen. Die Verbreitung der Maßnahme ist für Agenturvertreter entscheidend und trägt maßgeblich zu ihrer Kostengünstigkeit bei. Aus Sicht der Agenturen können Guerilla-Maßnahmen ergänzend zu konventionellen Kommunikationsmaßnahmen eingesetzt werden, bleiben jedoch eine Nischenstrategie. Während der Nutzen von Guerilla-Maßnahmen für die Unternehmen vor allem darin besteht, kurzfristig den Absatz zu fördern und der Marke ein dynamisches, frisches Image zu verleihen, bieten sie aus Sicht der Agenturen beispielsweise die Möglichkeit, in Wettbewerben ihr kreatives Potenzial zu demonstrieren. Kreativität wiederum ist aus Sicht der Unternehmen der wichtigste Faktor für eine erfolgreiche Zusammenarbeit mit einer Agentur (Walter 2007). Das kreative Image einer Agentur ist somit entscheidend für ihren ökonomischen Erfolg. Angesichts eingesparter Kosten für Werbemedien versprechen sich Agenturen ein höheres Auftragsvolumen von Unternehmen, das sie künftig vermehrt in die Kreation und Durchführung von Guerilla-Aktionen umsetzen wollen, die zudem eine willkommene Abwechslung im Agentur-Alltag darstellen. Denn nach Aussage der Agenturen steigt die Arbeitsmotivation innerhalb der Agentur an, da es ihnen mehr Spaß macht, an Guerilla-Maßnahmen zu arbeiten als an klassischen Aktionen.

> Es macht in der Agentur Spaß, auch mal was ganz anderes zu machen. Wenn wir in Pitches gehen, wo es um Gesamtkommunikationskonzepte geht, präsentieren wir auch Guerilla-Ideen, um auch zu zeigen, wie kreativ die Agentur ist [...]. Ja, es ist einfach eine Möglichkeit, um den Kunden zu zeigen, wie viel Potenzial an Kreativität in der Agentur steckt. (*Mitarbeiter einer Werbeagentur*)

15.5 Kapitel in Kürze

In a Nutshell

- Unternehmensvertreter verstehen unter Guerilla-Marketing vor allem Low-Budget-Aktionen zur Effizienzsteigerung.
- Agentur-Vertreter sehen vor allem aufwändige, kreative und aufmerksamkeitsstarke Maßnahmen als Guerilla-Marketing an.
- Guerilla-Maßnahmen lassen sich ergänzend zu konventionellen Kommunikationsmaßnahmen umsetzen, um die Werbewirkung zu steigern.

Reflexionsfragen

Welche Einsatzgebiete für Guerilla-Maßnahmen sind Ihrer Meinung nach denkbar?

___

___

Wie sollte mit unterschiedlichen Sichtweisen der Vertreter von Unternehmen und Agenturen umgegangen werden?

___

___

Wie hoch ist Ihrer Meinung nach das Potenzial von Guerilla-Marketing?

___

___

Further Readings

Hutter, K. (2013). Guerilla marketing in practice: An exploration into meanings and motives. *Proceedings of the* 12th *International Marketing Trends Conference*, Paris, France.

Walter, S. (2007). Die Rolle *der Werbeagentur im Markenführungsprozess*. Wiesbaden: DUV.

Literatur

Baltes, G., & Leibing, I. (2008). Guerrilla marketing for information services? *New Library World, 109*(1/2), 46–55.

Crow, D., & Hoek, J. (2003). Ambush marketing: A critical review and some practical advice. *Marketing Bulletin, 14*(1), 1–14.

Esch, F.-R., Krieger, K. H., & Strödter, K. (2009). Durchbrechen des Gewohnten durch Below-the-line-Kommunikation. In M. Bruhn, F.-R. Esch, & T. Langner (Hrsg.), *Handbuch Kommunikation* (S. 85–107). Wiesbaden: Gabler.

Hinz, O., Skiera, B., Barrot, C., & Becker, J. U. (2011). Seeding strategies for viral marketing: An empirical comparison. *Journal of Marketing, 75*(6), 55–71.

Hofstede, G. (2001). *Culture's consequences. Comparing values, behaviors, institutions and organizations across nations* (2. Aufl.). Thousand Oaks: Sage.

Huber, F., Meyer, F., & Nachtigall, C. (2009). *Guerilla-Marketing als kreative Werbeform: Eine empirische Analyse am Beispiel der Marke MINI.* Lohmar: Josef Eul.

Hutter, K. (2013). Guerilla marketing in practice: an exploration into meanings and motives. *Proceedings of the 12th International Marketing Trends Conference*, Paris, France.

Hutter, K., & Hoffmann, S. (2011). Guerilla-Marketing – eine nüchterne Betrachtung einer viel diskutierten Werbeform. *International Journal of Marketing, 50*(2), 121–135.

Hutter, K., & Hoffmann, S. (2013). Surprise, surprise. Ambient media as promotion tool for retailers. *Journal of Retailing*. doi: 10.1016/j.jretai.2013.08.001.

Hutter, K., & Schwarz, U. (2012). Image effect of ambush marketing: The case of FIFA Soccer World Cup 2010. *Proceedings of the Australian & New Zealand Marketing Academy (ANZMAC) 2012*, Adelaide, Australia.

Krieger, K. H., Esch, F.-R., Osinsky, R., & Henning, J. (2012). Die Aktivierungskraft von Guerilla Produktinszenierungen. Ein Vergleich von Guerilla Marketing und klassischer Plakatwerbung mittels Aktivierungsindikatoren im EEG. *Marketing ZFP, 34*(3), 196–212.

Phelps, J. E., Lewis, R., Mobilio, L., Perry, D., & Raman, N. (2004). Viral marketing or electronic word-of-mouth advertising: Examining consumer responses and motivations to pass along email. *Journal of Advertising Research, 44*(4), 333–348.

Walter, S. (2007). *Die Rolle der Werbeagentur im Markenführungsprozess.* Wiesbaden: DUV.

Nachwort

Zu Beginn des Buches hatten wir Sie nach Ihren Erwartungen gefragt. Wie Sie gelernt haben, sind Erwartungen ein zentraler Aspekt des Guerilla-Marketing. Überlegen Sie selbst, inwieweit sich Ihre Wünsche und Vermutungen erfüllt haben.

Was haben Sie aus diesem Buch mitgenommen?

☐ Wissen (wissenschaftlich fundierte Beiträge)
☐ Ideen und Anregungen (kreative Ideen anwenderorientiert erklärt)
☐ Kurzweilige Lektüre zum Zeitvertreib
☐ Einen Gorilla gesehen
☐ Anderes: ______________________________

All jene, die einen Gorilla erwartet hatten, müssen wir leider enttäuschen. Guerilla-Marketing hat nichts mit Gorillas zu tun. Dennoch, hier sehen Sie einen Guerilla-Gorilla:

K. Hutter, S. Hoffmann, *Professionelles Guerilla-Marketing*,
DOI 10.1007/978-3-658-02268-6, © Springer Fachmedien Wiesbaden 2013

Wenn wir Ihre Erwartungen getroffen haben, freuen wir uns. Wenn wir Sie überraschen konnten, freuen wir uns noch mehr. Wenn Sie uns an Ihrer Überraschung teilhaben lassen, sind wir überglücklich. Nehmen Sie gern Kontakt zu uns auf und berichten Sie uns:

Katharina Hutter (katharina.hutter@tu-dresden.de)
Stefan Hoffmann (stefan.hoffmann@bwl.uni-kiel.de)

Stichwortverzeichnis

K. Hutter, S. Hoffmann, *Professionelles Guerilla-Marketing*,
DOI 10.1007/978-3-658-02268-6, © Springer Fachmedien Wiesbaden 2013

Printing: Ten Brink, Meppel, The Netherlands
Binding: Ten Brink, Meppel, The Netherlands